中国科学技术经典文库·物理卷

半导体物理基础

黄 昆 韩汝琦 著

U0197469

科学出版社

北 京

内 容 简 介

本书主要介绍与晶体管、集成电路等所谓硅平面器件有关的半导体物理基础. 第 1 章、第 2 章介绍半导体的一般原理; 第 3 章、第 4 章对 pn 结、半导体表面和 MOS 晶体管的物理原理进行具体而深入的分析; 第 5 章结合具体的半导体材料, 介绍了有关晶体和缺陷的基础知识.

本书对一些基本概念的讲述做到了深入浅出、便于自学, 在结合具体的半导体材料讲述晶体缺陷方面做了新的尝试. 本书可以作为高等学校有关课程的教学参考书, 也可供从事半导体技术工作的科技人员和工人阅读.

图书在版编目(CIP)数据

半导体物理基础/黄昆, 韩汝琦著. —北京: 科学出版社, 2010

(中国科学技术经典文库·物理卷)

ISBN 978-7-03-028728-1

I. 半… Ⅱ. ① 黄… ② 韩… Ⅲ. 半导体物理学 Ⅳ. O47

中国版本图书馆 CIP 数据核字(2010) 第 162410 号

责任编辑: 钱 俊 鄢德平 / 责任校对: 张怡君
责任印制: 赵 博 / 封面设计: 王 浩

科 学 出 版 社 出版
北京东黄城根北街 16 号
邮政编码: 100717
http://www.sciencep.com

北京凌奇印刷有限责任公司印刷
科学出版社发行 各地新华书店经销
*
1979 年 7 月第 一 版 开本: B5(720×1000)
2025 年 1 月第十次印刷 印张: 18 1/4
字数: 357 000
定价: 98.00 元
(如有印装质量问题, 我社负责调换)

前　言

近年来, 半导体科学技术在许多方面都有了深入的发展, 并逐渐形成了若干分支. 虽然各分支之间有共同的半导体物理基础, 但是各自的侧重点和具体要求很不相同. 本书主要讲述与晶体管、集成电路等所谓硅平面器件有关的半导体物理基础. 第 1 章、第 2 章介绍半导体的一般原理, 但内容着重于硅平面器件, 对一些微观理论只作浅显的介绍. 在第 3 章、第 4 章中对 pn 结和半导体表面的物理原理以较大篇幅进行了具体而深入的分析. 第 5 章尽量结合半导体实际, 介绍有关晶体和缺陷的基础知识.

在本书编写过程中, 许多工厂、科研单位和高等学校的同志热情地向我们介绍经验, 提供资料, 并对写法提出宝贵建议. 这对我们的工作是很大的启发和帮助, 在此一并表示衷心的感谢.

由于我们经验和水平有限, 书中难免有不妥之处, 诚恳地希望读者批评指正.

黄　昆　韩汝琦

1979 年 7 月

目　　录

第 1 章　掺杂半导体的导电性

半导体的导电性可以通过掺入微量的杂质 (简称 "掺杂") 来控制, 这是半导体能够制成各种器件, 从而获得广泛应用的一个重要原因. 因此, 了解掺杂半导体的导电性就成为学习和应用半导体首先遇到的一个问题.

为什么掺杂能够控制半导体的导电性? 有哪些因素影响掺杂半导体的导电性? 怎样通过导电性来测量掺杂量? 这些就是在这一章我们要讨论的几个主要的问题.

1.1　掺杂和载流子

目前主要的半导体材料大部分是共价键晶体. 硅、锗等 IV 族元素半导体就是最典型的共价键晶体. 以硅为例, 在硅原子中有 14 个电子围绕原子核运动, 每个电子带电 $-q$, 原子核带正电 $+14q$, 整个原子呈电中性. 在 14 个电子中, 有 4 个电子处于最外层 (图 1.1), 主要由它们决定硅的物理化学性质, 被称为价电子. 在硅的晶体中, 每个硅原子近邻有 4 个硅原子, 每两个相邻原子之间有一对电子, 它们与两个原子核都有吸引作用, 称为共价键. 正是靠共价键的作用, 使硅原子紧紧结合在一起, 构成了晶体. 图 1.2 是形象地说明硅原子靠共价键结合成晶体的一个平面示意图. 硅晶体实际的立体结构 —— 金刚石结构留在以后再具体介绍.

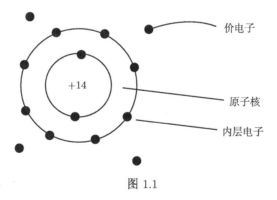

图 1.1

如果共价键中的电子获得足够的能量, 它就可以摆脱共价键的束缚, 成为可以自由运动的电子. 这时在原来的共价键上就留下了一个缺位, 因为邻键上的电子随时可以跳过来填补这个缺位, 从而使缺位转移到邻键上去, 所以, 缺位也是可以移动的. 这种可以自由移动的缺位被称为空穴. 半导体就是靠着电子和空穴的移动来

导电的 (图 1.3). 因此, 电子和空穴被统称为载流子.

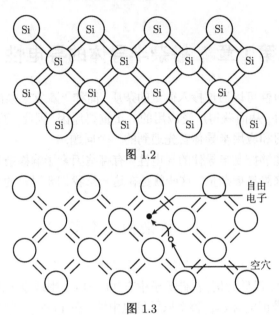

图 1.2

图 1.3

　　电子摆脱共价键所需要的能量可以来自外面光的照射. 但是, 在一般情况下, 还是靠存在于晶体本身内的原子的热运动. 在以后章节我们将看到, 常温下, 硅里面由于热运动激发价键上电子而产生的电子和空穴不超过 $1.5 \times 10^{10} \mathrm{cm}^{-3}$, 它们对硅的导电性的影响是十分微小的.

　　常温下硅的导电性能主要由杂质来决定. 例如, 硅中掺有 V 族元素杂质 (磷 P, 砷 As, 锑 Sb, 铋 Bi), 这些 V 族杂质替代了一部分硅原子的位置, 但是, 因为它们外层有 5 个价电子, 其中 4 个与周围硅原子形成共价键, 多余的一个电子就成了可以导电的自由电子 (图 1.4). 所以一个 V 族杂质原子, 可以向半导体硅提供一个自由电子而本身成为带正电的离子, 通常把这种杂质叫施主杂质. 当硅中掺有施主杂质时, 主要靠施主提供的电子导电, 这种依靠电子导电的半导体叫做 n 型半导体. 另外一种情况是硅中掺有 III 族元素杂质 (硼 B、铝 Al、镓 Ga、铟 In), 这些 III 族杂质原子在晶体中也是替代一部分硅原子的位置, 但是因为它们外层仅有 3 个价电子, 在与周围硅原子形成共价键时, 产生一个缺位, 这个缺位就要接受一个电子而向晶体提供一个空穴 (图 1.5). 所以一个 III 族杂质原子可以向半导体硅提供 1 个空穴, 而本身接受了一个电子成为带负电的离子, 通常把这种杂质叫受主杂质. 当硅中掺有受主杂质时, 主要靠受主提供的空穴导电, 这种主要靠空穴导电的半导体称为 p 型半导体.

　　事实上, 一块半导体中常常同时含有施主和受主杂质. 当施主数量超过受主时,半导体就是 n 型的; 反之, 受主数量超过施主, 则是 p 型的. 更具体地讲, 在 n 型半导体中, 单位体积有 N_D 个施主, 同时还有 N_A 个受主, 但 $N_A < N_D$, 这时施主放出的 N_D 个电子首先将有 N_A 个去填补受主造成的缺位, 所以只余下 $N_D - N_A$ 个电子成为供导电的载流子. 这种受主和施主在导电性上相互抵消的现象叫做杂质的 "补偿". 在有补偿的情况下, 决定导电能力的是施主和受主浓度之差. 受主浓度 N_A 大于施主浓度 N_D 的情形是完全类似的, 由于补偿, 只余下 $N_A - N_D$ 个空穴成为导电的载流子.

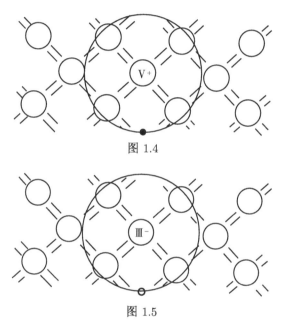

图 1.4

图 1.5

半导体锗也是周期表中的 IV 族元素, 原子序数为 32, 和硅一样, 锗最外层也有 4 个价电子, 锗晶体也是靠锗原子之间共有电子对形成共价键, 结合在一起的. 由于锗比硅的原子序数大, 锗对价电子的束缚能力弱, 因此, 价键上电子摆脱束缚所需要的能量较小, 约为 0.78eV. 尽管如此, 在常温下, 靠热运动激发价键上电子而产生的电子和空穴数仍很少 $(2.5 \times 10^{13}\text{cm}^{-3})$, 锗的导电性能同样主要由杂质情况决定.

硅和锗是单一元素的半导体. 化合物半导体的范围很广泛. 目前研究最多的一类化合物半导体是由 III 族元素和 V 族元素构成的 III - V 族化合物, 如砷化镓 (GaAs)、锑化铟 (InSb)、磷化镓 (GaP)、磷外铟 (InP) 等. 其中砷化镓是目前最重要的化合物半导体, 已用于制造发光二极管、激光器以及微波器件等各种新型器件. III - V 族化合物也是主要靠共价键结合的晶体, 其结构和硅、锗等十分相似, 每个 III 族原子近邻为 4 个 V 族原子, 而每个 V 族原子的近邻则为 4 个 III 族原子, 如图 1.6 的平面示意图所示. 它们之前的结合可以这样来看: 每个 V 族原子把一个电子转移给一个 III 族原子, 分别形成 V 族的正离子 V$^+$ 和 III 族的负离子 III$^-$, 这样它们最外层都具有 4 个价电子, 可以在近邻的离子间共有电子对, 形成共价键. 因为它们即是靠共价键结合, 又具有一定的离子性, 所以, 和同一周期内的 IV 族元素半导体相比, 结合强度更大. 例如, 电子摆脱 GaAs 中的共价键需要 1.43eV, 而在 Ge 中这个能量只有 0.78eV.

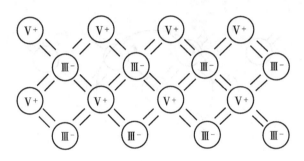

图 1.6

像 GaAs 这样的化合物半导体, 在常温下的导电性同样主要由杂质决定. 掺进 GaAs 的 II 族元素, 如锌、镉等, 因与 III 族原子 Ga 性质相近, 通常取代 Ga 的位置而成为受主. 而掺进 GaAs 的 VI 族元素, 如碲、硒等, 与 V 族原子 As 性质相近, 通常取代 As 的位置而成为施主. 硅、锗等 IV 族元素在 GaAs 中则既可以取代 III 族原子 Ga 而成为施主, 又可以取代 V 族原子 As 而成为受主.

1.2　电导率和电阻率

在半导体的实际问题中, 通过半导体的电流往往是不均匀的. 例如, 半导体生产的中间测试, 很多地方是用探针进行测量, 并利用探针把电流通进半导体. 在这种情况下, 电流成一个以探针针尖为中心、沿半径四周散开的电流分布, 如图 1.7 所示. 又如, 集成电路中的电阻是由一定长度和宽度的散薄层构成的, 它的俯视图和纵剖面如图 1.8 所示. 由于散薄层里面, 从表面向内, 每一层杂质浓度都不一样, 所以过它的电流在各层之间是不均匀的, 越近表面电流越强. 研究这样一些半导体问题, 不能只讲通过半导体的总电流强度, 而必须具体地分析电流的不均匀分布.

为了描述导电体内各点电流强弱的不均匀性, 通采用欧姆定律的微分形式:

$$j = \sigma E, \tag{1.1}$$

其中, j 为电流密度, 表示通过单位横截面积的电流强度. 举例来说, 在用探针通入电流的半导体内某点 A, 如果电流密度是 j_A(图 1.9), 那么, 在 A 点通过横截面积元 dS 的电流强度就是 $j_A\mathrm{d}S$. 实际上, 在这个简单的例子中, 根据总电流 I 很容易写出各处的电流密度. 在图 1.9 中所画的半径为 r 的半球面上, 各点的电流密度为

$$j=\frac{I}{2\pi r^2}.$$

图 1.7

(a) 俯视图
p 型
n 型
(b) 纵剖面图

图 1.8

I
r
dS
jA

图 1.9

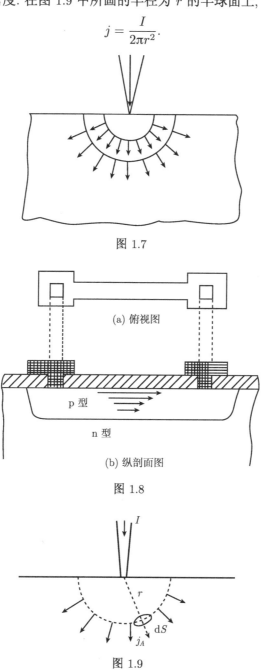

(1.1) 式表示的欧姆定律微分形式, 很容易从大家熟知的欧姆定律:

$$I = \frac{V}{R} \tag{1.2}$$

导出, 取一个长为 L, 横截面为 S 的均匀导电体. 当两端加电压 V 时, 在这样一个形状规则的均匀材料中 (图 1.10), 电流是均匀的, 电流密度 j 在各处是一样的, 总电流强度

$$I = Sj. \tag{1.3}$$

同时, 电场强度也是均匀的, 有

$$V = LE. \tag{1.4}$$

把 (1.3) 式和 (1.4) 式代入 (1.2) 式, 则

$$Sj = \frac{L}{R}E.$$

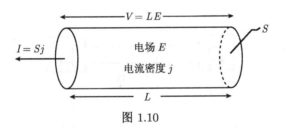

图 1.10

除以 S 得

$$j = \frac{1}{\rho}E,$$

其中 $\rho = R(S/L)$, 即材料的电阻率. 定义 $\sigma = 1/\rho$ 就可以得到 (1.1) 式, σ 称为电导率.

在这里, 微分形式的欧姆定律虽然是从均匀导电情况导出的, 显然, 它也适用于非均匀的情况. 因为对于非均匀导体, 我们可以取一个小体积元, 当小体积元足够小时, 可以看成是均匀的, 用上述方法同样可以得到欧姆定律的微分形式.

微分形式的欧姆定律告诉我们, 半导体中某点的电流密度正比于该点的电场, 比例系数为电导率 σ, 它们常用的单位是:

电流密度 j: 安培/厘米^2 (A/cm^2);

电场强度 E: 伏特/厘米 (V/cm);

电阻率 ρ: 欧姆 · 厘米 ($\Omega \cdot$ cm);

电导率 σ: 欧姆$^{-1}$· 厘米$^{-1}$ ($\Omega^{-1} \cdot$ cm^{-1}).

在微分欧姆定律中, 材料的导电能力是用电导率 σ 来表示的. 1.1 节指出, 一般掺杂半导体在常温范围内导电性能主要由掺杂决定. 那么, 电导率和掺杂是什么

关系呢? 要解决这个问题, 就有必要分析一下, 在电场作用下载流子如何形成电流的机理. 下面我们结合 n 型半导体考查一下这个问题.

首先, 我们应当知道, 即使没有电场作用, 电子也并不是静止不动的, 而是像气体中分子那样, 杂乱无章地进行着热运动. 由于电子质量比分子小得多, 所以, 热运动的速度比气体分子要大得多. 具体来说, 按照热运动的理论, 像气体分子或半导体中电子这些微观粒子无规则热运动的平均动能与绝对温度 T 有下列关系:

$$平均热运动动能 = \frac{3}{2}kT,$$

k 是热运动理论中的一个基本常数, 称为玻尔兹曼常量. 在两种较常用的单位中, 它的数值为

$$k = 1.38 \times 10^{-16} \text{ erg/°C}^{①}$$
$$= 8.62 \times 10^{-5} \text{ eV/°C}.$$

这就是说, 如果用 v_t 表示半导体中电子的平均热运动速度, 则有

$$\frac{1}{2}m_0 v_t^2 = \frac{3}{2}kT,$$

m_0 是电子质量. 我们以 $T = 300\text{K}$ 代表常温 (相当于 27°C), 并且代入电子质量 $m_0 = 9.1 \times 10^{-28}$g(后面将看到在半导体内的电子具有与此不同的 "有效质量", 其值随具体材料而不同, 这里只是粗略地对 v_t 作数量级估算), 就求得

$$v_t \approx 1.2 \times 10^7 \text{ cm/s}.$$

尽管电子以这么高的速度做热运动, 但因为运动是无规则的, 效果相互抵消, 并不形成电流. 但是, 当有电场存在时, 它对电子的作用力使所有电子都沿着电场力的方向, 产生一定的速度. 这种在载流子做无规则热运动的同时, 由于电场作用而产生的、沿电场力方向的运动叫做漂移运动. 如果用 $\bar{v}$ 表示电子在电场作用下获得的平均漂移速度, 则产生的电流密度可以写成

$$j = nq\bar{v}, \tag{1.5}$$

n 是半导体中电子的浓度. (1.5) 式可以从图 1.11 得到说明. 假定 dS 表示在 A 处与电流垂直的小面积元, 以 dS 为底作一个高为 $\bar{v}$dt 的小柱体 (图 1.11). 因为在 dt 时间内, 电子在电场作用下定向漂移的距离为 $\bar{v}$dt, 显然在 dt 时间内, A、B 面之间的电子都可以通过 A 处的 dS 截面, 因此, 在 dt 时间内通过 dS 的电荷量, 就是 A、B 面间小柱体内的电子电荷, 即

$$\text{d}Q = nq\bar{v}\text{d}S\text{d}t.$$

---

① 1erg $= 10^{-7}$J.

因为电流密度 $j = \dfrac{\mathrm{d}Q}{\mathrm{d}t\mathrm{d}S}$, 所以有

$$j = nq\bar{v}.$$

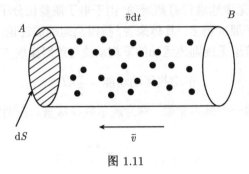

图 1.11

用它去和 (1.1) 式相对比, 因 n 和 q 都与 E 无关, 所以这个从实验中总结的微分欧姆定律, 在这里表明载流子的漂移速度 $\bar{v}$ 是和电场强度成正比的. 因此可写为

$$\bar{v} = \mu E, \tag{1.6}$$

系数 μ 称为电子的迁移率, 从数值上讲, 迁移率等于单位电场作用下的漂移速度. 常用的单位是: 速度 v, cm/s; 电场 E, V/cm; 迁移率 μ, cm^2/(V·s).

把 (1.6) 式代回电 (1.5) 式, 有

$$j = nq\mu E. \tag{1.7}$$

和微分欧姆定律 $j = \sigma E$ 比较, 得到

$$\sigma = nq\mu. \tag{1.8}$$

因为在掺杂半导体中, 常温下电子浓度 n 基本上等于施主杂质的浓度 N_D, 所以, 上式实际上表明了电导率和掺杂浓度的关系.

对于 p 型半导体, 可以作完全相似的分析, 唯一的差别是空穴代替了电子成为载流子. 空穴同样在电场作用下形成漂移运动, 漂移速度和电场强度成正比, 只是空穴迁移率的具体数值和电子一般是不相同的. 为了区别起见, 常用 μ_n 和 μ_p 分别代表电子和空穴的迁移率. 所以, n 型和 p 型半导体的电导率可以分别写成

n 型 : $\sigma = nq\mu_\mathrm{n}$;

p 型 : $\sigma = pq\mu_\mathrm{p}$. 　　　　　　　　　　　　　　　　(1.9)

电子和空穴的迁移率在不同的半导体材料中是不相同的. 就是在同一种半导体材料中, μ_n 和 μ_p 也是要随着温度和掺杂而变化的. 常温下 $(T = 300\mathrm{K})$, 在

较纯的硅材料中, 电子和空穴的迁移率由实验测定为 $\mu_{\mathrm{n}} = 1350\mathrm{cm}^2/(\mathrm{V\cdot s})$, $\mu_{\mathrm{p}} = 480\mathrm{cm}^2/(\mathrm{V\cdot s})$

例题 实验测出某批 n 型硅外延片的电阻率为 $2\Omega\cdot\mathrm{cm}$, 试估算施主掺杂浓度.

因为这是属于掺杂较低的情形, 迁移率可以近似采用 $\mu_{\mathrm{n}} = 1350\mathrm{cm}^2/(\mathrm{V\cdot s})$. 因为电导率 σ 是电阻率 $\rho = 2\Omega\cdot\mathrm{cm}$ 的倒数, 所以, 把这里的 μ_{n}, σ 和 $q = 1.6 \times 10^{-19}\mathrm{C}$ 代入 (1.9) 式, 得到

$$\frac{1}{2} = n(1.6 \times 10^{-19}) \times 1350,$$
$$n = 2.3 \times 10^{15}\mathrm{cm}^{-3},$$

基本上等于施主的浓度 N_{D}.

以上例题是十分典型的. 在实际工作中, 掺杂浓度都是通过测量电阻率然后折算出来的. 但是, 例题的估算办法只适用于较纯的材料, 这时迁移率已有确定的标准数据. 在一般的情况下, 由电阻率折算掺杂浓度都是直接查图 1.12 中所给的实验图线 (300K).

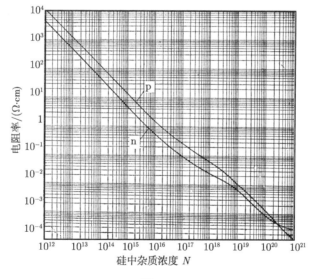

图 1.12

例题 根据图 1.12 的实验图线近似估算电阻率为 $1\Omega\cdot\mathrm{cm}, 0.1\Omega\cdot\mathrm{cm}$ 和 $0.01\Omega\cdot\mathrm{cm}$ 的 n 型硅材料中电子的迁移率. 从图上查出几种电阻率所对应的电子浓度为

$$\rho = 1\ \Omega\cdot\mathrm{cm}, \qquad n = 5 \times 10^{15}\mathrm{cm}^{-3};$$
$$\rho = 0.1\ \Omega\cdot\mathrm{cm}, \qquad n = 9 \times 10^{16}\mathrm{cm}^{-3};$$
$$\rho = 0.01\ \Omega\cdot\mathrm{cm}, \quad n = 5 \times 10^{18}\mathrm{cm}.$$

从基本公式 $\sigma = \dfrac{1}{\rho} = n\mu_n q$ 可以求算出迁移率为

$$\mu_n = \frac{1}{nq\rho} = \frac{10^{19}}{1.6n\rho}.$$

代入以上的 ρ 和 n 的值, 三种情况结果如下:

ρ	n	μ_n
1	5×10^{15}	1250
0.1	9×10^{16}	700
0.01	5×10^{18}	1.25

根据电阻率和载流子浓度估算迁移率的数值, 这类问题在实际工作中也是经常遇到的.

1.3 迁 移 率

迁移率是反映半导体中载流子导电能力的重要参数. 从前节看到, 掺杂半导体的电导率一方面取决于掺杂的浓度, 另一方面取决于迁移率的大小. 同样的掺杂浓度, 载流子的迁移率越大, 材料的电导率就越高.

在不同的半导体材料里, 电子和空穴两种载流子的迁移率都是不相同的. 表 1.1 列出在常温下测得的较高纯度的硅、锗、砷化镓中电子和空穴的迁移率.

表 1.1

	硅	锗	砷化镓
μ_n [cm^2/(V·s)]	1350	3900	8500
μ_p [cm^2/(V·s)]	480	1900	400

迁移率的大小不仅关系着导电能力的强弱, 而且直接决定着载流子运动 (漂移以及后面要讲的扩散) 的快慢. 它对半导体器件工作的速度有直接的影响. 例如, 硅的 npn 晶体管比 pnp 晶体管更适合于做高频器件, MOS(metal-oxide-semiconductor) 的 n 沟道器件比 p 沟道器件能以更高的速度工作, 就是因为前者主要利用电子运动, 比之后者利用空穴运动, 迁移率更大.

从前节例题看到, 同一种材料, 载流子的迁移率还要受到掺杂的影响, 掺杂不同, 迁移率的数值也不同. 图 1.13 给出了常温 (300K) 下 n 型和 p 型硅中载流子迁移率和掺杂浓度的关系. 从图上看到, 只有在低掺杂浓度的范围, 电子和空穴才有比较确定的迁移率值, 基本上与掺杂浓度无关. 掺杂浓度超过 $10^{15} \sim 10^{16}$cm^{-3} 后, 迁移率随掺杂浓度增高而显著地下降.

载流子的迁移率是随温度而变化的. 这对器件的使用性能有直接的影响. 因为, 掺杂半导体的载流子浓度在器件使用的温度范围内是基本上不变的, 所以, 电导率随温度的变化主要来自迁移率. 图 1.14 和图 1.15 分别给出了不同掺杂浓度的 n 型和 p 型硅中载流子迁移率随温度变化的实验图线. 从图上看到, 对低的掺杂浓度, 迁移率随温度升高大幅度地下降, 而对高的掺杂浓度, 迁移率随温度变化较平缓, 不很显著. 例如, 在实际中, 为了保证集成电路的扩散电阻不随温度而显著变化, 就必须适当选用较高的扩散杂质浓度.

为什么电子和空穴有不同的迁移率? 为什么温度和掺杂影响迁移率? 为什么不同半导体材料的载流子迁移率不同? 为了弄清这些问题, 就必须进一步分析在电场作用下载流子的漂移速度是怎样形成的.

在恒定的电场作用下, 载流子保持一个确定的平均漂移速度

$$\bar{v} = \mu E$$

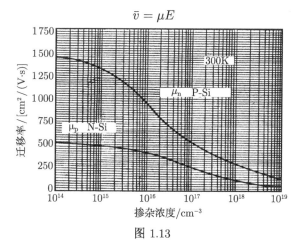

图 1.13

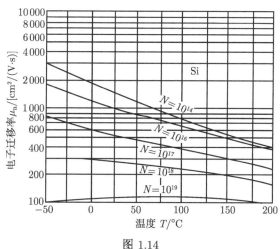

图 1.14

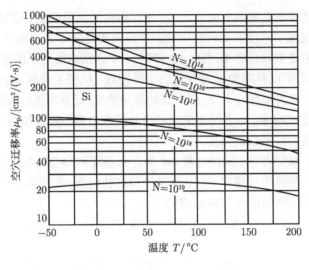

图 1.15

而并不是不断加速的，这一事实说明在半导体里面的载流子并不是不受任何阻力的，事实上，载流子在其热运动中，不断与晶格、杂质、缺陷发生"碰撞"，而无规则地改变其运动方向，如图 1.16 所示. 这种"碰撞"现象常称为"散射". 载流子在电场作用下，沿电场力方向加速所获得的定向运动速度，每经一次散射，其方向就无规则地改变一次，等于是丧失了定向运动的速度. 所以，可以认为载流子的平均漂移速度等于两次散射之间，载流子由于电场力加速而获得的平均速度.

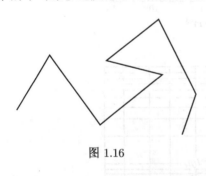

图 1.16

说得更具体一些，即载流子每经一次散射后，都应当认为是重新开始沿电场力方向加速，直到再一次发生散射，这段时间内加速运动的平均速度就是平均漂移速度. 如果用 t 表示这段时间，很容易写出这个平均速度. 无论是电子或空穴，电场力都等于 E_q，如果用 m^* 表示载流子做加速运动时的质量，那么，加速度

$$a = \frac{Eq}{m^*}.$$

开始时定向运动速度为 0, 经过 t 时间的加速运动后，沿电场力方向的速度为

$$at = \frac{qE}{m^*}t.$$

所以, 平均速度等于

$$\frac{1}{2}\left(0 + \frac{qE}{m^*}t\right) = \frac{1}{2}\frac{qE}{m^*}t.$$

实际上, 载流子的散射具有偶然性, 两次散射间的自由运动时间 t 是有时长有时短的. 考虑到这种情形所作的理论分析表明, 平均漂移速度 $\bar{v}$ 为

$$\bar{v} = \frac{qE}{m^*}\tau, \tag{1.10}$$

τ 是各种长短不一的时间 t 的平均值, 常称为平均自由运动时间. 由 (1.10) 式得到迁移率

$$\mu = \frac{q\tau}{m^*}, \tag{1.11}$$

m^* 表示载流子的 "有效质量". 就半导体中的电子来说, 虽然它和真空中的自由电子相似, 在电场力作用下做加速运动, 但是, 由于它实际上不是在真空中, 而要受到晶体原子的作用, 所以, 在加速运动中表现出的质量和自由电子的质量 $m_0(= 9.1 \times 10^{-28}\mathrm{g})$ 是不同的, 称为有效质量. 价带中的空穴具有类似正电粒子的作用, 它在电场力作用下也表现出一定的 "有效质量". 就是在同一材料中, 电子和空穴的有效质量也是不一样的, 分别用 m_n^* 和 m_p^* 表示. 所以, 电子和空穴的迁移率应分别写为

$$\mu_n = \frac{q\tau_n}{m_n^*}, \quad \mu_p = \frac{q\tau_p}{m_p^*}. \tag{1.12}$$

电子和空穴的有效质量的大小是由半导体材料的性质所决定的, 所以, 不同的半导体材料, 电子和空穴的有效质量也不同. 这是不同材料中, 载流子迁移率不同的一个重要原因. 下面所列 GaAs, InSb, InAs 中电子和空穴的有效质量和迁移率, 明显地说明有效质量对迁移率的重要影响.

	GaAs	InSb	InAs
$\mu_n(300\,\mathrm{K})$	8500	78000	33000
m_n^*/m_0	0.068	0.013	0.02
$\mu_p(300\,\mathrm{K})$	400	750	460
m_p^*/m_0	0.5	0.6	0.41

我们看到在 InSb 和 InAs 中电子有效质量 m_n^* 特别小, 只有自由电子质量 m_0 的 $1\% \sim 2\%$, 显然, 由于这个原因, 这两个材料中的电子迁移率也特别大. 另外, 我们看到, 这几个材料中, 空穴有效质量比电子有效质量高十倍以至几十倍, 这是这些材料中空穴迁移率比电子迁移率低得多的一个主要原因.

以上迁移率的公式还表明, 平均自由运动时间 τ_n、τ_p 越长, 迁移率就越高. 平均自由运动时间的长短是由载流子散射的强弱来决定的, 散射越弱, 载流子就会隔

更长时间才散射一次, τ 就越长, 迁移率也就越高. 前面提到掺杂浓度和温度对迁移率的影响, 实际上就是由于它们直接影响着载流子散射的强弱.

一般半导体中引起载流子散射的, 主要有以下两方面的原因.

1.3.1   晶格散射

半导体晶体中原子虽然规则地排列成晶格, 但是, 它们并不是静止不动的, 相反, 它们也像可以自由运动的粒子一样, 不停地进行着热运动. 只不过热运动的具体形式有所不同, 晶体中原子的热运动采取在一点附近来往振动的形式, 并不破坏晶格整体的规则排列, 称为晶格振动. 由于这种晶格振动引起的载流子散射叫做晶格散射. 由于晶格振动随着温度的增高而加强, 所以, 当温度增高时, 对载流子的晶格散射也将增强. 在低掺杂浓度的半导体中, 迁移率随温度升高而大幅度下降, 其原因就在这里.

1.3.2   电离杂质散射

半导体中的杂质原子和晶格缺陷都可以对载流子产生一定的散射作用, 但是, 最重要的是由电离杂质形成的正、负电中心. 带电中心对载流子有吸引或排斥作用, 因而当载流子经过它们附近时, 就会发生 “散射” 而改变运动方向, 图 1.17 表示一个正电中心对电子的吸引和对空穴的排斥所产生的载流子散射作用. 在掺杂半导体中, 施主或受主除去在极低的温度, 基本上全都是电离的. 它们就是对载流子产生散射的最主要的带电中心.

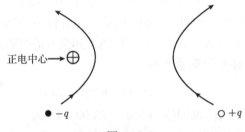

正电中心 →⊕

● $-q$ ○ $+q$

图 1.17

电离杂质散射的影响与掺杂浓度有关. 掺杂越多, 载流子和电离杂质相遇而被散射的机会也就越多, 即电离杂质散射是随着掺杂浓度而增强的. 前面已经看到, 在常温 (300 K) 下, 当掺杂浓度达到 $10^{16} \sim 10^{17} \mathrm{cm}^{-3}$ 的范围时, 迁移率已经下降一半, 这表明, 达到这样浓度, 散射已加强了一倍, 也就是说电离杂质散射已经可以和晶格散射相比了.

电离杂质散射的强弱也和温度有关. 这是因为载流子的热运动速度是随温度增大的. 而对于同样的吸引或排斥作用, 载流子运动速度越大, 所受影响相对的就越小. 因此, 对于电离杂质散射来说, 温度越低, 载流子运动越慢, 散射作用越强, 这和晶格散射的情形是相反的. 所以, 掺杂浓度较高时, 由于电离杂质散射随温度变化的趋势与晶格散射相反, 因此迁移率随温度变化较小. 仔细观察掺杂浓度很高的情形可以看到迁移率在较低的温度是随温度上升而增高的, 而在较高的温度才是随温度上升而下降的. 这实际上是表明, 在这样的掺杂浓度, 在较低温度杂质散射已占优势, 只有在较高温度, 晶格散射才占优势.

在这一节的最后, 我们讨论一下强电场效应. 实验表明在外电场 E 不是很强时, 半导体的载流子迁移率 μ 是一个常数, 平均漂移速度 $\bar{v} = \mu E$, 欧姆定律成立. 但是当电场超过一定强度以后, 迁移率就不再是一个常数了, 平均漂移速度随外电场的增加而加快的速度变得比较缓慢, 最后趋于一个不再随电场变化的恒定值, 称为饱和漂移速度, 也叫极限漂移速度. 图 1.18 给出了室温下高纯度的锗、硅、砷化镓中载流子的平均漂移速度与电场强度关系的实验结果. 从图可以看出, 平均漂移速度最后都趋于 $10^7 \mathrm{cm/s}$ 数量级. 这是因为迁移率与平均自由运动时间成正比, 而平均自由运动时间与载流子运动速度有关. 在低电场时, 载流子平均漂移速度比平均热运动速度小得多, 这时平均自由运动时间取决于载流子的平均热运动速度 (室温时为 $10^7 \mathrm{cm/s}$) 而与电场无关, 迁移率是一个常数. 但当电场增加到临界电场强度时, 平均漂移速度接近平均热运动速度, 这时平均自由运动时间就要由平均热运动速度和平均漂移速度二者共同来决定. 也就是说, 这时电场再增强, 载流子运动速度增加, 平均自由运动时间减小, 迁移率下降, 从而使平均漂移速度不再与电场成正比, 而变得随电场增加较为缓慢. 当电场强度足够强时, 平均速度趋于饱和值. 趋于饱和值的原因是因为当载流子运动速度足够大时, 晶格振动散射会变得特别强. 载流子的极限漂移速度与一些器件的性质有关. 例如, 载流子在通过 npn 晶体管的反向集电结, 或 MOS 晶体管的漏结时, 往往可以达到极限漂移速度. 因此, 这些器件的有些特性与极限漂移速度有关.

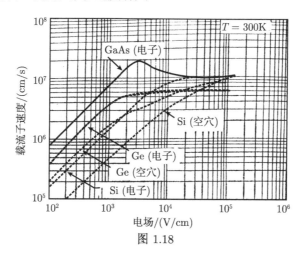

图 1.18

1.4   测量电阻率的四探针方法

由于常温下半导体的导电性能主要由掺杂情况决定, 而掺杂浓度可以控制在 $10^{14} \sim 10^{21} \mathrm{cm}^{-3}$ 这样宽的范围内变化, 因而半导体的电阻率变化范围也是很宽的. 不同的器件对硅单晶材料电阻率的要求是不相同的, 例如, 高压硅可控整流器要求硅片电阻率 $> 20\Omega \cdot \mathrm{cm}$ (相当掺杂浓度 $< 10^{14}\mathrm{cm}^{-3}$), MOS 大规模集成电路要求硅片电阻率为 $2 \sim 5\Omega \cdot \mathrm{cm}$ (约相当于掺杂浓度为 $10^{15}\mathrm{cm}^{-3}$), 而平面外延高频大功率晶体管则要求单晶材料电阻率小于 $10^{-2}\Omega \cdot \mathrm{cm}$ (相当于掺杂浓度 $> 10^{19}\mathrm{cm}^{-3}$). 因此, 电阻率就成了半导体单晶材料的主要技术指标. 四探针法是目前检测硅单晶电阻率的主要方法, 它具有设备简单、操作方便、测量比较准确等优点, 适合在生产中应用. 在这一节, 我们介绍四探针测量方法的基本原理.

四探针法的线路如图 1.19 所示意. 1, 2, 3, 4 是四根金属探针 (一般用钨丝付蚀成), 它们排在一直线上, 而且要求四探针同时与样品表面接触, 外面一对探针 1, 4 用来通电流. 当有电流通过时, 样品内部各点将有电势差, 里面一对探针用来测量 2, 3 点的电势差. 根据 1, 4 探针间的电流 I 和 2, 3 探针间的电势差 V, 就可以算出单晶的电阻率. 为什么要用四根探针呢? 这是因为金属和半导体接触时有一接触电阻, 这个接触电阻往往很大. 因此, 如果用探针 1, 4 同时测量电流和电压, 接触电阻就要影响测量结果. 2, 3 间的电压是用电势差计采用补偿法测量的, 测量时要保持探针 2 和 3 之间没有电流泄漏.

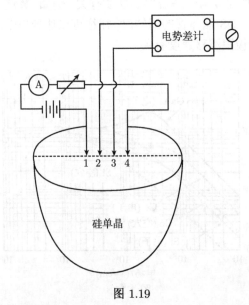

图 1.19

根据测量的电流和电压的数值可以直接求出电阻率:

$$\rho = c\frac{V}{I},\tag{1.13}$$

c 为与被测样品的几何尺寸以及探针间距有关的系数. 最简单, 也是经常遇到的情况是样品的几何尺寸比探针间距大很多倍, 样品尺寸可以看成无穷大, 这时

$$\rho = 2\pi S\frac{V}{I},\tag{1.14}$$

其中 S 为探针的间距.

为了说明四探针法测量单晶电阻率的上述公式, 我们先分析一下单探针的情况. 设想有一探针与半导体表面接触于 A 点, 并通过电流 I, 如图 1.20 所示. 可以认为在 A 点附近, 以 A 为球心, 以 r 为半径的半球面上, 电流密度的分布是均匀的.

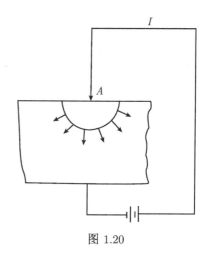

图 1.20

$$j = \frac{I}{2\pi r^2},\tag{1.15}$$

其中 $2\pi r^2$ 就是半球的面积. 根据欧姆定律的微分形式可以得到电场强度

$$E = \frac{j}{\sigma} = \frac{I}{2\pi r^2\sigma} = \frac{I\rho}{2\pi r^2}.\tag{1.16}$$

电场强度的方向是沿半径向外的. 把这个结果与点电荷的场强公式

$$E = \frac{1}{4\pi\varepsilon_0\varepsilon}\cdot\frac{q}{r^2}\tag{1.17}$$

比较, 可以看出, 在 A 点附近的半导体的场强分布, 与把一个 "等效" 点电荷放在 A 点所形成的场强分布一样. 这个等效点电荷的电量 $q = 2I\rho\varepsilon_0\varepsilon$ (其中 ε 为半导体材料的介电常数), 因此, 按照这个点电荷我们可以直接写出电势分布:

$$V = \frac{I\rho}{2\pi r}.\tag{1.18}$$

上面分析的是电流 I 从探针流入的情况. 如果电流 I 是从探针流出 (图 1.21), 情况和前面完全类似, 只不过这时电场强度的方向是沿半径方向向内. 因此, 这种情况可以看成在 A 点有一等效的负电荷 $-2I\rho\varepsilon_0\varepsilon$, 其电势分布为

$$V = -\frac{I\rho}{2\pi r}.\tag{1.19}$$

对于四探针的情况 (图 1.22), 电流 I 从探针 1 流入从探针 4 流出, 这时根据电势叠加原理, 可以看成分别是探针 1 和探针 4 形成的电势的叠加结果. 因此探针 2 处的电势可以写成

$$V_2 = \frac{I\rho}{2\pi}\left(\frac{1}{S_1} - \frac{1}{S_2 + S_3}\right), \tag{1.20}$$

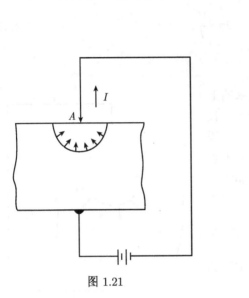

图 1.21

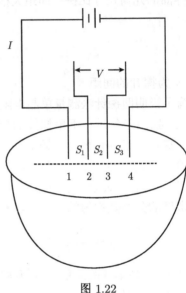

图 1.22

其中 S_1, S_2, S_3 分别表示探针 1 和 2, 2 和 3, 3 和 4 之间的距离. 同理, 探针 3 处的电势可以写成

$$V_3 = \frac{I\rho}{2\pi}\left(\frac{1}{S_1 + S_2} - \frac{1}{S_3}\right). \tag{1.21}$$

探针 2 和探针 3 之间的电势差 (即电势差计测量出的电压值 V)

$$\begin{aligned} V &= V_2 - V_3 \\ &= \frac{I\rho}{2\pi}\left(\frac{1}{S_1} + \frac{1}{S_3} - \frac{1}{S_2 + S_3} - \frac{1}{S_1 + S_2}\right). \end{aligned}$$

实际用的四探针都是采用相等的间距, 即 $S_1 = S_2 = S_3 = S$, 所以上式化简为

$$V = \frac{I\rho}{2\pi}\left(\frac{1}{S} + \frac{1}{S} - \frac{1}{2S} - \frac{1}{2S}\right) = \frac{I\rho}{2\pi S}.$$

也可以写成 (1.14) 式的形式, $\rho = 2\pi S \dfrac{V}{I}$.

上面的分析, 都是基于在探针附近的小范围内, 也就是说把半导体样品看成是半无穷大的. 这就需要探针极尖, 而且间距足够小 (通常是 1mm), 以保证半导体的

各个边界与探针的距离远远大于探针的距离. 如果上述条件不能满足, 就要对公式进行一定的修正.

在用四探针测量电阻率时, 适当选择电流也是很重要的, 如果电流过大, 会使样品发热, 从而引起电阻率的变化. 要选择恰当的测量电流, 应先测量 $V\text{-}I$ 关系曲线, 把电流选在直线性较好的范围内, 直线性比较好就表示电阻率不随测量电流变化.

1.5 扩散薄层的方块电阻

用扩散法制作 pn 结是目前硅平面器件生产中应用最广的方法. 例如, 在 n 型硅片上通过扩散受主杂质 (如硼) 使表面形成 p 型层. 图 1.23 中示意地表示出扩散后的杂质浓度分布, 横轴表示离开表面的距离, 横线表示扩散前硅中施主杂质浓度 N_0, 也叫背景掺杂浓度, 它在各处是相等的. $N_A(x)$ 表示经过扩散进入到硅片中的受主杂质浓度分布, 在表面浓度最大, 从表面向硅片内部浓度逐渐减小. 受主杂质与施主杂质浓度相等的地方 x_j 就是 p 型和 n 型的交界面, 在这里形成 pn 结. x_j 称为 pn 结结深. 硅片表面厚度为 x_j 的这一层, 称为扩散薄层, 通常厚度只有几个微米.

为了描述扩散薄层的导电性能, 引入方块电阻的概念. 我们知道一个均匀导体的电阻 R 正比于导体的长度 L, 反比于导体的截面积 S. 如果这个导体是一个宽为 W、厚为 d 的薄层 (图 1.24), 则

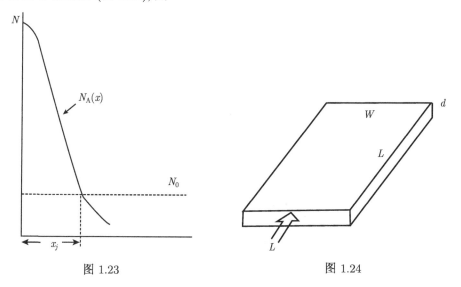

图 1.23 图 1.24

$$R = \rho \frac{L}{dW} = \left(\frac{\rho}{d}\right) \frac{L}{W}. \tag{1.22}$$

可以看出, 这样一个薄层导体的电阻与 L/W 成正比, 比例系数为 ρ/d. 这个比例系数就叫做方块电阻, 用 $R_\square$ 表示:

$$R_\square = \rho/d, \tag{1.23}$$

$$R = R_\square L/W. \tag{1.24}$$

$R_\square$ 的单位为欧姆, 通常用符号 $\Omega/\square$ 表示. 从上式可以看出, 当 $L = W$ 时, 有 $R = R_\square$, 这时 $R_\square$ 表示一个正方形薄层的电阻, 值得注意的是, 它与正方形边长的大小无关, 这就是取名方块电阻的原因.

以上讲的是电阻率恒定的薄层导体, 实际扩散薄层内杂质分布是不均匀的 (图 1.23), 电导率是 x 的函数:

$$\sigma(x) = N(x)q\mu. \tag{1.25}$$

对这种情况可以引入平均电导率

$$\bar{\sigma} = \frac{1}{x_j} \int_0^{x_j} \sigma(x)\mathrm{d}x, \tag{1.26}$$

以及平均电阻率

$$\bar{\rho} = \frac{1}{\bar{\sigma}}. \tag{1.27}$$

可以证明

$$R_\square = \frac{\bar{\rho}}{x_j}. \tag{1.28}$$

把 (1.25) 式代入 (1.26) 式后, 可以得到

$$R_\square = \frac{1}{q \displaystyle\int_0^{x_j} N(x)\mu\mathrm{d}x}. \tag{1.29}$$

如果忽略迁移率随杂质浓度的变化, 可以把 μ 提到积分号的前面, 我们看到 $R_\square$ 与扩散层中杂质总量 (指扩散进单位面积的杂质原子的总数)

$$\int_0^{x_j} N(x)\mathrm{d}x$$

成反比. 在扩散工艺中, 常用 $R_\square$ 标志扩散杂质的总量, 如在预扩散后测 $R_\square$ 以确定预扩中源的淀积量, 则主扩后测 $R_\square$ 就可以反映杂质量的变化.

方块电阻的测量与结深测量相结合, 还可以估算表面杂质浓度. 因为知道 $R_\square$ 和结深 x_j 后, 由 (1.27) 式和 (1.28) 式可以求出 $\bar{\sigma}$:

$$\frac{1}{R_\square x_j} = \bar{\sigma} = \frac{1}{x_j} \int_0^{x_j} N(x)q\mu\mathrm{d}x.$$

如果认为扩散以后杂质分布函数 $N(x)$ 的形式是已知的, 即可由平均电导率求出表面浓度. 图 1.25~ 图 1.28 给出了平均电阻率与表面浓度的关系. 一般认为预扩以后的杂质分布函数为余误差函数, 主扩以后的杂质分布函数为高斯函数. 图中不同的曲线对应不同的背景掺杂浓度 N_0. 表面浓度 N_s 的数值与扩散条件有关, 它与一些器件参数相联系, 所以有时就需要估计表面浓度以调整扩散工艺条件.

根据 $R_\square$ 表示扩散薄层中杂质总量这一物理概念, 还可以通过测量 $R_\square$ 求出扩散薄层中的杂质分布. 通常是用阳极氧化的办法, 精确地从硅表面逐次剥层 (如每层 400Å), 通过每次剥层前后 $R_\square$ 数值的变化, 就可以求出剥掉层中的杂质浓度.

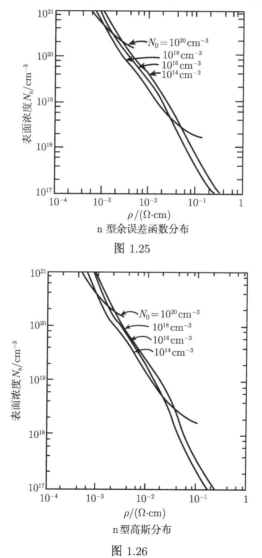

图 1.25

图 1.26

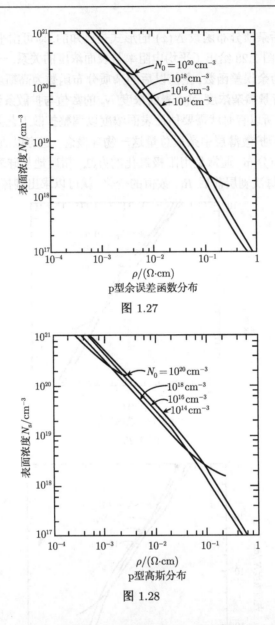

p 型余误差函数分布

图 1.27

p 型高斯分布

图 1.28

图 1.29 示意地表示了这一原理, $N(x)$ 曲线下两个斜线标志的面积相对应剥层前的 $R_\square$ 与剥层后的方块电阻的杂质总量, 两者之差表示剥掉的一层中杂质的总量. 通过逐次地剥层和测量 $R_\square$, 就可以测出杂质分布. 根据 (1.29) 式, 有

$$R_\square = \frac{1}{\displaystyle\int_x^{x_j} N(x)q\mu\mathrm{d}x},$$

所以

$$\frac{\mathrm{d}R_\square^{-1}}{\mathrm{d}x} = \sigma(x) = N(x)q\mu.$$

因此, 根据测量数据先做出 $R_\square^{-1} - x$ 的函数图线再逐点求出其斜率, 就可以得到 $N(x)$ 的分布. 图 1.30 和图 1.31 给出了一组具体的测量结果, 测量的是磷在 p 型硅中的分布. 实际扩散薄层中的杂质分布与理想的余误差函数和高斯函数总是有差别的, 有时为了比较深入细微地分析生产中出现的问题, 就需要做杂质分布的测量.

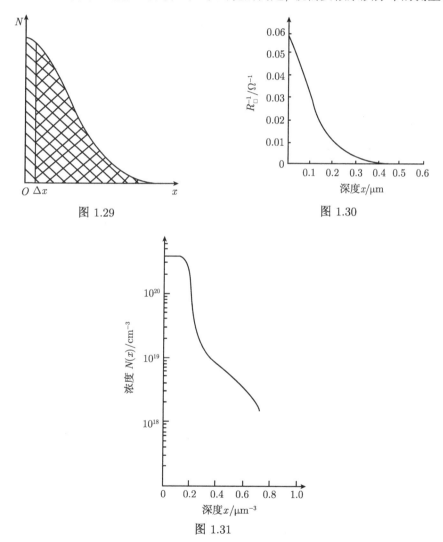

图 1.29

图 1.30

图 1.31

扩散薄层的方块电阻通常也是用四探针法进行测量 (图 1.32). 这时由于 pn 结的阻挡作用, 探针 1 和探针 4 之间的电流只在扩散层内流过, 而不能越过 pn 结. 这样探针 2 和探针 3 之间的电势差就由扩散层的导电性能来决定. 因此, 可以用四探针的方法, 直接测量出扩散层的导电性能. 因为通常扩散层是很薄的, 仅有几个微米它相对于探针间距是很小的, 我们可以把扩散层看成是一个无限薄层.

和分析四探针法测量单晶电阻率一样, 我们先分析单探针情况.

设想有电流 I 通过单探针流进扩散薄层, 以圆形的方式散开 (从远处流出). 薄层中的电场、电势可以从分析这种电流的分布求出. 如图 1.33 所示, 电流 I 在半径 r 处实际上是通过一个高为 x_j 的圆柱面流开的, 圆柱面的总面积就等于 $2\pi r x_j$, 所以, 距探针 r 处, 平均电流密度为 $\dfrac{I}{2\pi r x_j}$. 用薄层的平均电导率 $\bar{\sigma}$ 去除就得到距探针 r 处的电场强度

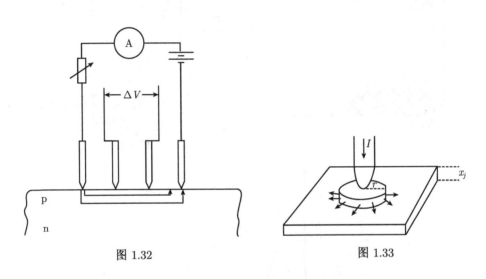

图 1.32 图 1.33

$$E(r) = \frac{1}{\bar{\sigma} x_j} \frac{I}{2\pi r}$$
$$= \frac{\bar{\rho}}{x_j} \frac{I}{2\pi r}$$
$$= R_\square \frac{I}{2\pi r}. \tag{1.30}$$

这个式子表明, 电场强度和 r 成反比. 很容易验证, 相应的电势函数

$$V(r) = -\frac{R_\square I}{2\pi} \ln r + 常数, \tag{1.31}$$

因为它的负微商 $-\mathrm{d}V/\mathrm{d}r$ 就等于前面的场强 $E(r)$. 式中常数是由电势零点的选取决定的, 电势零点选取不同, 常数值也就不同.

如果电流是从探针流出的, 情况将和以上完全相似, 只是电流方向相反, 因此, 相应的电势函数是

$$V(r) = \frac{R_\square I}{2\pi} \ln r + 常数. \tag{1.32}$$

四探针测量时, 电流 I 从探针 1 流进、从探针 4 流出, 电势可以通过以上两情况的电势叠加而得到

$$V(r) = \frac{R_\square I}{2\pi} (\ln r_4 - \ln r_1) + C, \tag{1.33}$$

其中 r_1、r_4 分别表示距离探针 1 和 4 的距离, 如图 1.34 所示. C 是与电势零点选择有关的常数. 由于

$$\ln r_4 - \ln r_1 = \ln(r_4/r_1)$$

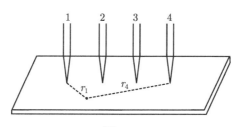

图 1.34

因此, $V(r)$ 只取决于距两个探针的距离之比 r_4/r_1. 显然当四探针间距均为 S 时, 对探针 2, 有 $r_4 = 2S, r_1 = S$, 电势

$$V_2 = \frac{R_\square I}{2\pi} \ln 2 + C. \tag{1.34}$$

对探针 3, 有 $r_4 = S, r_1 = 2S$, 电势

$$V_3 = \frac{R_\square I}{2\pi} \ln 1/2 + C = -\frac{R_\square I}{2\pi} \ln 2 + C. \tag{1.35}$$

实际测量的电压 V 就是 2, 3 探针电势之差:

$$\begin{aligned} V &= V_2 - V_3 \\ &= \frac{R_\square I}{\pi} \ln 2. \end{aligned} \tag{1.36}$$

由此便得到方块电阻的测量公式:

$$R_\square = \frac{\pi}{\ln 2} \left(\frac{V}{I} \right) = 4.534 \frac{V}{I}. \tag{1.37}$$

若半导体薄层的几何尺寸不满足无穷大平面的条件, 测量结果就要进行修正, 一般来讲,

$$R_\square = c \frac{V}{I}, \tag{1.38}$$

c 为与薄层几何尺寸有关的系数, 如表 1.2、表 1.3 所示.

表 1.2　单面扩散的修正因子 c

a/S	$l/a = 1$	$l/a = 2$	$l/a = 3$	$l/a \geqslant 4$
1.0			0.9988	0.9994
1.25			1.2467	1.2248
1.5		1.4788	1.4893	1.4893
1.75		1.7196	1.7238	1.7238
2.0		1.9454	1.9475	1.9475
2.5		2.3532	2.3541	2.3541
3.0	2.4575	2.7000	2.7005	2.7005
4.0	3.1137	3.2246	3.2248	3.2248
5.0	3.5098	3.5749	3.5750	3.5750
7.5	4.0095	4.0361	4.0362	4.0362
10.0	4.2209	4.2357	4.2357	4.2357
15.0	4.3882	4.3947	4.3947	4.3947
20.0	4.4516	4.4553	4.4553	4.4553
40.0	4.5120	4.5129	4.5129	4.5129
∞	4.5324	4.5324	4.5324	4.5324

表 1.3　双面扩散的修正因子 c

$\dfrac{a+b}{S}$ $\diagdown$ $\dfrac{l+b}{a+b}$	1	2	3	4
1.00			1.9976	1.9497
1.25			2.3741	2.3550
1.50		2.9575	2.7113	2.7010
1.75		3.1596	2.9953	2.9887
2.00		3.3381	3.2295	3.2248
2.50		3.6408	3.5778	3.5751
3.00	4.9124	3.8543	3.8127	3.8109
4.00	4.6477	4.1118	4.0899	4.0888
5.00	4.5790	4.2504	4.2362	4.2356
7.50	4.5415	4.4008	4.3946	4.3943
10.00	4.5353	4.4571	4.4536	4.4535
15.00	4.5329	4.4985	4.4969	4.4969
20.00	4.5326	4.5132	4.5124	4.5124
40.00	4.5325	4.5275	4.5273	4.5273
∞	4.5324	4.5324	4.5324	4.5324

图 1.35 中标明了表 1.3 中几何尺寸 l, a, b 的含义: l 代表与四探针排列方向平行的边长; a 代表与之垂直的边长; b 代表片子的厚度.

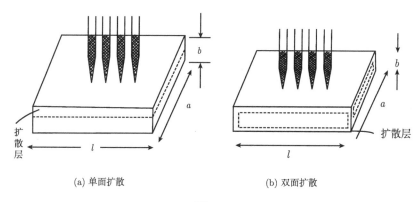

(a) 单面扩散　　　　　　　　　　　　(b) 双面扩散

图 1.35

图 1.35、表 1.2 和表 1.3 都区分了单面扩散和双面扩散. 单面扩散是指只在片子一面有扩散薄层, 四探针的测量电流也完全限于这一面. 双面扩散是指片子两面都有扩散薄层, 而且片子的四围也有扩散薄层, 因此四探针的测量电流有一部分流经背后的扩散薄层.

第2章 能级和载流子

第1章把半导体看作导电材料,对它的基本导电性进行了较全面的讨论.在单纯的导电问题中,往往只有一种载流子起主要的作用,所以,第1章仅讨论只有一种载流子的情形.但是,半导体中总是同时存在着电子和空穴,它们既相互依存,可以处于相互平衡的状态,又可以在一定条件下成对地产生或消灭,从而实现相互转化.电子和空穴的相互依存和转化关系对于晶体管、集成电路、光电器件等广泛的实际问题,都是十分重要的.本章将着重讨论与此有关的一些基本规律.

我们所要讨论的主要是电子的统计规律.统计规律是大量的电子在做微观运动时表现出来的.我们知道,电子的微观运动服从不同于一般力学的量子力学规律,其基本特点包含以下两种运动形式:

(1) 电子做稳恒的运动,具有完全确定的能量.这种稳恒的运动状态称为量子态.如下面要讲的,电子在原子中像行星环绕太阳一样做稳恒不变的运动,就是一个量子态.相应的能量称为能级.

(2) 在一定条件下,电子可以发生从一个量子态转移到另一个量子态的突变,这种突变称为量子跃迁.原子发生相互碰撞,或吸收光的能量,都可以使电子从一条轨道跳到另一条轨道,即发生量子跃迁.说明量子跃迁与能量的依赖性.

微观粒子的这两种运动形式体现了变和不变的辩证统一:一方面,量子态表现了运动的稳恒不变性,而跃迁则是这种稳恒的破坏和变化;另一方面,如果没有稳恒的量子态,也就不存在跃迁.两者既对立又统一,并在一定条件下相互转化.在2.1节我们将扼要介绍原子和半导体中的量子态,以及量子态之间的跃迁.我们将看到,半导体中存在各类的量子态:硅、锗中构成共价键的电子属于一类量子态;它们摆脱共价键后在半导体中做自由运动的状态属于另一类量子态;另外,掺进半导体的杂质原子可以把电子束缚在它四周运动,则又是一类量子态.对于我们所要研究的半导体问题来说,主要的不是单个电子的微观运动,而是大量的电子怎样分布在以上各类的量子态中,也就是说,重要的是,处于各类不同量子态的电子的数目有多少的问题.这种大量电子在各类量子态中的分布情况称为电子的统计分布.半导体中电子的统计分布所以十分重要,是因为它直接决定着半导体中电子和空穴的数目.

假若在量子态中的电子都永久地、稳恒不变地运动下去,那么,电子的统计分布将成为一种僵死的、绝对不变的状态.实际上,由于热运动,在各类的量子态之间总是发生着十分频繁的量子跃迁. 只有在保持温度一定, 又没有其他外界干扰的条件下, 电子才能形成一种称为热平衡的稳定不变的统计分布. 热平衡是一种相对稳定的状况, 跃迁进入某一类量子态的电子数目和从这一类量子态跃迁出去电子数目, 平均来说, 是相等的, 从而使处于各类量子态的平均电子数稳定不变. 在 2.3~2.4 节, 我们将结合一些最常见、最重要的典型问题, 逐步地阐明半导体中电子平衡统计分布的规律.

当电子统计分布偏离热平衡时, 将发生电子在各类量子态之间的转移. 最后两节讨论的非平衡载流子问题就是指这种偏离热平衡的情况. 非平衡载流子的复合就是电子在量子态间转移中最典型、最重要的问题.

2.1 量子态和能级

半导体中的量子态是从原子中电子的量子态演变而来的. 所以, 下面先扼要介绍原子中电子运动的情况. 对于讨论电子的统计分布, 最重要的是量子态的能量, 而不是电子在量子态中怎样运动. 因此, 下面介绍量子态, 也是把侧重点放在说明有关的能级上.

2.1.1 在原子中电子的量子态和能级

以硅原子为例, 原子中共有 14 个电子环绕着带正电荷 $(+14q)$ 的原子核运动, 和行星被太阳所吸引沿着环绕太阳的轨道运行很相似. 14 个电子运行的轨道是有区别的, 各代表一个不同的量子态, 图 2.1 是表示硅原子中电子运动的简图. 这张图并不可能把 14 个量子态都表现出来, 而只是着重于表示 14 个电子的量子态分别在离原子核远近不同的三层轨道上. 列在同一层的量子态也是相互区别的, 但是, 它们和原子核的平均距离以及能量是相同的 (严格说, 是接近相等的). 最里层的量子态, 电子距原子核最近, 受原子核束缚最强, 能量 (包括电子的动能和电势能) 最低. 越外层的量子态, 电子受原子核束缚越弱, 能量越高. 可以用人造卫星绕地球的环行运动作一个比喻. 越外层的电子轨道相当于越高的人造卫星轨道. 而我们都知道, 要把人造卫星射到更高的轨道上去, 必须给它更大的能量, 这就是说, 轨道越高, 能量也越高.

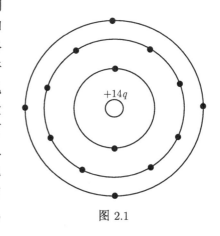

图 2.1

电子在原子中的微观运动状态 —— 量子态的一个最根本的特点就是, 量子态的能量只能取某些特定的值, 而不能是随意的. 例如, 图 2.1 中最里层的轨道就是量子态所能取的最低的能量, 再高的能量就是第二层的轨道, 不存在具有中间能量的量子态 ······. 为了形象地描绘量子态只能取某些确定的能量, 常常采用图 2.2 所示的所谓能级图. 能级图用一系列高低不同的水平横线来表示各个量子态所能取的确定能量 $E_1, E_2, E_3, \cdots$, 每一量子态所取的确定能量称为能级. 同一个能量往往可以有好几个量子态, 上面硅原子的能级图中已用括号注明, 最里层能量 E_1 有 2 个量子态, 其次能量 E_2 有 8 个量子态, 再其次能量 E_3 有 8 个量子态, ······. 有的书中把具有同一个能量的几个量子态统称为一个能级. 为了最简明地讲解问题, 我们将把每一个量子态称为一个能级, 如有几个量子态具有相同能量, 我们把这种情形看做是几个能级重叠在一起.

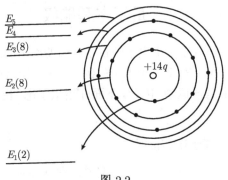

图 2.2

电子按量子态运动有一条重要的规律, 即同一个量子态不能有两个电子. 以图 2.2 的硅原子为例, 最低的是两个能级 E_1 重在一起, 所以, 最多就只能有两个电子在这层轨道上, 其次是 8 个能级 E_2 重在一起, 最多只能有 8 个电子在这层轨道上. 再其次有 8 个能级 E_3 重在一起, 而硅原子中只有 4 个电子在这一层轨道, 所以, 这里还有 4 个空的能级或量子态, 再高的能级则完全是空的.

能级本来是表示电子在量子态中运动的能量, 那么, 没有电子的 "空能级" 不是没有意义了吗? 实际并不是这样. 我们还只讲了量子态的稳恒运动, 没有考虑到电子的跃迁问题. 而在电子跃迁的问题中, 显然电子跃迁到一个已经有电子的量子态是不允许的, 因此, 电子总是从一个已有电子的量子态跃迁到一个空的量子态中去. 所以, 空的量子态或空能级在考虑到跃迁时就成为十分重要的了.

2.1.2 半导体中的能带

半导体是大量原子组成的晶体. 因为原子之间距离很近, 所以, 在一个原子上的电子不仅受到这个原子的作用, 还要受到相邻原子的作用; 相邻原子上的电子轨道 (量子态) 将发生一定程度的相互交叠. 通过轨道的交叠, 电子可以从一个原子转移到相邻的原子上去. 从这样粗浅的说明就可以了解, 原子组合成晶体后, 电子的量子态将发生质的变化, 它将不再是固定在个别原子上的运动, 而是穿行于整个晶体的运动了. 电子运动的这种质变称为 "共有化", 因为电子已不属于个别原子而成为整个晶体所共有.

电子在原子之间的转移不是任意的. 电子只能在能量相同的量子态之间发生转移. 图 2.3 是表明这种情况的简图, 从中我们可以看到, 第一层的电子只能转移到相邻原子的第一层, 第二层的电子只能转移到相邻原子的第二层 …… 所以, 共有化的量子态与原子的能级之间存在着直接的对应关系. 在同一个原子能级基础上产生的共有化运动也是多种多样的, 因为电子在晶体中共有化运动可以有各种速度. 这就是说, 从一个原子能级将演变出许许多多的共有化量子态, 它们代表电子以各种不同的速度在晶体中运动, 因此能量也是不相同的. 在图 2.4 中画出了这种共有化量子态的能级图, 并且表示出它们和原子能级之间的对应关系. 由图看到, 晶体中量子态的能级分成由低到高的许多组, 分别和各原子能级相对应, 每一组都包含大量的、能量很接近的能级. 由于在能级图上这样一组密集的能级看上去像一条带子, 所以被称为能带. 能带之间的间隙叫做 "禁带". 在图上禁带宽所对应的能量代表从一个能带到另一能带的能量差.

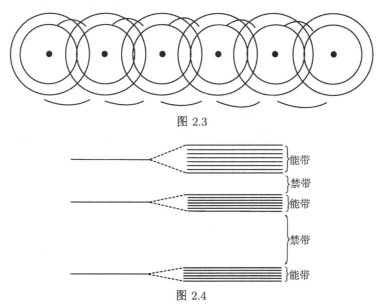

图 2.3

图 2.4

在一般的原子中, 内层电子的能级都是被电子填满的. 当原子组成晶体后, 与这些内层的能级相对应的能带也是被电子所填满的. 在硅、锗、金刚石等共价键结合的晶体中, 从其最内层的电子直到最外边的价电子都正好填满相应的能带. 能量最高的是价电子填充的能带, 称为价带. 价带以上的能带基本上是空的, 其中最低

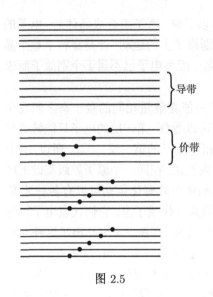

图 2.5

的带常称为导带. 图 2.5 表示出电子填充能带的基本情况, 以及其中的价带和导带.

2.1.3   电子和空穴

前面讲过, 原来在共价键中的电子如果摆脱了共价键的束缚成为自由的, 这时就产生了一对电子和空穴. 在能带的基础上分析一下这样一对电子和空穴的产生, 可以使我们对电子和空穴的概念有进一步的认识.

首先应当知道, 构成共价键的电子也就是填充价带的电子, 因为原来组成共价键的就是硅、锗原子最外层的 4 个价电子, 它们能量最高, 所以, 在能带里它们填充的也是能量最高的满带 —— 价带. 可能会发生疑问, 共价键不是一对对把硅、锗原子联结起来的电子吗? 它们怎么又是价带里的电子呢? 实际上, 两者并不矛盾, 它们标志问题的两个方面. 能带图形并不是实物图, 并不说明电子是否成对地处在原子之间这样的问题, 而是着重于说明电子的能量.

既然构成共价键的电子就是填充价带的电子, 那么电子摆脱共价键的过程, 从能带来看, 就是电子离开了价带从而在价带中留下了空的能级. 摆脱束缚的电子到哪里去呢? 它只能到上面的一个空能带中, 而到导带中去显然需要的能量最小. 正是因为这个原因, 电子摆脱束缚后一般都处于导带之中. 所以, 电子摆脱共价键而形成一对电子和空穴的过程, 在能带图上看, 就是一个电子从价带到导带的量子跃迁过程, 如图 2.6 所示, 其结果是在导带中增加了一个电子而在价带中则出现了一个空的能级. 这就表明, 半导体中导电的电子就是处于导带中的电子, 而在原来填满的价带中出现的空能级则代表着导电的空穴. 当然, 这里所谓空能级 (空穴) 的导电性实质上是反映价带中电子的导电作用, 同讲水中气泡的运动实际上反映水的运动是一样的道理.

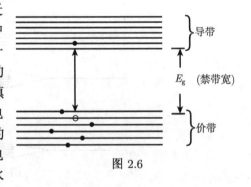

图 2.6

2.1.4   杂质能级

半导体中的杂质原子可以使电子在其周围运动而形成量子态. 杂质量子态的

能级处在禁带之中.

先讲 V 族施主杂质的情形. V 族施主取代晶格中硅或锗的位置, 它的 4 个价电子形成共价键后, 还多余一个价电子, 而杂质本身成为正电中心. 正电中心可以束缚电子在其周围运动而形成一个量子态. 这种情形和在氢原子中带正电的质子吸引电子在其周围做轨道运动是相似的. 但是又有一个十分重要的差别, 就是这里对电子的束缚弱得多. 正负电荷间的吸引力为 $-q^2/\varepsilon\varepsilon_0 r^2$, 由于在硅、锗中介电常数 ε 很大 (硅中 $\varepsilon = 11.8$, 锗中 $\varepsilon = 16$), 而被减弱了许多倍. 原子对电子束缚的强弱一般用电离能的大小来表示. 电离能越大, 表示原子对电子的束缚越强. 氢原子的电离能是 13.6eV, 硅中几种 V 族施主的电离能如下:

施主	磷	砷	锑
电离能/eV	0.044	0.049	0.039

正是因为 V 族施主电离能很小, 在一般器件的使用温度下, 施主上的电子才几乎全部电离, 成为导电电子.

前边已经特别指出, 导电的电子一般就是在导带中的电子. 所以, 所谓施主的电离也就是原来在施主能级上的电子跃迁到导带中去, 这个过程所需的能量就是电离能. 根据这个道理, 我们就可以把施主能级在能带图上画出来 (图 2.7). 施主能级的位置在导带的下面, 距离就等于电离能. 图中箭头表示电子从施主能级跃迁到导带的电离过程.

图 2.7

III 族的受主杂质由于只有 3 个价电子, 代替硅或锗形成 4 个共价键时就要从其他共价键上夺取一个电子, 这样就形成了一个负电的中心, 另外产生一个空穴. 带负电的受主中心可以吸引带正电的空穴在其周围运动. 使空穴摆脱受主的束缚所需要的能量就是受主的电离能, 硅中 III 族受主的电离能如下:

受主	硼	铝	镓	铟
电离能/eV	0.045	0.057	0.065	0.16

受主电离能也是很小的, 所以, 在器件的使用温度范围, 受主基本上全部电离, 空穴成为自由导电的空穴. 从能带来看, 自由导电的空穴就是价带中的空能级. 这就是

说, 受主电离的结果是使价带失去一个电子从而出现一个空的能级. 因此, 受主的电离是价带中的电子跃迁到一定的受主能级的过程. 图 2.8 中的箭头表示电子从价带跃迁到受主能级的电离过程. 这样一个跃迁需要的能量就是受主电离能. 被电子填充后的受主能级, 则相当于失去了空穴的受主负电中心, 即以前所说的电离受主.

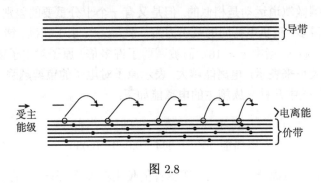

图 2.8

许多杂质都可以在硅、锗的禁带中形成杂质能级. 这些能级也常按照 V 族和 III 族的不同特点区分为施主和受主能级. 从上面的讨论看到, V 族施主能级在有电子时是电中性的, 而能级失去电子后则成为正电的中心. 具有这个特点的杂质能级都称为施主能级. III 族受主能级的情况相反, 它在有电子时是带负电的中心, 而没有电子占据时是中性的. 具有这个特点的杂质能级称为受主能级. V 族施主能级和 III 族受主能级分别距离导带和价带十分近. 这表明它们的电离能很小, 这样的能级被称为浅能级. 其他大部分杂质的能级都离两个能带远得多, 这样的能级称为深能级. 深能级的问题在后面还将另作介绍.

施主和受主同时存在时, 为什么不是分别提供电子和空穴, 而要相互补偿呢? 在能带和杂质能级的基础上, 这个问题就很容易理解. 从根本上来说, 补偿的现象是因为导带和施主能级的能量比价带和受主能级高得多, 所以, 在导带或施主能级上的电子总是要首先去填充那些空的受主或价带能级. 用 N_D 和 N_A 分别表示施主和受主的数目 (为了方便, 以单位体积为准, 所以, N_D 和 N_A 也就是杂质浓度).

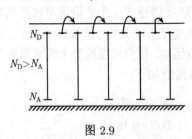

图 2.9

显然, N_A 就是受主和价带中空能级的数目. 如果 $N_D > N_A$, N_D 个施主上的电子除 N_A 个填充了这些空能级外, 还有 $N_D - N_A$ 个电子可以电离到导带, 用图 2.9 来表示这种 n 型补偿的情形. 如果, $N_D < N_A$, 则全部 N_D 个施主电子都落下去填充空能级, 所以, N_A 个受主能级只剩下 $N_A - N_D$ 个是空的, 能够电离从而提供 $(N_A - N_D)$ 个空穴. 用图 2.10 来表示这种 p 型补偿的情形.

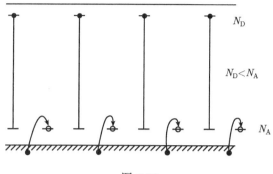

图 2.10

2.1.5 量子跃迁和禁带宽度

电子的量子跃迁是和能量的交换分不开的. 电子必须吸收能量才能从低能级跃迁到高能级, 电子从高能级跃迁到低能级则必须把多余的能量放出来. 在半导体中, 电子跃迁中交换的能量可以是热运动的能量, 称为热跃迁, 也可以是光能称为光跃迁.

例如, 我们说随着温度增高有越来越多的电子会从价带激发到导带上去, 这就是热跃迁的过程. 因为原子的热振动随着温度的增高而增强, 从而促使电子从价带跃迁到导带, 电子跃迁所吸收的能量由原子热运动提供. 实际上, 同时也有电子从导带跃迁到价带中的空能级 (空穴), 这时多余能量又转变为原子热振动的能量. 施主和受主能级的电离也都是这样的热跃迁的过程. 这章所讨论的统计分布规律 (热平衡和偏离平衡) 就是由热跃迁所决定的.

前面曾提到光照可以使电子摆脱共价键束缚而成为自由的, 这实际上就是指电子从价带到导带的光跃迁, 跃迁的能量由照射光提供, 跃迁的结果是产生一对电子和空穴. 这种光跃迁的过程十分重要, 它是许多半导体光电器件的基础. 如利用光照产生电子–空穴对降低半导体电阻的原理可以制成光敏电阻, 特别是适用于红外光的化合物半导体光敏电阻是现代红外探测的有力工具. 又如利用光照产生电子–空穴对, 在 pn 结上可以产生光电流和光生电压的现象, 制成太阳能电池, 光电二极管等光电转换器件.

电子从导带跃迁到价带的空能级并把多余的能量作为光发射出来, 它是半导体激光器, 半导体发光二极管等新型半导体发光器件的基础. 这两类重要的器件都是采用Ⅲ-Ⅴ族化合物材料, 利用 pn 结注入载流子的作用, 产生大量多余的电子和空穴 (非平衡载流子), 从而造成跃迁发光的条件.

我们知道, 光是分成一个个 "光子" 的, 每一个光子具有一定的能量. 光子的能量由光的频率 ν, 或波长 λ 决定:

$$光子能量 = h\nu = \frac{hc}{\lambda},$$

$h = 6.63 \times 10^{-27} \text{erg·s} = 4.14 \times 10^{-15} \text{eV·s}$, 称为普朗克常量. 这个式子表明, 光的波长越大, 或频率越低, 光子的能量就越小.

电子作光跃迁的过程中, 光的吸收和发射都是取光子的形式. 对半导体的光电作用来讲, 这一点是十分基本的. 例如, 要利用光照射在半导体中产生电子空穴对, 显然光子的能量必须等于或大于半导体的禁带宽度, 图 2.11 中形象地表明电子由价带跃迁到导带需要的能量来自吸收的光子, 所以 $h\nu$ 必须大于 E_g, 否则跳不上去. 根据以上光子的能量公式可以很容易地从禁带宽度换算出相对应的光子的波长. 在图 2.12 中, 我们对照地作出禁带宽和光子波长的标尺, 并在上面标注出锑化铟 (InSb)、锗 (Ge)、硅 (Si)、砷化镓 (GaAs)、磷化镓 (GaP)、硫化镉 (CdS) 等几种主要半导体的禁带宽度. 从图 2.12 看到, GaP 和 CdS 的禁带宽在 2eV 以上, 这相当于可见光的光子能量. 对于这样的半导体, 只有用波长较短的可见光 (绿、蓝、紫等) 和紫外光照射才能产生电子空穴对. 而锗、硅、砷化镓的禁带宽相当于近红外的光子, 对这样的半导体, 各种可见光都可以用来产生电子空穴对. 图 2.12 还特别注明了禁带很窄的锑化铟, 它的特点是能用于相当长的红外光 ($\lambda \approx 7\mu\text{m}$) 的探测.

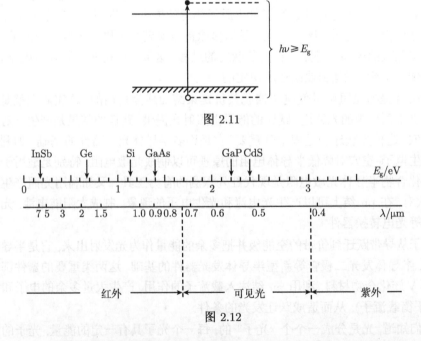

图 2.11

图 2.12

最后, 因在导带电子跃迁到价带空能级的光跃迁中所发出的光的波长由半导体

禁带宽决定 (图 2.13), 而一般导带电子集中在导带最底部, 空穴集中在价带顶部, 所以, 发射光子的能量基本上等于禁带宽 E_g. 我们知道, 砷化镓是半导体激光器以及发光二极管最常采用的一种材料, 但是, 从图 2.12 知道, 它的发光在红外范围. 为了显示, 必须能发射可见光才行. GaP 是一种可以用来做发射可见光的二极管材料. 但是, 现在最常用的可见光二极管材料是 GaAs 和 GaP 的混合晶体 $GaAs_{1-x}P_x$, x 表示所含 GaP 的百分比. 这种混合半导体的禁带宽随着 x 而增加, 因此能够把 GaAs 的红外发光转移到可见光区域.

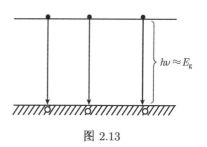

图 2.13

2.2 多子和少子的热平衡

n 型半导体主要依靠电子导电, 但是, 同时还存在少量的空穴. 在这种情况下, 电子称为多数载流子 (简称多子), 空穴则称为少数载流子 (简称少子). 而在 p 型半导体中, 则空穴是多子, 电子是少子. 半导体中同时存在多子和少子, 对很多半导体问题来说, 都是十分重要的. 这一节主要讨论多子和少子之间存在的热平衡关系. 这是在实践中最常引用、也是最单纯的一项电子的统计规律. 我们还将结合这个问题说明热平衡的状态是怎样在大量热跃迁的基础上形成的. 这样我们才能正确了解, 热平衡并不是什么静止的、绝对的平衡, 而是相互对立着的热跃迁之间的一种相对平衡. 这一点是以后几节统计规律性的重要基础.

2.2.1 电子–空穴对的产生和复合

为什么半导体中总是同时存在电子和空穴呢? 其根本的原因是晶格的热振动促使电子不断发生从价带到导带的热跃迁. 晶格的热振动可以形象地看成是每个原子来回不断地向四周的原子撞击. 原子撞击的能量如果超过了半导体的禁带宽度 E_g, 就有可能以足够的能量供给共价键的电子, 使它从价带跃迁到导带. 原子热运动的能量是用 kT 来衡量的, 而 kT 往往远远小于半导体的禁带宽 (例如, 硅、锗、砷化镓等半导体禁带宽都在 1eV 上下, 而室温下 kT 只有 0.026eV). 但是, 热运动的特点是, 不论运动的方向, 或是运动的强弱, 都不是整齐划一的, 而是极不规则的. 原子振动可以取各种方向, 振动的能量有大有小, kT 只代表一个平均值. 虽然大多数原子的能量与 kT 相差不远, 然而有少量原子的能量可以远远大于 kT. 实际上, 热运动理论表明, 大量原子的极不规则的热运动中表现出确定的统计规律性, 具有各种不同的热振动能量的原子之间保持确定的比例. 例如, 热运动理论告诉我们, 在具有各种不同的热振动能量的原子之中, 振动能量很大 ($\gg kT$), 超过了某一能

量 E 的原子所占的比例是 $e^{-E/kT}$. 以硅为例, $E_g = 1.1\text{eV}$, 在室温 $kT \approx 0.026\text{eV}$, 热运动能量超过 E_g 的原子占的比例是

$$e^{-E_g/kT} \approx e^{-43} \approx 3 \times 10^{-19}.$$

这个比例虽然极少, 但因为原子总数很大 (硅单位体积中有 5×10^{22} 个), 每秒钟振动次数很大 (约 10^{13}s^{-1}!), 所以, 实际上还是有相当大量的原子有足够的振动能量使电子不断发生从价带到导带的跃迁.

　　电子从价带跃迁到导带的结果是形成一对电子和空穴, 所以, 电子从价带到导带的热跃迁被称为电子–空穴对的产生过程. 在以后的章节, 我们将看到, 这种热跃迁还可以间接地通过杂质能级进行. 但是, 这一节重点是说明, 在热跃迁的基础上形成电子和空穴的热平衡的基本道理. 为了这个目的, 我们将只考虑价带和导带之间的直接跃迁.

　　由于电子–空穴的产生过程是伴随着原子热运动而发生的, 所以是永不休止的. 随着电子–空穴对的产生, 电子–空穴的复合也同时无休止的进行, 所以, 半导体中电子和空穴的数目并不会越来越多. 以 n 型半导体为例: 一旦由于电子–空穴的产生在价带中出现了空穴时, 那么, 导带电子和空穴相遇时, 电子就可以从导带落入

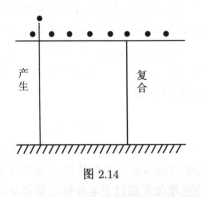

图 2.14

价带的这个空能级 (多余的能量放出来成为晶格振动) 如图 2.14 所示. 这个过程称为电子–空穴的复合. 显然, 复合是与产生相对立的变化过程, 通过复合将使一对电子和空穴消失. 因此, 在半导体中产生与复合总是同时存在的, 如果产生超过复合, 电子和空穴将增加, 如果复合超过产生, 电子和空穴将减少. 如果没有光照射或 pn 结注入等外界影响, 温度又保持稳定, 半导体中将在产生和复合的基础上形成热平衡.

　　为了说明问题, 我们具体考虑 n 型半导体, 并设想最初没有少子, 即只有施主提供的电子, 而没有空穴. 这时, 空穴将由于电子–空穴的产生过程而逐渐出现. 但最开始为数甚少. 所以, 虽然出现了空穴就会发生复合, 然而这时产生是超过复合的. 在这种情况下, 电子和空穴数目将继续不断增加. 随着空穴数目的增多, 电子和空穴相遇的机会就增加起来, 复合的次数也随之增多. 只要复合没有赶上产生, 电子和空穴就要增多, 使复合继续增加. 这样发展下去, 直到复合完全赶上产生, 每秒复合掉的电子–空穴对和每秒产生的电子–空穴对相等, 半导体里的电子和空穴浓度才不再变化. 也就是说达到了热平衡. 显然如果我们考虑的是 p 型半导体, 同样会得到这种热平衡的情况.

所以, 在热平衡时, 电子和空穴的浓度保持稳定不变, 但是产生和复合仍在持续不断地发生. 从载流子浓度看, 似乎是静止不变的, 但实际上始终存在着产生和复合这一对矛盾的斗争. 平衡是相对的、有条件的, 而矛盾的斗争则是绝对的. 这个辩证的规律将贯穿在我们所讨论的统计规律之中.

2.2.2 电子和空穴浓度的热平衡关系

我们可以用数学公式具体表述产生与复合之间的相对平衡, 从而得到电子和空穴浓度在热平衡时的一个基本公式.

为了叙述简便, 我们把在单位体积、单位时间内复合与产生的电子–空穴对的数目分别称为电子和空穴的复合率和产生率. 复合率可以用下式表达:

$$复合率 = rn \cdot p. \tag{2.1}$$

这个式子表明复合率是和电子和空穴的浓度成正比的. 这是因为电子和空穴浓度越大, 它们相碰在一起的机会就越多. r 是一个表示电子与空穴复合作用强弱的常数, 称为复合系数.

从前面看到, 电子–空穴对由振动能量超过禁带宽度的原子产生, 所以, 产生率和这样的原子的数目是成比例的,

$$产生率 \propto \mathrm{e}^{-E_\mathrm{g}/kT}.$$

这个关系式表明电子–空穴对的产生率随着温度 T 的升高而迅速增加. 更深入一步的理论分析表明, 产生率可以写成

$$产生率 = kT^3 \mathrm{e}^{-E_\mathrm{g}/kT}. \tag{2.2}$$

指数前面的系数不仅反映了产生作用的强弱, 而且还反映了导带和价带容纳电子和空穴的能力.

在达到热平衡时,

$$复合率 = 产生率, \tag{2.3}$$

把 (2.1) 式和 (2.2) 式代入 (2.3) 式就得到

$$rnp = kT^3 \mathrm{e}^{-E_\mathrm{g}/kT}.$$

这个式子还可以改写成

$$np = cT^3 \mathrm{e}^{-E_\mathrm{g}/kT}, \tag{2.4}$$

其中常数 c 是 k 和 r 的比值.

上式是表示在热平衡条件下多子浓度和少子浓度关系的基本公式. 特别应当指出, 公式中两个常数 E_g 和 c 都是由材料性质决定的, 与掺杂无关. 实验确实的硅的常数值为

$$E_\mathrm{g} = 1.21 \ \mathrm{eV},$$

$$c = 1.5 \times 10^{33}$$

(硅的禁带宽略随温度变化, 以上为温度趋向 0K 的极限值).

下面我们就应用这个基本公式讨论两个具体问题.

2.2.3 本征情况

我们首先介绍 "本征情况" 以及 "本征载流子浓度" 这两个常用的概念.

"本征" 的意思是指半导体本身的性质, 以区别于外来掺杂的影响, "本征情况" 是指半导体中没有杂质, 而完全靠半导体本身提供载流子的理想情况. 在这种情况下, 载流子的唯一来源就是电子–空穴对的产生, 每产生一个电子, 同时也产生一个空穴, 所以, 电子和空穴的浓度保持相等,

$$n = p. \tag{2.5}$$

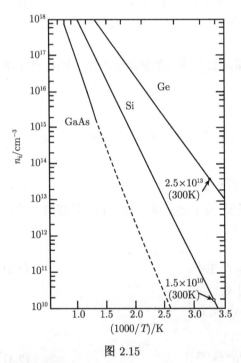

图 2.15

这个共同的浓度就叫做 "本征载流子浓度", 常常用符号 n_i 表示. 本征载流子浓度可以直接从电子、空穴平衡浓度的基本公式 (2.4) 式求出. 只要在公式中取 $n = p = n_i$, 就可以求得

$$n_i^2 = cT^3 \mathrm{e}^{-E_{\mathrm{g}}/kT}, \tag{2.6}$$

开方得

$$n_i = c^{\frac{1}{2}} T^{\frac{3}{2}} \mathrm{e}^{-\frac{1}{2}(E_{\mathrm{g}}/kT)}. \tag{2.7}$$

若知道 c 和 E_{g}, 就可以根据这个公式计算任何温度下的本征载流子浓度 n_i. 为了便于实际工作中直接查用, 图 2.15 在对数坐标图上给出了硅、锗和砷化镓三种材料的 n_i 和 $1/T$ 的函数关系. 从图上可以看到, 室温下硅中本征载流子浓度很低, 但是, 本征载流子浓度随温度的上升而迅速增加.

不纯是绝对的, 纯是相对的. 绝对没有杂质的本征情况在实际中是不存在的. 实际应用的 "本征情况" 都是指当温度足够高, 本征激发的载流子远远超过了杂质浓度时的情况.

对于半导体晶体管, 集成电路等器件来说, 本征情况是一种参考标准, 可以用来说明器件使用的温度限制. 因为 pn 结是靠 n 型和 p 型材料中多子和少子浓度有

很大差别而工作的, 所以, 一旦温度高到 n_i 可以和掺杂浓度相比时, 器件就不再能正常工作了. 表 2.1 列出了几种不同掺杂浓度的硅和锗, n_i 达到杂质浓度时的温度.

表 2.1

掺杂浓度	硅	锗
10^{14}	450K(180°C)	370K(100°C)
10^{15}	530K(260°C)	430K(160°C)
10^{16}	600K(330°C)	510K(240°C)

从表 2.1 中数据可以看到, 硅器件可以比锗器件使用于更高的温度, 其原因是硅有更大的禁带宽, 其本征载流子的浓度比锗低得多.

对每一种材料来说, 本征载流子浓度 n_i 是一个完全确定的温度的函数. 实际上, n_i 就是热平衡的基本公式

$$np = cT^3 \mathrm{e}^{-E_g/kT}$$

右边的平方根. 因此, 往往利用 n_i 把热平衡基本公式更精炼地写成

$$np = n_i^2. \tag{2.8}$$

2.2.4　电中性条件和多子、少子浓度

在掺杂的半导体中, 由于电子–空穴的产生, 不仅有多子, 而且同时存在少子, 这已经是很清楚的了. 但是, 在这种情况下, 多子浓度和少子浓度是多少呢? 容易有这样的想法, 认为我们只要在原来杂质提供的载流子浓度之上再加上本征载流子浓度, 就可以了. 实际上并不是这样, 我们不能把杂质提供的载流子和本征载流子当作互不相干的两部分, 然后机械相加.

在掺杂的半导体中, 多子和少子浓度是通过多子和少子平衡的基本公式 $np = n_i^2$ 和电中性条件来确定的. 电中性条件就是指在半导体内部正、负电荷总是保持相等, 处于电中性的状态. 掺杂的作用就是通过电中性条件表现出来的. 以施主浓度为 N_D 的 n 型半导体为例, 在室温下施主可以认为全部是电离的, 所以, 正电荷有 N_D 个电离施主和 p 个空穴 (图 2.16), 负电荷则是 n 个电子. 电中性条件可以写成

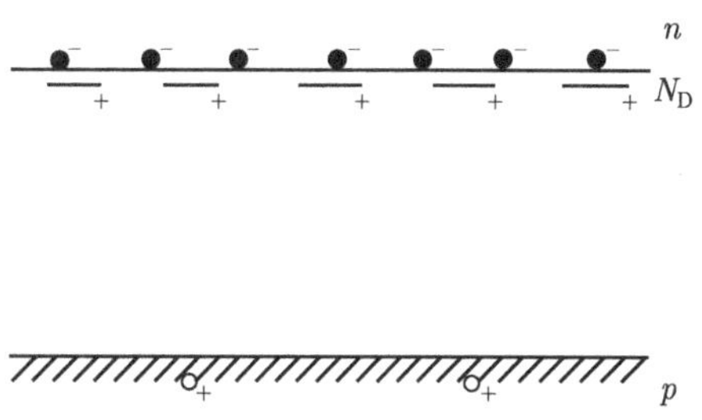

图 2.16

$$n = N_D + p, \tag{2.9}$$

它和上面的热平衡的基本公式 (2.8) 一起正好可以确定多子浓度 n 和少子浓度 p.

前面已经指出, 在一般器件使用的温度范围内, 掺杂的浓度总是远远超过本征载流子浓度, 即掺杂浓度 $\gg n_i$. 这是和 "本征情况" 正好相反的情形, 常常称为杂质导电的情形. 在这种情况下, 少子的浓度也是远远小于掺杂的浓度. 这样, 在以上电中性的条件中, 少子浓度 p 和 N_D 相比可以近似忽略不计, 因而 (2.9) 式可以化简为

$$n = N_D. \tag{2.10}$$

也就是说, 多数载流子浓度可以近似认为与掺杂的浓度相等. 把 (2.10) 式代入 (2.8) 式, 少子浓度

$$p = \frac{n_i^2}{N_D}. \tag{2.11}$$

这个结果表明, 在杂质导电的范围内, 少子的浓度和掺杂的浓度, 或多子浓度成反比. 掺杂越多, 多子越多, 少子就越少.

我们把这一节的内容总结一下. 这一节主要是讲热平衡情况下载流子的浓度.

决定热平衡的是半导体内部的产生和复合这一对矛盾. 由于晶体的热振动, 电子不断从价带被 "激发" 到导带, 形成一对电子和空穴. 这就是产生的过程. 产生密切依赖于温度, 温度越高, 产生的电子–空穴对越多. 产生又与材料的性质有关, 特别重要的是禁带宽度 E_g. E_g 越大, 电子、空穴产生越难, 产生越少. 本征载流子浓度

$$n_i = c^{\frac{1}{2}} T^{\frac{3}{2}} e^{-\frac{1}{2}(E_g/kT)}$$

具体反映了产生的强弱.

在产生电子空穴对的同时, 不断发生电子和空穴的复合, 即导带中的电子落进价带的空能级, 使一对电子和空穴消失. 复合的数目是和电子、空穴的浓度成正比的.

在不受外来作用影响时, 产生和复合达到相对平衡, 这就是热平衡情况. 在这种情况下:

$$np = n_i^2,$$

这是这一节的基本公式.

一般器件在规定的使用温度范围内, 掺杂的浓度 $\gg n_i$. 这是所谓杂质导电的情况, 多子的浓度基本上等于掺杂的浓度. 少子浓度由热平衡公式 (2.8) 决定,

n 型:　$n = N_D$,　$p = n_i^2/N_D$,

p 型:　$p = N_A$,　$n = n_i^2/N_A$.

温度升高到 n_i 接近掺杂浓度时, 少子和多子相比已经不再是很少了. 这时 pn 结器件不再能正常工作了. 温度再升高, 当 n_i 远超过掺杂的浓度时, 半导体达到 "本征情况", 其特点是电子和空穴浓度基本上相同, 都可以近似看成等于 n_i.

从杂质导电到本征情况之间的一段温度, 掺杂浓度和 n, p 三者之间相互比较都不能忽略, 这时就必须解平衡的基本公式 (2.8) 和电中性条件 (2.9) 这一对联立方程, 才能求出载流子浓度.

2.3 费 米 能 级

费米能级是电子统计规律的一个基本概念. 我们将首先讲解这个概念所要说明的问题的实质是什么. 为此我们将指出, 掺杂可以看做是改变半导体能带中电子多少的手段, 通过不同的掺杂可以使电子填充能带到不同的水平. 而费米能级就是反映电子填充能带所到什么水平的一个概念. 在了解这一点的基础上, 然后进一步介绍费米能级和载流子浓度的基本理论公式. 这是电子统计规律中最常用的理论结果.

2.3.1 掺杂是改变能带里电子多少的手段

从能带的观点来看, 掺杂是我们在能带里放进一些电子或拿走一些电子的手段. 先设想没有热运动产生电子空穴对, 即没有少子. 图 2.17 画出了在这种情形下五种不同掺杂情况的能带图.

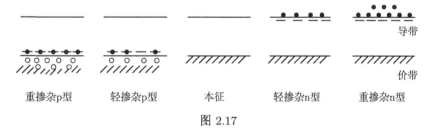

图 2.17

图 2.17 的五种情况代表了电子填充能带高低不同的 "水平". 不掺杂的 "本征情况", 电子恰好能填到价带顶, 把价带填满. 掺进受主其效果等于从能带里拿走电子, 每掺进一个受主, 就使电子少一个. 从图上看到重掺杂 p 型, 从价带拿走电子最多, 留下较多的空能级. 轻掺杂 p 型, 从价带拿走电子较少, 留下较少的空能级. 向半导体掺进施主, 等于向能带里放电子. 在轻掺杂的 n 型中, 电子比本征情况多, 多余电子填进了导带. 重掺杂 n 型, 填充到导带的电子也就更多了. 五种情形的载流子浓度, 直接反映了从重掺杂 p 型到重掺杂 n 型, 电子填充能带的 "水平" 由低到高.

从 2.2 节我们看到, 实际上既有产生又有复合, 所以, 价带和导带都有载流子. 对于不同的掺杂情况, 电子和空穴的乘积是与掺杂无关的常数, 电子和空穴成反比的关系. 在这种情况下, 两个带中载流子浓度的大小, 仍然很直接地表现出不同掺杂造成电子填充能带的不同水平. 例如, 重掺杂的 p 型, 空穴最多, 按上述反比关系, 导带电子最少, 实际上, 这就是说价带电子最少 (因空穴多就代表电子少), 而且导带电子也最少; 相反, 对于重掺杂 n 型, 因电子最多, 所以空穴最少, 这就是说, 不仅导带电子最多, 价带电子也最多 (空穴少代表电子最多). 表 2.2 以 300K 时的硅为例, 列出了一些典型掺杂情况下两个带的载流子浓度.

表 2.2

	重掺杂 p 型 $N_A = 1.5 \times 10^{18}$	轻掺杂 p 型 $N_A = 1.5 \times 10^{14}$	本　征	轻掺杂 n 型 $N_D = 1.5 \times 10^{14}$	重掺杂 n 型 $N_D = 1.5 \times 10^{18}$
n	1.5×10^2	1.5×10^6	1.5×10^{10}	1.5×10^{14}	1.5×10^{18}
p	1.5×10^{18}	1.5×10^{14}	1.5×10^{10}	1.5×10^6	1.5×10^2

表 2.2 同图 2.17 一样, 从左到右代表电子填充能带的 "水平" 从低到高. 从两个带中的载流子浓度看, 导带电子浓度 n 沿此顺序是步步提高的; 价带中空穴浓度 p 则沿此顺序步步下降, 表明价带中电子也是随着填充能带的 "水平" 而提高的. 图 2.18 用能带图形象地描绘了两个带中载流子浓度随电子填充能带水平的这种变化.

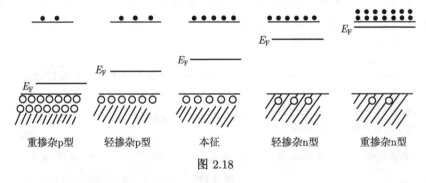

重掺杂p型　　轻掺杂p型　　本征　　轻掺杂n型　　重掺杂n型

图 2.18

2.3.2　电子填充能带的 "水平"—— 费米能级

电子从低到高填进能带中的能级, 就好像往水箱中放水, 水从低到高填充水箱一样. 按照这样的比喻, 所谓填充能带的 "水平", 就应当比作水箱中水面达到的高度. 但是, 比喻总是有一定的局限性. 主要由于以下两方面的原因, 使填充能带的 "水平" 既具有水箱中水面的特点, 但又没有水面那样直观.

1. 在价带和导带之间隔了一个禁带

先考虑没有热运动的情形. 从能带图上看, 一般来说, 电子填充能带到多高, 和水面是完全相似的, 如图 2.19 上的重掺杂情形. 但是, 因为有禁带, 在本征的情形,要具体说填到哪一个高度就不明确了.

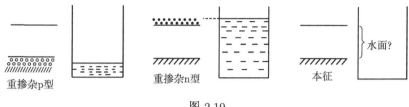

图 2.19

2. 热运动使两个带都有载流子

由于热运动, 电子并不完全是由低到高, 先填满低能级再去填高能级的. 例如, 价带中有空穴, 而导带中又有电子的情形, 它表明, 电子并没有完全填满价带, 就有一部分填充到更高的导带中去了, 在这种情况下, 当然不可能在能带中找到一个像水箱中的水面那样一个明显的界限来表示填充水平.

那么, 如何确切地表达电子填充能带的水平呢? 下面将要说明的费米能级就是表达电子填充能带水平高低的一个概念. 虽然它不能一目了然地表明电子填充能带的情形. 但是, 费米能级能够确切地反映电子填充能带的水平, 并且和水箱中水面的高度是十分相似的.

在图 2.18 上注明为 E_F 的各横线, 就是在各种掺杂情况下的费米能级. 费米能级能够画在能级图上, 表明它和量子态的能级一样, 描述的是一个能量的高低, 习惯用 E_F 来表示. 但是, 它和量子能级不同, 它并不代表什么电子的量子态, 而只是反映电子填充能带情况的一个参数. 从图 2.18 看到, 从重掺杂 p 型到重掺杂 n 型, 费米能级越来越高, 填进能带的电子越来越多.

2.3.3 费米能级和载流子浓度的基本公式

把费米能级 E_F 和载流子浓度联系起来的一对基本公式为

$$n = n_i \exp\left(\frac{E_F - E_i}{kT}\right), \tag{2.12}$$

$$p = n_i \exp\left(\frac{E_i - E_F}{kT}\right). \tag{2.13}$$

2.3.4 节我们再进一步讨论它们的来源. 在上式中 n_i 就是本征载流子浓度, E_i 是一个能量, 基本上相当于禁带的中线 (下节将说明, 它略微偏离禁带中线, 偏离的程度随材料的不同而不同).

(2.12) 式和 (2.13) 式最直接的应用, 就是根据已知的费米能级去计算载流子浓度. 同时还可以用来确定费米能级的高低.

我们先讨论根据费米能级估算载流子浓度的问题.

例题　已知在 $T = 300\mathrm{K}$, 一块硅材料的费米能级在禁带中线 E_i 以上 0.26eV, 如图 2.20 所示, 电子和空穴的浓度是多少?

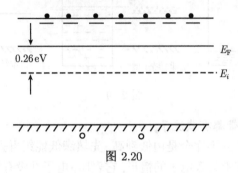

图 2.20

已知 $T = 300\mathrm{K}$ 时 $kT = 0.026\mathrm{eV}$, 所以, 有

$$\frac{E_\mathrm{F} - E_i}{kT} = \frac{0.26}{0.026} = 10.$$

直接查 e^x、e^{-x} 表, 或用对数计算可得

$$\exp\left(\frac{E_\mathrm{F} - E_i}{kT}\right) = \mathrm{e}^{10} = 2.2 \times 10^4,$$

$$\exp\left(\frac{E_i - E_\mathrm{F}}{kT}\right) = \mathrm{e}^{-10} = 4.5 \times 10^{-5}.$$

从 2.2 节知道, $T = 300\mathrm{K}$ 时硅中的 $n_i = 1.5 \times 10^{10}\mathrm{cm}^{-3}$, 所以, 由 (2.12) 式和 (2.13) 式得到

$$n = n_i \exp\left(\frac{E_\mathrm{F} - E_i}{kT}\right) = 3.3 \times 10^{14}\mathrm{cm}^{-3},$$

$$p = n_i \exp\left(\frac{E_i - E_\mathrm{F}}{kT}\right) = 6.8 \times 10^5\mathrm{cm}^{-3}.$$

基本理论公式在实际使用中并不都是用于作具体运算, 更重要的往往是它们所表达的规律性. 对 (2.12) 式和 (2.13) 式这一对基本公式, 特别应当熟悉 E_F 和载流子浓度之间存在的下列关系 (参见图 2.18 的 E_F 和掺杂的关系):

(1) 在本征情形, E_F 正好与 E_i 重合: 因为在 (2.12) 式和 (2.13) 式中, 如果 $E_\mathrm{F} = E_i$, 两个指数函数都变为 $\mathrm{e}^0 = 1$, 因此有 $n = n_i, p = n_i$, 这当然就是本征的情形.

(2) 如果 E_F 在禁带的上半部, 则代表 n 型, E_F 越高代表电子越多. 因为在这种情形 $E_\mathrm{F} > E_i$, 所以 $(E_\mathrm{F} - E_i)$ 为正, $(E_i - E_\mathrm{F})$ 为负, 所以

$$\exp\left(\frac{E_\mathrm{F} - E_i}{kT}\right) > 1, \quad \exp\left(\frac{E_i - E_\mathrm{F}}{kT}\right) < 1.$$

从 (2.12) 式和 (2.13) 式得到

$$n > n_i, \quad p < n_i,$$

即电子浓度大于空穴浓度. E_F 越高, $(E_\mathrm{F} - E_i)$ 越大, 当然电子浓度 n 也就越大.

(3) 如果 E_F 在禁带的下半部, 则代表 p 型, 而且 E_F 越低, 空穴越多. 因为在这种情况下, $E_\mathrm{F} < E_i, (E_i - E_\mathrm{F})$ 为正, $(E_\mathrm{F} - E_i)$ 为负, 所以

$$\exp\left(\frac{E_i - E_\mathrm{F}}{kT}\right) > 1, \quad \exp\left(\frac{E_\mathrm{F} - E_i}{kT}\right) < 1.$$

从 (2.12) 式和 (2.13) 式得到

$$p > n_i, \quad n < n_i,$$

即空穴浓度大于电子浓度. E_F 越低 $(E_i - E_\mathrm{F})$ 就越大, 因而空穴浓度也就越大.

2.3.4 掺杂和费米能级

费米能级 E_F 是根据电子填充能带的情形加以确定的, 而电子填充能带的情况取决于掺杂, 下面我们分别讨论掺施主和掺受主的情形.

1. 掺施主浓度为 N_D 的 n 型半导体

上节指出, 对施主全部电离的情形, 电中性条件为 (2.9) 式. 将该式写成

$$n - p = N_\mathrm{D}, \tag{2.14}$$

用 (2.12) 式和 (2.13) 式代入得到

$$n_i\left\{\exp\left(\frac{E_\mathrm{F} - E_i}{kT}\right) - \exp\left[-\left(\frac{E_\mathrm{F} - E_i}{kT}\right)\right]\right\} = N_\mathrm{D}, \tag{2.15}$$

括号中的函数可以表示为双曲线函数, 根据双曲线函数的定义

$$\sin\mathrm{h}\theta = \frac{1}{2}\{\mathrm{e}^\theta - \mathrm{e}^{-\theta}\}, \tag{2.16}$$

(2.15) 式可以写成

$$2n_i \sin\mathrm{h}\left(\frac{E_\mathrm{F} - E_i}{kT}\right) = N_\mathrm{D},$$

或

$$\sin\mathrm{h}\left(\frac{E_\mathrm{F} - E_i}{kT}\right) = \frac{N_\mathrm{D}}{2n_i}, \tag{2.17}$$

所以, 已知 n_i 和掺杂浓度 N_D, 就可以通过查阅双曲线函数表求出 E_F.

但是, 对于一般掺杂半导体的情形, 少子浓度 p 和掺杂相比完全可以忽略, 电中性条件 (2.9) 式化简为

$$n = N_\mathrm{D},$$

代入 (2.12) 式得到

$$n_i \exp\left(\frac{E_F - E_i}{kT}\right) = N_D,$$

或

$$\exp\left(\frac{E_F - E_i}{kT}\right) = \frac{N_D}{n_i}. \tag{2.18}$$

两边取对数得到

$$\left(\frac{E_F - E_i}{kT}\right) \lg e = \lg\left(\frac{N_D}{n_i}\right).$$

因为 $\lg e \doteq 0.43$, 从而求得

$$E_F - E_i = 2.3(kT)\lg(N_D/n_i). \tag{2.19}$$

例题　硅中施主浓度为 $10^{15}\mathrm{cm}^{-3}$, 求在 $T = 300\mathrm{K}$ 时 E_F 的位置.

由 $n_i = 1.5 \times 10^{10}\mathrm{cm}^{-3}$, 得到

$$N_D/n_i = 10^{15}/1.5 \times 10^{10} = 6.7 \times 10^4.$$

查对数表得

$$\lg(N_D/n_i) = \lg(6.7 \times 10^4) = 4.83,$$

和 $kT = 0.026\mathrm{eV}$ 一起代入 (2.19) 式得

$$E_F - E_i = 2.3 \times 0.026 \times 4.83 = 0.29 \ \mathrm{eV}.$$

即费米能级在禁带中线以上 $0.29\mathrm{eV}$.

2. 掺受主浓度为 N_A 的 p 型半导体

这里电中性条件是

$$p = N_A + n, \tag{2.20}$$

代进费米能级基本公式 (2.13) 同样可以得到和 n 型相似的包含双曲线函数的方程, 这里只讨论一般经常遇到的, 少子远小于掺杂 $(n \ll N_A)$ 的情形:

$$p = N_A. \tag{2.21}$$

代进 (2.13) 式得

$$n_i \cdot \exp\left(\frac{E_i - E_F}{kT}\right) = N_A,$$

两边取对数后化简得到

$$E_i - E_F = 2.3(kT)\lg(N_A/n_i). \tag{2.22}$$

这个式子表明, 对 p 型半导体, 根据受主浓度就可直接计算费米能级 E_F 在禁带中的位置.

图 2.21 的曲线给出, 在各种掺杂浓度和温度下, n 型和 p 型硅中费米能级的位置. 每条曲线代表一个确定的掺杂浓度, 横坐标是温度, 纵坐标给出费米能级在禁带中的位置 (以 E_i 为 0 线). 0 线以上的曲线代表 n 型, 我们从图上看到, 曲线从左到右向下倾斜, 它表示随着温度的升高, E_F 逐渐趋近禁带的中间, 在高温达到本征 ($E_F \approx E_i$). 0 线以下的曲线代表 p 型, 对于 p 型, 随着温度的升高 E_F 从价带方面趋向禁带中间, 在高温达到本征 ($E_F \approx E_i$).

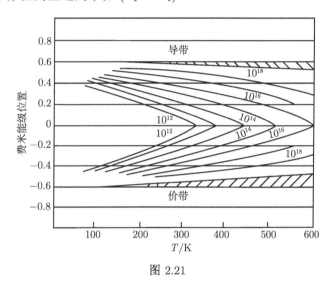

图 2.21

2.3.5　费米能级和 pn 结的接触电势差

在研究不同半导体的相互连接 (pn 结) 或同一半导体内各处的不均匀 (如半导体表面) 问题时, 费米能级的概念是特别有用的. 这是因为, 在这样的问题中, 费米能级的高低直接决定着电子的流动或平衡. 如果各处费米能级高低不一, 就表示电子是不平衡的, 电子要从费米能级高的地方流向费米能级低的地方. 只有当各处的费米能级高低相同, 各处电子处于相对平衡时, 才没有电流的流动.

下面我们应用费米能级来讨论一个重要的实例 ——pn 结的接触电势差.

我们都知道, 在半导体的 pn 结中, 由于两边的材料内电子和空穴的浓度不相等, 因而形成一个空间电荷区, 其中的电场正好能抵消电子和空穴的扩散, 从而保持两边 p 型和 n 型区间的相对平衡. pn 结空间电荷区中存在电场表示在 p 型和 n 型两部分之间存在一定的电势差, 即称为接触电势差. 借助费米能级的概念不仅可以说明接触电势差产生的原因, 而且可以求得它的大小.

图 2.22 表示一个 pn 结, 一边是 n 型, E_F 在禁带的上半部, 我们用 $(E_F)_n$ 表示, 另一边是 p 型, E_F 在禁带下半部, 我们用 $(E_F)_p$ 表示. 由于 $(E_F)_n > (E_F)_p$, 即费米能级高低不同, 所以电子从 n 型流向 p 型. 正是电子的这种流动在两部分间形成了空间电荷区, 并产生接触电势差. 从电子流动的方向可以知道, p 型相对 n 型的电势差为负值, 我们用 $-V_0$ 来表示:

接触电势差 (p 区相对 n 区) = $-V_0$.

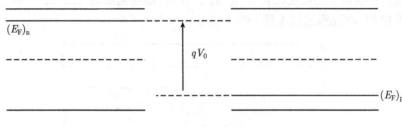

图 2.22

我们将取 n 区电势为 0, 所以 p 区的电势就是 $-V_0$, 从费米能级来看, 正是这个电势差使原来两边高低不同的费米能级被调整到同一水平, 从而实现了平衡. 为什么这个电势差能改变费米能级呢? 因为 p 型区具有电势 $-V_0$, 所以 p 区中的所有电子都因此而具有一个附加电势能:

$$\text{电势能} = \text{电荷} \times \text{电势} = (-q) \times (-V_0) = qV_0.$$

因为能带图本来表示的就是在各能级中的电子的能量, 所以 p 区中的电子, 不管它在哪一个能级上, 现在都增加了这么一个能量, 反映在能带图上就是使整个 p 区的能带升高 qV_0. 图 2.22 中的箭头 qV_0 就是表示接触电势差应使 p 区的费米能级 (连同整个能带) 提高 qV_0 后与 n 区拉平, 所以有

$$qV_0 = (E_F)_n - (E_F)_p,$$
$$V_0 = \frac{1}{q}\{(E_F)_n - (E_F)_p\}. \tag{2.23}$$

由此看到, 接触电势差完全是由原来两边费米能级之差决定的.

将前面已求出的 n 型和 p 型的费米能级公式 (2.19) 式和 (2.22) 式代入 (2.23) 式得到

$$V_0 = 2.3\left(\frac{kT}{q}\right)\lg(N_D N_A/n_i^2). \tag{2.24}$$

从这个结果可以看出, pn 结的接触电势差取决于两侧 n 区和 p 区的掺杂浓度, 掺杂浓度 N_D 和 N_A 越高, 接触电势差也就越大.

例题 硅 pn 结 n 区掺杂为 $N_D = 1.5 \times 10^{16} \text{cm}^{-3}$, p 区掺杂为 $N_A = 1.5 \times 10^{18} \text{cm}^{-3}$, 求温度为 300K 时的接触电势差.

把 $N_D = 1.5 \times 10^{16} \text{cm}^{-3}$, $N_A = 1.5 \times 10^{18} \text{cm}^{-3}$,

$n_i = 1.5 \times 10^{10} \text{cm}^{-3}$, $kT/q = 0.026 \text{ V}$

代入 (2.24) 式得到

$$V_0 = 2.3 \times 0.026 \lg \left\{ \frac{1.5 \times 10^{18} \times 1.5 \times 10^{16}}{(1.5 \times 10^{10})^2} \right\} = 0.83 \text{ V}.$$

2.3.6 pn 结的能带图和 pn 结中的载流子浓度

图 2.23 是 pn 结形成接触电势差后, 处于平衡状态 (不加电压, 没有电流) 时的能带图. 左边是 n 区, 右边是 p 区, 中间是空间电荷区, 用坐标 x 表示, 右边的箭头表示 p 区能带比 n 区高 qV_0, 它是由接触电势差所引起的. 为什么能带在空间电荷区呈弯曲形状? 这实际上反映从 n 区到 p 区能带是随着电子的电势能 $-qV(x)$ 逐步提高的. $V(x)$ 为电势函数, x 点的电子电势能为 $-qV(x)$, 因而该点能带升高 $-qV(x)$. x 从 n 区到 p 区, 电势 $V(x)$ 由 0 变到 $-V_0$, 相应地能带从 n 区开始逐步提高, 到 p 区边界正好提高到 qV_0.

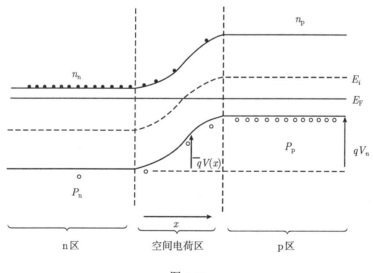

图 2.23

在图 2.23 的 pn 结能带图上, 能带是弯曲的, 然而费米能级则贯穿 pn 结保持为一条水平横线. 这是平衡 pn 结的特征, 它表示各处费米能级相等, 电子处于相互平衡, 没有电流流动.

图 2.23 还形象地表示了电子和空穴浓度在 pn 结中的变化. 我们用 n_n 和 p_n 分别表示 n 区的多子 (电子) 和少子 (空穴) 的浓度, 用 p_p 和 n_p 分别表示 p 区的多子 (空穴) 和少子 (电子) 的浓度. 在空间电荷区中, 载流子的浓度是激烈变化的, 电子的浓度从在 n 区边界等于多子浓度 n_n, 到 p 区边界变到等于少子浓度 n_p; 空穴浓度则是从在 p 区边界等于多子浓度 p_p, 到 n 区边界变到等于少子浓度 p_n. pn 结中载流子浓度的这种激烈变化可以从载流子浓度和费米能级的基本公式 (2.12) 和 (2.13) 式导出.

从基本公式看, 载流子浓度变化的原因就是由于费米能级 E_F 是水平的, 而本征能级 E_i 则是按照能带弯曲的, 因此, 公式中的 $(E_F - E_i)$ 是变化的, 从而使 n 和 p 激烈变化.

如果用 $(E_i)_n$ 表示 n 区的本征能级, 那么在空间电荷区中一点 x, 由于附加的电子电势能 $-qV(x)$, 本征能级

$$E_i(x) = (E_i)_n + (-qV(x)). \tag{2.25}$$

把 $(E_i)_n$ 和 $E_i(x)$ 分别代入电子浓度的基本公式, 就得到 n 区的电子浓度

$$n_n = n_i e^{[E_F - (E_i)_n]/kT} \tag{2.26}$$

和空间电荷区中 x 点的电子浓度

$$\begin{aligned} n(x) &= n_i e^{[E_F - ((E_i)_n) + (-qV(x))]/kT} \\ &= n_i e^{[E_F - (E_i)_n]/kT} \cdot e^{-[-qV(x)]/kT} \end{aligned} \tag{2.27}$$

(2.27) 式中前面的因子正好和 (2.26) 式相等, 所以我们可以把空间电荷区中电子浓度写成

$$n(x) = n_n e^{-[-qV(x)]/kT}. \tag{2.28}$$

这个结果表明, 电子浓度的变化是由电子的位能 $[-qV(x)]$ 决定的, 位能越高的地方负指数越大, 电子的浓度越小. 实际上, 这种浓度按照位能的指数函数而变化的规律是作热运动的微观粒子的普遍性规律, 称做玻尔兹曼分布规律, 指数因子 $e^{-[位能]/kT}$ 称为玻尔兹曼因子.

按照以上规律, 在 pn 结中, 从 $x = 0$ 处 $V(x) = 0$, 到 $x = d, V(x) = -V_0$, 电子浓度将从 n_n 变到 $n_n e^{-qV_0/kT}$ 但在 $x = d$ 处电子浓度应等于 p 区少子浓度, 所以必须有

$$n_n e^{-qV_0/kT} = n_p \tag{2.29}$$

这个式子可以这样理解: 接触电势差的作用是使电子浓度通过 pn 结正好从 n 区的多子浓度 n_n 降低到等于 p 区的少子浓度 n_p.

从基本公式 (2.13) 同样可以求得空间电荷区中的空穴浓度, 结果可以写成

$$p(x) = p_{\mathrm{p}}\mathrm{e}^{-[qV(x)+qV_0]/kT}. \tag{2.30}$$

这里 $qV(x) + qV_0 = q[V(x) + V_0]$ 就是以 p 区为零点的空穴电势能 (因为 $V(x) - (-V_0) = V(x) + V_0$ 代表 x 点相对 p 区的电势). 所以这个式子反映了和电子浓度同样是按位能的指数函数分布的规律.

根据上式, 在 n 区边界, 即 $x = 0$ 处, 由于电势函数 $V(x) = 0$, 空穴浓度为

$$p_{\mathrm{p}}\mathrm{e}^{-qV_0/kT},$$

它应等于 n 区少子浓度 p_{n}, 所以必须有

$$p_{\mathrm{p}}\mathrm{e}^{-qV_0/kT} = p_{\mathrm{n}}. \tag{2.31}$$

这就是说, 在这里接触电势差 V_0 的作用是使空穴浓度通过 pn 结正好从 p 区的多子浓度 p_{p} 降低到 n 区的少子浓度 p_{n}.

在讨论载流子在空间电荷区中的运动时, 常应用 "位垒" 这样一个术语来形象地描绘它们的位能变化. 从图 2.23 的能带图上来看, 电子从 n 区到 p 区就好像要爬一个高度为 qV_0 陡坡. 因为这个陡坡反映的是电子位能的升高, 所以称为位垒 (位能的壁垒), 或势垒 (势能的壁垒). 因为, 在能带图上, 对空穴来说, 能级越低能量越高 (空穴从高能级到低能级的变化需要能量才可实现), 所以, 在图 2.23 的能带图上, 对空穴来说, 从 p 区到 n 区能带下降也构成一个高度为 qV_0 的 "位垒".

2.4 电子的平衡统计分布规律

电子的平衡统计分布规律是电子热平衡的普遍规律. 前两节讲的多子和少子的热平衡是这个普遍规律用于价带和导带电子的结果. 在前两节的基础上讨论热平衡的普遍规律, 不仅使我们对前面讲的问题可以有深入一步的认识, 更主要的是为了研究有关杂质能级的问题.

在讨论多子和少子问题时, 我们分析了电子在导带和价带之间的热跃迁. 电子的热跃迁并不限于导带和价带之间, 而是普遍地发生在所有能级之间. 电子既可以从晶格热振动获得能量, 从低能级跃迁到高能级, 也可以从高能级跃迁到低能级把多余的能量放出来成为晶格热振动的能量. 电子在各种能级之间的热跃迁使电子在所有各能级之间达到热平衡. 这种热平衡状态的特点是分布在各能级上的电子数服从确定的统计规律. 这个统计规律可以这样表达: 在绝对温度为 T 的物体内, 电子达到热平衡时, 能量为 E 的能级被电子占据的概率 $f(E)$ 是

$$f(E) = \frac{1}{1 + \mathrm{e}^{(E-E_{\mathrm{F}})/kT}}, \tag{2.32}$$

其中 E_F 就是费米能级.

前面已经指出, 电子的统计规律是大量电子做微观运动时表现出来的规律. 统计规律表现了偶然性和必然性的辩证统一关系. 例如, 一个能级 E, 由于频繁的热跃迁, 有时有电子, 有时没有电子, 具有偶然性, 然而, 在热平衡的情况下, 从经过许多次热跃迁的一段时间来看, 这个能级中有电子时间的百分比是确定的. 这个百分比值就是电子占据这个能级的概率. 举例说, 一个能级如果总被电子占据着, 占据概率就是 1, 一个能级如果正好一半时间有电子, 占据概率就是 1/2.

电子占据能级的概率还可以从另一个角度来理解. 在半导体这样包含极大量电子的宏观物体中, 任何一个能级 E 都是大量存在的, 能量和它相同或十分接近的能级也是大量存在的 (拿杂质能级来说, 有多少相同的杂质原子就有多少相同的能级. 拿能带中的能级来说, 它们是十分密集的, 所以, 每一个能级附近都有大量能量十分接近的能级). 在热平衡的情况, 对这样大量能量相同或基本相同的能级来说, 虽然其中每一个能级有或没有电子是时刻变化着的, 受偶然性支配, 但是, 它们之中有百分之多少是有电子的, 这个百分比则是确定的. 这个百分比也就是电子占据能级的概率.

(2.32) 式表明热平衡情况下一个能级被电子占据的概率是这个能级的能量 E 的函数. 这个概括了电子热平衡状态的重要函数称为电子的平衡统计分布函数, 也称为费米分布函数.

例题　图 2.24 画出了掺施主浓度 $N_D = 10^{15}\mathrm{cm}^{-3}$ 的 n 型硅的能带图, 其中 E_i 设在禁带正中, 图中还注明了 2.3.5 节计算出的费米能级 E_F 的位置. 设施主的电离能是 0.05eV, 试根据 $f(E)$ 计算 $T = 300\mathrm{K}$ 时施主能级上电子的数目.

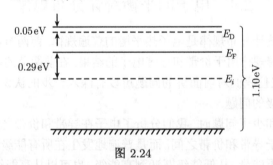

图 2.24

用 E_D 表示施主能级, N_D 个施主上的电子数目应等于

$$(能级数) \times (电子占据概率) = N_D f(E_D) = \frac{N_D}{1 + \mathrm{e}^{(E_D - E_F)/kT}} \tag{2.33}$$

由于禁带宽为 1.10eV, E_i 在正中, 所以, 导带底在 E_i 之上 0.55eV,

$$E_D - E_F = (0.55 - 0.05) - 0.29 = 0.21 \ \mathrm{eV},$$

在 $T = 300\text{K}$ 时, $kT = 0.026\text{eV}$, 所以

$$e^{(E_\text{D} - E_\text{F})/kT} = e^{0.21/0.026} \approx 3200.$$

于是施主上的电子数

$$N_\text{D} f(E_\text{D}) \approx \frac{N_\text{D}}{3200 + 1} \approx 3.1 \times 10^{-4} N_\text{D}. \tag{2.34}$$

也就是说, 只有约万分之三的施主上有电子, 这个结果是与在常温 (300K) 下施主基本上全部电离的实际情况相符的.

为了更好地应用统计分布函数 $f(E)$, 下面针对不同的实际问题, 从几个不同的侧面说明 $f(E)$ 的一些基本特征及其应用.

2.4.1 E_F 是基本上填满和基本上空的能级的分界线

在一些实际问题中, 统计分布函数 $f(E)$ 的应用主要就在于指明, E_F 以下的能级基本上是被电子填满的, E_F 以上的能级基本上是空的. 只要作出 $f(E)$ 函数的曲线, 就很容易看清这一点. 图 2.25 的左边是 $f(E)$ 函数的曲线, 右边是硅的能带图, 为了便于和能带图直接对照, 作 $f(E)$ 函数的曲线时把自变数 E 作为纵坐标, 而把函数 $f(E)$ 作为横坐标. 硅中各种能级的电子所占据的概率都可以对照 $f(E)$ 图线直接读出.

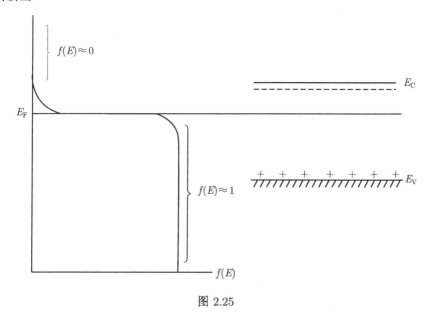

图 2.25

从图 2.25 可以看到, $f(E)$ 的图线的一个明显特点, 在 E_F 以下, $f(E)$ 接近于 1, 在 E_F 以上, $f(E)$ 接近于 0. 也就是说, 在 E_F 以下的能级将基本上被电子填满

$[f(E) \approx 1]$, 在 E_F 以上的能级则基本上是空的 $[f(E) \approx 0]$. 当然这不包括在 E_F 上下, 能量 E 十分靠近 E_F 的能级.

从费米分布函数 (2.32) 式可以看出, 只要 E 比 E_F 高出几个 kT(室温下 $kT = 0.026eV$), 分母中的指数函数就比 1 大很多, 致使 $f(E) \ll 1$. 同理, 只要 E 比 E_F 低几个 kT, 分母中的指数函数就将远小于 1, 致使 $f(E) \approx 1$. 从这个分析就可以知道, 在图 2.25 中, 从 E_F 以下 $f(E) \approx 1$, 变到 E_F 以上 $f(E) \approx 0$, 中间隔着的只是几个 kT 的能量. 对此, 由以下的例题可以得到一些数量的概念.

例题   分别计算比 E_F 高 $2kT, 3kT$ 和低 $2kT, 3kT$ 的能级的电子占据概率.

(1) 比 E_F 高 $2kT$ 的能级:

$$E - E_F = 2kT,$$

所以,

$$f(E) = \frac{1}{1 \times e^2} = 0.12 = 12\%.$$

(2) 比 E_F 低 $2kT$ 的能级:

$$E - E_F = -2kT,$$

所以,

$$f(E) = \frac{1}{1 + e^{-2}} = 0.88 = 88\%.$$

(3) 比 E_F 高 $3kT$ 的能级:

$$E - E_F = 3kT,$$

所以,

$$f(E) = \frac{1}{1 + e^3} = 0.048 = 4.8\%.$$

(4) 比 E_F 低 $3kT$ 的能级:

$$E - E_F = -3kT,$$

所以,

$$f(E) = \frac{1}{1 + e^{-3}} = 0.95 = 95\%.$$

$f(E)$ 主要是用来确定禁带中杂质的电离状态.

在一般情况下, 掺杂往往浅能级杂质占优势, 其浓度远超过其他杂质. 这种杂质对载流子浓度和费米能级的位置起着主要的作用. 其他杂质的电离状态, 就可以根据费米能级及杂质能级的位置予以判定. 图 2.21 已经给出各种掺杂浓度和温度下 n-Si 和 p-Si 中费米能级的位置. 图 2.26 则列出了一些典型杂质的能级. 对这张杂质能级图需要说明以下几点:

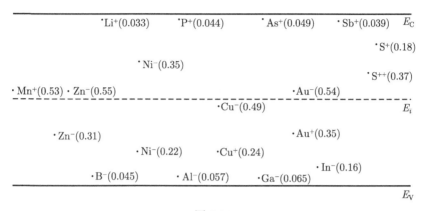

图 2.26

(1) 每个能级都注明了电荷状态. 凡注正电荷的都指施主能级, 即能级放出电子后带正电. 凡注明负电荷的都指受主能级, 即能级接受电子后带负电.

(2) 许多深能级都是多重能级. 图中 Zn, Ni, Cu, Au, S 都是双重能级, 下面一个能级是接受第一个电子的能级, 上面一个能级是继续再接受第二个电子的能级. 以金的双重能级为例, 下面的施主能级 Au$^+$ 就是一个正的金离子接受一个电子的能级, 接受电子后就成为中性原子. 它再接受一个电子成为 Au$^-$, 这就是上面的受主能级.

(3) 图中各能级都在括号内标明了能级在禁带里的位置. 凡在 E_i 以下的, 标明的是能级与价带的距离; 凡在 E_i 以上的, 标明的是能级和导带的距离. 能量用的单位是电子伏.

作为一个实例, 我们下面讨论一下掺在 n 型和 p 型硅中的金原子的电离状态问题. 在 n 型硅中, 费米能级在禁带上半部, 所以, 位置是在金的两个能级之上的. 由此可以知道, 在 n 型硅中, 金的受主能级也是基本上填满的. 这就是说, 金在 n 型硅中形成带负电的受主中心, 起着抵消施主的补偿作用. 在 p 型硅中, 费米能级在禁带的下半部. 查看图 2.21 可以知道, 在常温 (300K), 只要掺杂不是特别低, 费米能级 E_F 将处在金的施主能级以下. 在这种情况下, 金的施主能级将基本上是空的. 换句话说, 金将成为一些带正电的施主中心, 起着抵消受主的补偿作用. 所以, 以上的分析表明金原子由于存在双重能级, 掺进 n 型和 p 型硅中都起着补偿杂质的作用, 使电阻率有所提高.

2.4.2 E_F 和半填充的能级

这里要讲的是和 2.4.1 节相反的情形, 即既不空又不满的能级. 最典型的是恰好半满的能级.

在费米分布函数 (2.32) 式中取 $E = E_F$, 得到

$$[f(E)]_{E=E_F} = 1/2,$$

这说明, 能量正好等于 E_F 的能级, 恰好被电子填到半满. 熟悉分布函数的这个特点在分析问题中也是很有用的. 当然, 在实际问题中, 并不常遇到恰好填到半满的能级, 但是, 凡遇到能级既不空又不满的情形, 就表示 E_F 是在这个能级附近. 例如, 从前面计算比 E_F 高和低 $3kT$ 的能级的 $f(E)$ 的结果就知道, 被电子填充到 5% 至 95% 的能级是在 E_F 上下 $3kT(\approx 0.08\text{eV})$ 之内的.

应用费米分布函数的这个特点可以分析的一个典型实例, 即由反型的深能级杂质造成的高阻转变. 这就是说, 当 n 型材料中有深能级的受主杂质, 或 p 型材料中有深能级的施主杂质, 它们的浓度超过原来掺杂浓度时, 材料的电阻率就会陡增到很高的值. 我们在图 2.27 中示意地画出了这种反型深能级杂质超过原来杂质的情形. 从图上看到, 这种情形的特点是, 深能级处于既不空, 又不满的部分填充情况, 这样就把 E_F 拉到了深能级的附近. 而我们知道, 费米能级越是接近 E_i, 载流子就越少, 电阻率越高. 所以, 当反型深能级杂质超过原来掺杂时, E_F 被拉到深能级附近, 材料的电阻率就会陡增, 而且, 高阻的阻值高低主要取决于深能级的位置. 深能级越深 (即越近禁带中), 阻值也就越高.

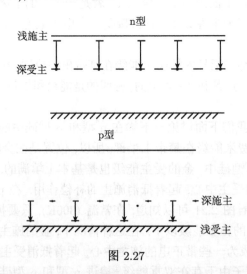

图 2.27

前面看到, 金原子在 n 型和 p 型硅中都起着反型的深能级杂质的作用. 所以, 在 p 型和 n 型硅中, 掺金超过原来掺杂都会引起高阻转变, 图 2.28 和图 2.29 的理论曲线具体表示出掺金如何影响各种掺杂浓度的 p 型和 n 型硅的电阻率. 从图中可以看到, 每条曲线都是在掺金浓度差不多等于原来掺杂浓度处, 电阻率发生陡直

上升, 一跃增加几个数量级. 将 n 型硅和 p 型硅的曲线相比较还可以看到, n 型硅的这种高阻转变更陡, 并达到更高的阻值. 这是因为, 在 n 型硅中, 起作用的是金的受主能级, 而在 p 型硅中, 起作用的是金的施主能级, 两者相比, 前者是更深的能级.

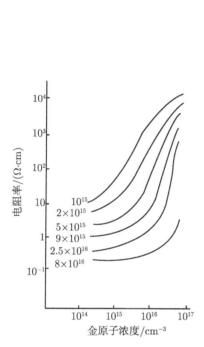

图 2.28　p 型 Si 掺金电阻率的变化

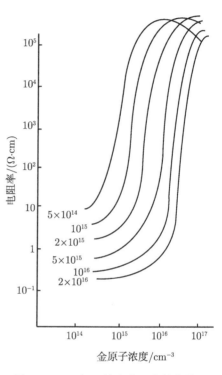

图 2.29　n 型 Si 掺金电阻率的变化

2.4.3　导带和价带中的载流子

E_F 以上的能级基本上是空的, E_F 以下的能级基本上是满的, 将这个结论用于半导体的导带和价带时, 需要有正确的理解. 我们知道, 除掺杂浓度特别高的情形外, 一般情况下 E_F 是在半导体的禁带中, 而导带的能级都在 E_F 之上, 价带的能级都在 E_F 之下, 所以, 导带能级属于 "基本上空" 的状况, 而价带能级则属于 "基本上满" 的状况. 但是, 这丝毫不表明, 导带没有电子或电子数目很少, 价带没有空穴或空穴很少. 因为导带和价带中能级数量都是十分大的. 就导带来说, 说它 "基本上空" 是指导带能级中只有很小的比例有电子, 但因为能级总数很大, 所以电子的总数并不一定很小, 而是可以很大. 说价带是 "基本上满" 的, 是指它的能级中只有很小的比例是空的, 但因能级总数很大, 所以空能级的总数, 即空穴的总数并不一定很少, 而是可以很大.

　　从以上可知, 导带能级的占据概率 $f(E)$ 尽管很小, 却决不能予以忽略. 但是, 对这种 "基本上空" 能级, 概率公式 $f(E) = \dfrac{1}{1 + \mathrm{e}^{(E-E_\mathrm{F})/kT}}$ 是可以简化的, 因为其中的指数函数项必然远大于 1, 因此, 分母中的 1 可以忽略, 于是就得到

$$f(E) \approx \mathrm{e}^{-(E-E_\mathrm{F})/kT}. \tag{2.35}$$

由这个结果看到, 在导带中占据概率是随着 E 的升高, 按指数函数 $\mathrm{e}^{-E/kT}$ 迅速下降的. 这就是说, 从导带底往上, 越高的能级中电子越稀少, 换句话说, 导带中的电子是集中于导带底附近的.

　　在价带中, 我们要知道的是能级被空穴占据的概率. 所谓空穴占据能级就是指能级没有被电子所占据. 若电子占据能级 E 的概率是 $f(E)$, 那么空穴占据概率就是 $1 - f(E)$. 对价带能级来说, $f(E) \approx 1$(基本上填满), 所以, 空穴占据概率 $1 - f(E)$ 很小, 但同样绝不能予以忽略:

$$\begin{aligned}
1 - f(E) &= 1 - \frac{1}{1 + \mathrm{e}^{(E-E_\mathrm{F})/kT}} \\
&= \frac{\mathrm{e}^{(E-E_\mathrm{F})/kT}}{1 + \mathrm{e}^{(E-E_\mathrm{F})/kT}}.
\end{aligned} \tag{2.36}$$

由于价带能级 E 比 E_F 低很多, 所以, 分母中指数项远小于 1, 可以忽略, 于是得到

$$1 - f(E) = \mathrm{e}^{(E-E_\mathrm{F})/kT}. \tag{2.37}$$

这个结果表明, 价带中空穴占据概率是随 E 下降按指数函数 $\mathrm{e}^{E/kT}$ 迅速下降的, 也就是说, 从价带顶往下, 能级越低空穴越稀少, 换句话说, 在价带中, 空穴主要集中在价带顶的附近.

　　前面已经特别强调, 要讨论导带中电子或价带中空穴数目多少, 首先要知道导带和价带中能级数目的多少.

　　能带是由大量密集的能级构成的, 在每一微小的能量间隔内, 如在 E 到 $E + \mathrm{d}E$ 之内, 都有许多能级, 它们的数目可以表示为

$$\{\rho(E)\mathrm{d}E\}V,$$

V 是半导体的体积, 也就是说, 半导体中任何能量的能级数目都是和半导体的体积 V 成正比的. 如果我们以单位体积为准, 则变成

$$\rho(E)\mathrm{d}E.$$

$\rho(E)$ 是描述能量为 E 的能级有多少的一个函数, 称为能态密度函数. 不同半导体材料的能带不同, 所以 $\rho(E)$ 也不同.

前面已经指出, 导带的电子集中在导带底的附近, 价带的空穴集中在价带顶的附近. 在这样比较狭窄的范围内, 一般半导体材料的能态密度函数都可以近似写成下列共同的形式:

$$导带底能态密度\ \rho_C(E) = c_C(E - E_C)^{1/2}, \tag{2.38}$$

$$价带顶能态密度\ \rho_V(E) = c_V(E_V - E)^{1/2}. \tag{2.39}$$

E_C、E_V 分别代表导带底和价带顶的能量, c_C 和 c_V 是反映能级疏密的常数. 不同材料的区别就表现在这些常数的取值不同上, 在图 2.30 中我们把以上能态密度和能带直接对照画成了曲线, 其中小的阴黑面积 $\rho(E)dE$ 直接给出了相应能量 dE 内能级的数目.

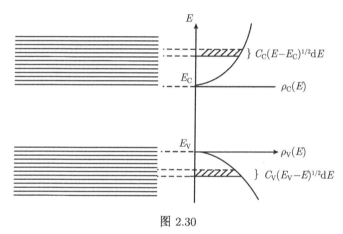

图 2.30

知道了能带中能级的数目, 就可以求算能带中的载流子的数目.

根据 (2.38) 式中给出的能态密度, 导带中 $E \sim E + dE$ 的能级数目是

$$c_C(E - E_C)^{1/2}dE$$

乘上由 (2.35) 式表示的电子占据概率得到在 $E \sim E + dE$ 的电子数为

$$c_C(E - E_C)^{1/2}e^{-(E-E_F)/kT}dE.$$

把它在整个导带内积分就得到导带中电子的总数 (参见这节附录)

$$n = N_C e^{-(E_C - E_F)/kT} \tag{2.40}$$

其中 $N_C = \dfrac{\sqrt{\pi}}{2}c_V(kT)^{3/2}$. 因为, 我们是以单位体积为准, 所以 n 代表单位体积中导带里的电子总数, 即电子浓度.

在价带中, 根据 (2.39) 式, $E \sim E + \mathrm{d}E$ 间能级数是

$$c_\mathrm{V}(E_\mathrm{V} - E)^{1/2}\mathrm{d}E$$

乘以 (2.36) 式表示的空穴占据概率得到 $E \sim E + \mathrm{d}E$ 内的空穴数:

$$c_\mathrm{V}(E_\mathrm{V} - E)^{1/2}\mathrm{e}^{(E-E_\mathrm{F})/kT}\mathrm{d}E.$$

在整个价带中积分得到空穴浓度 (积分计算见本节附录)

$$p = N_\mathrm{V}\mathrm{e}^{(E_\mathrm{V}-E_\mathrm{F})/kT} \tag{2.41}$$

其中 $N_\mathrm{V} = \dfrac{\sqrt{\pi}}{2}c_\mathrm{V}(kT)^{3/2}$ 这里求出的电子和空穴浓度公式和前节的电子和空穴浓度的基本公式 (2.12) 和 (2.13) 式形式有所不同, 实质是一样的. 差别是由于描述能带特征采用的参数不同. 这一节用的是直接描述能带的能数 $E_\mathrm{C}, E_\mathrm{V}, N_\mathrm{C}, N_\mathrm{V}$, 而上节用的是间接反映能带结构的参数 n_i 和 E_i. 实际上, n_i 和 E_i 是由能带参数 E_C、E_V、N_C、N_V 决定的 (见本章附录):

$$E_i = \frac{1}{2}(E_\mathrm{C} + E_\mathrm{V}) + \frac{1}{2}kT\ln\left(\frac{N_\mathrm{V}}{N_\mathrm{C}}\right) \tag{2.42}$$

$$n_i = (N_\mathrm{C}N_\mathrm{V})^{1/2}\mathrm{e}^{-\frac{1}{2}(E_\mathrm{C}-E_\mathrm{V})/kT} \tag{2.43}$$

考虑到这种参数间的关系, 很容易证明 (见附录)n 和 p 的两种表达形式是完全一致的. 这里顺便指出, 以上 E_i 公式的第一项 $1/2(E_\mathrm{C} + E_\mathrm{V})$ 代表导带底和价带顶的平均值, 即禁带的中线, 后面一项因 N_C 往往比 N_V 大几倍, 所以为负值. 因此, 本征能级 E_i 是在禁带中线以下的 (偏离中线的数量级为 kT).

2.4.4　非平衡载流子和准费米能级

上面的费米能级和费米分布函数都是指电子处于热平衡状态而讲的. 实际的半导体器件则大部分是利用所谓 "非平衡载流子" 而工作的. 这些器件不工作时内部处于热平衡状态, 工作时就要打破平衡, 产生出 "非平衡载流子". 例如, pn 结器件加有偏压时, 或者光电器件受到光照时, 都要打破载流子的热平衡, 使载流子的浓度 n 和 p 偏离热平衡时的数值 n_0 和 p_0(凡有必要与非平衡情况相区别时, 我们用下角 "0" 表示平衡值). $\Delta n = n - n_0, \Delta p = p - p_0$ 代表超出热平衡而多余的载流子, 称为非平衡载流子. 有非平衡载流子的情形, 往往是一种既平衡又不平衡的情形. 前面已指出, 电子热平衡状态是由热跃迁决定的. 一般在一个能带范围内, 热跃迁是十分频繁的, 所以在极短时间就可以导致一个能带内的热平衡. 然而, 电子在两个带之间, 如在导带和价带之间的热跃迁就要稀少得多, 因此, 导致两个带间

的平衡, 相对来说, 要缓慢得多. 由于这种缘故, 当半导体的平衡遭到破坏时, 经常出现既平衡又不平衡的局面, 即分别就价带和导带电子来讲, 它们各自基本上处于平衡状态, 然而, 电子在导带和价带之间处于不平衡的状态. 有非平衡载流子的情形就是这样一种情形.

在这种既平衡又不平衡的情况下, 导带和价带各自的内部是基本平衡的, 所以费米能级和费米分布函数是适用的. 导带和价带之间是不平衡的, 表现在它们各自的费米能级相互不重合. 在这种既平衡又不平衡情形下, 各个局部的费米能级称为 "准费米能级". 导带的准费米能级称为电子准费米能级, 价带的准费米能级称为空穴准费米能级. 如果用 $(E_F)_n$ 和 $(E_F)_p$ 分别表示电子和空穴的准费米能级, 则有

$$n = n_i e^{[(E_F)_n - E_i]/kT}, \tag{2.44}$$

$$p = n_i e^{[E_i - (E_F)_p]/kT} \tag{2.45}$$

如果 $(E_F)_n = (E_F)_p$, 即表示两带之间达到了平衡, 上式也就变成了以前的平衡公式, 其中 $(E_F)_n$ 和 $(E_F)_p$ 成为统一的费米能级 E_F.

例题 掺施主浓度 $N_D = 10^{15} \mathrm{cm}^{-3}$ 的 n 型硅, 由于光的照射产生了非平衡载流子 $\Delta n = \Delta p = 10^{14} \mathrm{cm}^{-3}$, 试计算这种情况下准费米能级的位置, 并和原来的费米能级相互比较.

未照射时平衡的费米能级 E_F 实际上已在前节例题中根据公式 $E_F - E_i = 2.3kT \lg(N_D/n_i)$ 计算过, 得到的结果是 $E_F - E_i = 0.29 \mathrm{eV}$. 现在求电子准费米能级, 将 (2.44) 式两边取对数后化简得

$$(E_F)_n - E_i = \frac{kT}{\lg e} \lg(n/n_i) = 2.3kT \lg(n/n_i).$$

现在电子的浓度

$$n = N_D + \Delta n = 10^{15} + 10^{14} = 1.1 \times 10^{15} (\mathrm{cm}^{-3}),$$

和原来的电子浓度 N_D 相比, 只增加 1.1 倍, 所以, 代进上式求出的电子准费米能级与原来的费米能级相差很少:

$$(E_F)_n - E_i = 2.3 \times 0.026 \lg \frac{1.1 \times 10^{15}}{1.5 \times 10^{10}} \approx 0.29 \ (\mathrm{eV}).$$

求空穴准费米能级, 由 (2.45) 式取对数后化简得

$$E_i - (E_F)_p = 2.3kT \lg(p/n_i).$$

由于平衡空穴浓度 $p_0 = n_i^2/N_D$ 极微小, 所以, 空穴浓度 p 基本上就是非平衡载流子浓度:

$$p = \Delta p = 10^{14} \mathrm{cm}^{-3}.$$

代入上式

$$E_i - (E_F)_p = 2.3 \times 0.026 \lg \frac{10^{14}}{1.5 \times 10^{10}}$$
$$= 2.3 \times 0.026 \times 3.83 = 0.23\,(\text{eV}).$$

即空穴准费米能级 $(E_F)_p$ 是在 E_i 以下 0.23eV, 而原来的平衡费米能级 E_F 在 E_i 以上 0.29eV, 相差是很显著的. 一般在有非平衡载流子的情况下, 往往都是这样的, 多子的准费米能级跟平衡费光能级差不多, 而少子的准费米能级则变化很大.

附　　录

电子和空穴浓度公式

根据第 2.4 节的讨论, 导带电子浓度可以写成下列定积分:

$$n = c_C \int_{E_C}^{\infty} (E - E_C)^{1/2} e^{-(E-E_F)/kT} dE, \tag{2.46}$$

积分下限是导带底的能量 E_C. 本来积分应限于导带的能量, 这里上限取为 ∞, 实质上是形式的, 因为分布函数中 $e^{-E/kT}$ 随 E 增大很快减小, 积分中主要起作用的只是 E_C 以上几个 kT 的范围. 在积分中引进新变数

$$x = (E - E_C)/kT,$$

可以得到,

$$n = c_C (kT)^{3/2} e^{-(E_C-E_F)/kT} \int_0^{\infty} x^{1/2} e^{-x} dx. \tag{2.47}$$

从定积分表可以查到,

$$\int_0^{\infty} x^{1/2} e^{-x} dx = \frac{1}{2}\sqrt{\pi}. \tag{2.48}$$

所以, 电子浓度可以写成

$$n = N_C e^{-(E_C-E_F)/kT}. \tag{2.49}$$

其中

$$N_C = \frac{\sqrt{\pi}}{2} c_C (kT)^{3/2}.$$

空穴浓度可以写成下列定积分:

$$p = c_V \int_{-\infty}^{E_V} (E_V - E)^{1/2} e^{(E-E_F)/kT} dE \tag{2.50}$$

下限虽然写成 $-\infty$, 实际积分中起作用的只是在价带顶 E_V 以下几个 kT 的范围. 引进新变数

$$x = (E_V - E)/kT,$$

很容易求得

$$p = N_{\mathrm{V}} e^{(E_{\mathrm{V}} - E_{\mathrm{F}})/kT},\qquad(2.51)$$

其中

$$N_{\mathrm{V}} = \frac{\sqrt{\pi}}{2} c_{\mathrm{V}} (kT)^{3/2}.$$

从以上求得的电子、空穴浓度, 可以求出本征载流子浓度 n_i 和本征能级 E_i. 因为本征能级 E_i 也就是 n 和 p 相等时的费米能级, 我们令 $n = p$, 根据 (2.49) 式和 (2.51) 式有

$$N_{\mathrm{C}} e^{-(E_{\mathrm{C}} - E_{\mathrm{F}})/kT} = N_{\mathrm{V}} e^{-(E_{\mathrm{F}} - E_{\mathrm{V}})/kT},$$

两边都取自然对数, 得

$$\ln N_{\mathrm{C}} - \frac{E_{\mathrm{C}} - E_{\mathrm{F}}}{kT} = \ln N_{\mathrm{V}} - \frac{E_{\mathrm{E}} - E_{\mathrm{V}}}{kT}$$

求解 E_{F} 即得到本征能级

$$E_i = \frac{1}{2}(E_{\mathrm{C}} + E_{\mathrm{V}}) + \frac{1}{2}(kT) \ln \left(\frac{N_{\mathrm{V}}}{N_{\mathrm{C}}} \right).\qquad(2.52)$$

把 (2.49) 式和 (2.51) 式表示的 n 和 p 相乘得到

$$np = N_{\mathrm{C}} N_{\mathrm{V}} e^{-(E_{\mathrm{C}} - E_{\mathrm{V}})/kT}.\qquad(2.53)$$

对于本征情形, $n = p = n_i$, 代入上式, 开方得

$$n_i = (N_{\mathrm{C}} N_{\mathrm{V}})^{1/2} e^{-\frac{1}{2}(E_{\mathrm{C}} - E_{\mathrm{V}})/kT}.\qquad(2.54)$$

求得 n_i 和 E_i 后, 表示载流子浓度的 (2.49) 式和 (2.51) 式也可以改用 n_i 和 E_i 表示. 我们先把 (2.49) 式和 (2.51) 式先写成下列形式:

$$n = [N_{\mathrm{C}} e^{-(E_{\mathrm{C}} - E_i)/kT}] e^{(E_{\mathrm{F}} - E_i)/kT},\qquad(2.55)$$

$$p = [N_{\mathrm{V}} e^{-(E_i - E_{\mathrm{V}})/kT}] e^{(E_i - E_{\mathrm{F}})/kT}.\qquad(2.56)$$

两个方括号内就是

$$E_{\mathrm{F}} = E_i = \frac{1}{2}(E_{\mathrm{V}} + E_{\mathrm{C}}) + \frac{1}{2}(kT) \ln \left(\frac{N_{\mathrm{V}}}{N_{\mathrm{C}}} \right)$$

时电子、空穴的浓度, 而上面已证明过, 在这种情况下, 电子、空穴浓度就是 n_i, 所以, (2.55) 式和 (2.56) 式变成

$$n = n_i e^{(E_{\mathrm{F}} - E_i)/kT},$$

$$p = n_i e^{(E_i - E_{\mathrm{F}})/kT}.$$

它们就是前节所引用过的载流子浓度公式.

2.5   非平衡载流子的复合

在前面几节已经指出, 热平衡并不是一种静止的状态. 就半导体中的载流子来说, 任何时候电子和空穴总是在不断地产生和复合, 只不过在热平衡的状态, 产生和复合处于相对的平衡而已. 即每秒钟产生的电子和空穴数目与复合掉的数目相等, 从而保持电子和空穴浓度稳定不变.

在非平衡的情形下, 产生和复合之间的相对平衡就被打破了. 由于多余的非平衡载流子的存在, 电子和空穴的数目比热平衡时增多了, 它们在热运动中相互遭遇而复合的机会也将成比例地增加, 因此, 这时复合将要超过产生而造成一定的净复合:

$$净复合 = 复合 - 产生.$$

正是这种净复合的作用控制着非平衡载流子数目的增减. 例如, 在一定外界作用下 (如 pn 结加偏压, 光照射等), 产生了一定数目的非平衡载流子, 当去掉外界作用后, 正是由于这种净复合的作用, 使非平衡载流子逐渐减少, 以至于最后消失. 这一节所要讨论的非平衡载流子的复合, 就是指这种净复合作用.

对于载流子比热平衡时少的情形 (pn 结加反向偏压时就发生这种情况), 往往也用非平衡载流子的概念加以描述. 这种情况的非平衡载流子浓度

$$\Delta n = n - n_0, \quad \Delta p = p - p_0,$$

是负值. 对于这种情形, 电子和空穴由于数目比热平衡时少, 它们相遇而复合的机会也比热平衡减少, 电子和空穴的产生将超过复合,

$$净复合 = 复合 - 产生$$

将是负值的. 所以, 负值的净复合实际上是代表净产生的作用.

2.5.1   描述复合的参数 —— 寿命

用 $\Delta n = \Delta p$ 表示非平衡载流子的浓度, 则非平衡载流子的复合一般可以用下列理论公式描述:

$$复合率 = \frac{\Delta n}{\tau} \text{ 或 } = \frac{\Delta p}{\tau}. \tag{2.57}$$

这里复合率指单位时间、单位体积内净复合的电子-空穴对的数目; τ 是一个常数, 称为非平衡载流子的寿命. 上面的式子表示复合率是和非平衡载流子浓度成正比. 下面将看到, 在不同情况下 (如材料不同、杂质不同等), 复合作用的强弱可以有很大的差别, τ 就是反映复合作用强弱的参数. 从 (2.57) 式可以看出, 对同样的非平

衡载流子浓度, τ 越小复合率就越大. 这就是说, 一块半导体材料复合作用越强, 它的非平衡载流子寿命 τ 就越小.

前面指出, 一旦撤除产生非平衡载流子的外界作用, 非平衡载流子就将由于复合而逐渐消失. 这个非平衡载流子消失的过程称为非平衡载流子的衰减, 应用 (2.57) 式即可推导出非平衡载流子的衰减过程. 因为在没有其他外界作用下, 复合率就决定了非平衡载流子的变化率, 所以

$$\frac{\mathrm{d}\Delta n}{\mathrm{d}t} = -\frac{\Delta n}{\tau} \quad (\Delta n = \Delta p). \tag{2.58}$$

右边的负号表示复合的作用是使 Δn 随时间 t 减少. 在衰减过程中, Δn 是时间 t 的一个函数, 可以写为 $\Delta n(t)$, 上式可以看成是以 t 为变数, 以 $\Delta n(t)$ 为未知函数的微分方程. 很容易验证

$$\Delta n(t) = ce^{-t/\tau}$$

是满足上述方程的解, c 是一个常数. 令 $t = 0$ 得到

$$\Delta n(0) = c,$$

表示常数 c 代表 $t = 0$ 时的非平衡载流子浓度, 所以 $\Delta n(t)$ 可以写成

$$\Delta n(t) = \Delta n(0)e^{-t/\tau}. \tag{2.59}$$

这个解具体描述了开始时浓度为 $\Delta n(0)$ 的非平衡载流子, 由于复合, 如何随时间而衰减.

例题 一块半导体材料, 其非平衡载流子寿命 $\tau = 10\mu s$, 问其中非平衡载流子在经过 $20\mu s$ 后将衰减到原来的百分之几?

将 $\tau = 10\mu s$ 和 $t = 20\mu s$ 代入 (2.59) 式,

$$\Delta n(t) = \Delta n(0)e^{-2} = 0.14\Delta n(0)$$

这个结果表明, 经过 $20\mu s$, $\Delta n(t)$ 衰减到只有原来浓度的 14%.

$\Delta n(t)$ 随时间是逐渐减少的, 这表明非平衡载流子复合是有先有后的, 有的存在时间长一些, 有的存在时间短一些. 可以证明 τ 就是非平衡载流子平均存在的时间. 寿命的名称就是从这里来的.

在实际中, 非平衡载流子 Δn 和 Δp 之间往往是少子 (n 型中的 Δp, p 型中的 Δn) 处于主导的、决定的地位, 非平衡的多子是由于保证电中性的需要才积累在那里, 处于陪衬的地位. 例如, 加正向偏压的 pn 结, 空穴由 p 型区扩散进 n 型区而成为非平衡少子, 是由于它们的正电荷才把电子 (多子) 聚集起来以达到电中性 $\Delta n = \Delta p$. 由于非平衡载流子中少子所处的主导地位, 非平衡载流子的寿命常称为少子寿命.

以上的复合率公式同样可以用于 $\Delta n = \Delta p < 0$ 的情形. 这时复合率 $= \dfrac{\Delta n}{\tau}$ 为负值, 实际上表示的是电子–空穴的产生率.

例题   在掺杂浓度 $N_D = 10^{16} \mathrm{cm}^{-3}$, 少子寿命为 10μs 的 n 型硅中, 如少子由于外界作用全部被消除 (加大反向偏压的 pn 结附近就是这种情形), 问在这种情况下电子–空穴的产生率是多大?

因少子浓度 $p = 0$, 所以

$$\Delta p = p - p_0 = -p_0,$$

p_0 为平衡时的少子浓度,

$$p_0 = \frac{n_i^2}{N_D} = \frac{(1.5 \times 10^{10})^2}{10^{16}} = 2.3 \times 10^4 (\mathrm{cm}^{-3}).$$

由此得到

$$\begin{aligned}
\text{复合率} &= \frac{\Delta p}{\tau} = -\frac{p_0}{\tau} = -\frac{2.3 \times 10^4 \mathrm{cm}^{-3}}{10^{-5}\mathrm{s}} \\
&= -2.3 \times 10^9 \mathrm{cm}^{-3} \cdot \mathrm{s}^{-1}.
\end{aligned}$$

负的复合率代表电子–空穴的产生率, 所以, 这个结果表明, 在少子浓度为 0 的情况下, 每秒钟每立方厘米产生 2.3×10^9 个电子–空穴对.

2.5.2   复合中心理论

寿命 τ 的数值大小由什么决定呢? 要回答这样的问题, 就需要进一步研究非平衡载流子是怎样复合的. 讨论多子和少子的热平衡时曾具体分析过电子在导带和价带之间的热跃迁, 在那里我们看到, 导带电子可以直接落入价带的空穴而实现复合. 这种电子在导带和价带之间的直接跃迁叫做直接复合. 实际上电子空穴复合还可以采取许多其他间接的途径. 在讨论多子和少子热平衡时, 因为热平衡状态是不受具体复合和产生方式影响的, 所以, 我们只讲了直接复合. 但是, 在实际使用的硅、锗单晶材料中, 决定非平衡载流子寿命的显然主要不是直接复合. 很早就发现, 硅、锗单晶中少子寿命主要不是由材料本身性质决定的, 而是由杂质和缺陷决定的. 随着材料含的杂质和晶体的完整性不同, 少子寿命的差别可以很大. 以生产用硅单晶为例: 纯度和晶体完整性特别好的硅材料, 寿命可以达到上千微秒; 一般平面晶体管和集成电路用的硅, 寿命约几十微秒; 这样的材料经过高温工艺后, 寿命可以降到微秒以下; 如果有意地扩散进金原子, 寿命可以降低到几个毫微秒. 在这些实际硅锗材料中, 电子和空穴的复合显然主要是借助一些杂质和缺陷进行的. 现在已经知道, 这是因为硅和锗的导带和价带有一些特点使电子–空穴的直接产生和复合作用特别微弱. 能促使电子和空穴复合的杂质和缺陷被称为复合中心. 最单纯的复合中心是一个深能级杂质. 在电子-空穴复合中, 深能级起着一个台阶的作用. 图 2.31 对比了直接复合和通过复合中心的复合.

图 2.31

从图 2.31 来看通过复合中心的复合也是很简单的, 只不过由原来一步的跃迁 分为两步. 但是, 实际上具体分析复合的过程, 由于以下两个原因, 具有一定的复杂 性:

(1) 复合不是单方面从上到下的跃迁过程, 而是由矛盾对立的跃迁过程决定的. 图 2.32 形象地表示出通过复合中心的复合包含着甲、乙、丙、丁四个不同的跃迁 过程: 电子可以由导带落进复合中心 (甲), 但是电子也可以重新从复合中心跃迁回 导带 (乙); 电子可以从复合中心落入价带的空穴 (丙), 但是, 空的复合中心又可以 重新被价带电子所填充.

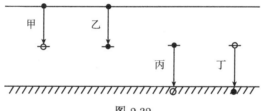

图 2.32

(2) 在复合过程中, 非平衡载流子并不能和平衡载流子区分开来. 在对复合进 行具体分析时, 实际上必须把全部载流子的热跃迁一同考虑在内.

下面我们进一步更为具体地讨论甲、乙、丙、丁四个热跃迁过程. 为了具体求 出电子、空穴通过复合中心的复合率, 首先就必须对这四个基本的跃迁过程作出确 切定量的描述. 为此, 我们用 n 和 p 表示包括非平衡载流子在内的载流子浓度, 用 N_t 表示复合中心浓度, 用 E_t 表示复合中心的能级.

甲: 甲指的是电子从导带落进复合中心的过程, 这个过程往往被生动地描绘为 复合中心 "俘获" 电子的过程. 我们称单位体积、单位时间被复合中心俘获的电子 数为电子俘获率. 电子俘获率可以写成

$$\text{电子俘获率} = r_-(N_t - n_t)n, \qquad (2.60)$$

其中 n_t 表示复合中心能级上电子数 (指单位体积), 所以, $N_t - n_t$ 表示的是空的复 合中心的数目. 显然, 电子越多, 空的复合中心越多, 电子碰到空中心而被俘获的机

会就按比例增大, 所以, 以上的电子俘获率是和电子浓度 n 和空中心浓度 $N_t - n_t$ 成正比的. r_- 是一个反映复合中心俘获电子能力强弱的系数, 称为电子俘获系数. 它是由复合中心的性质决定的.

乙: 乙是和甲相对立的逆过程. 因为需要有能量供给电子才能使它重新跃迁到导带, 所以这个过程称为电子激发. 我们称单位体积、单位时间由复合中心激发到导带的电子数为电子激发率. 显然, 只有从已经有电子的复合中心才能激发电子, 所以, 电子激发率是和有电子的复合中心的浓度 n_t 成比例的. 电子激发率的具体公式是

$$\text{电子激发率} = r_- n_1 n_t, \tag{2.61}$$

其中

$$n_1 = N_C e^{-(E_C - E_t)/kT}. \tag{2.62}$$

N_C 就是前节电子浓度公式中的常数, 它反映了导带能态密度的大小. 在这里它表示电子从复合中心激发到导带的激发率和导带能级数目是成正比的, 也就是说, 导带中能级越多, 电子跳上去的机会也就成比例增多. 指数因子上的 $E_C - E_t$ 就是电子从复合中心能级 E_t 到导带底 E_C 所需要的能量, 这个能量越大, 指数因子越小. 在热激发过程中, 这样的指数规律是典型的, 我们在前面已遇到过. 上面 n_1 的整个式子形式和前节导出的电子浓度公式 (2.40) 式是一样的, 只是用 E_t 取代了费米能级 E_F. 这表明, n_1 恰好等于费米能级与复合中心能级 E_t 重合时的电子浓度. 看到 n_t 的这个特点不仅便于我们记忆, 而且便利我们分析问题.

电子激发率中也包含电子俘获系数 r_-, 反映了电子俘获和激发这样的对立过程间的内在联系. 从导带俘获电子能力越强的中心, 也越容易激发电子到导带去.

丙: 丙叫做空穴俘获. 因为电子从复合中心落进价带的空穴, 就使价带失掉一个空穴, 而同时复合中心变空, 相当于获得了一个空穴. 这个过程和甲是完全对应的: 一个是从导带俘获电子, 一个是从价带俘获空穴. 当然只有原来有电子的复合中心才能俘获空穴, 而这样的中心浓度为 n_t, 所以空穴俘获率可以写成

$$\text{空穴俘获率} = r_+ n_t p, \tag{2.63}$$

r_t 是和电子俘获系数相对应的系数, 称为空穴俘获系数.

丁: 丁叫做空穴激发过程. 实际上是一个电子从价带激发到空的复合中心上去, 其效果就如同一个在复合中心上的空穴被释放到价带中来一样. 这种空穴激发显然和空中心浓度 $N_t - n_t$ 成比例, 具体公式是

$$\text{空穴激发率} = r_+ p_1 (N_t - n_t), \tag{2.64}$$

其中

$$p_1 = N_V e^{-(E_t - E_V)/kT}. \tag{2.65}$$

很明显, (2.64) 式和电子激发率公式 (2.61) 式是完全相对应的, 只是电子换成了空穴, 导带换成了价带. 这里 p_1 是和前面的 n_1 相对应的, 它等于费米能级与复合中心能级重合时的空穴浓度.

弄清以上四个基本的热跃迁过程后, 就不难求算电子和空穴通过复合中心的复合率.

考虑导带电子的复合时, 不仅要看到电子被复合中心俘获 (甲), 还要看到有电子从复合中心激发到导带来 (乙). 实际上, 在热平衡状态, 这两个过程是正好相等、相互抵消的, 从而保持导带电子不增不减. 只是在有非平衡载流子存在的情况下, 两者才是不相等的, 这时电子的净复合由它们的差决定了. 称单位体积, 单位时间从导带净复合的电子数为电子复合率.

$$\text{电子复合率} = 甲 - 乙 = r_-(N_t - n_t)n - r_- n_1 n_t. \tag{2.66}$$

空穴的复合率则是由丙和丁之差决定的:

$$\text{空穴复合率} = 丙 - 丁 = r_+ n_t p - r_+ p_1 (N_t - n_t). \tag{2.67}$$

在直接复合中, 电子和空穴是成对消灭的, 电子复合和空穴复合是一回事, 它们的复合率是必然相等的. 对于通过复合中心的复合, 本来电子复合率和空穴复合率并不一定相等, 但是, 这种情形将促使复合中心的电子数 n_t 迅速变化, 导致电子和空穴复合率很快达到相等, 这时平均来说, 复合中心从导带俘获一个电子的同时就从价带俘获一个空穴, 复合中心上电子数 n_t 将不再变化. 我们要讨论的就是这种复合中心达到稳定, 电子空穴通过复合中心成对复合的情形.

首先令电子、空穴复合率相等, 由 (2.66) 式和 (2.67) 式得

$$r_-(N_t - n_t)n - r_- n_1 n_t = r_+ n_t p - r_+ p_1 (N_t - n_t).$$

从这个等式就可以求得达到稳定复合后, 复合中心的电子数:

$$n_t = \frac{N_t(nr_- + p_1 r_+)}{r_-(n + n_1) + r_+(p + p_1)}, \tag{2.68}$$

把它代回 (2.66) 式或 (2.67) 式, 结果当然是相同的.

$$
\begin{aligned}
\text{电子空穴复合率} = (甲 - 乙) &= (丙 - 丁) \\
&= \frac{N_t r_- r_+(np - n_i^2)}{r_-(n + n_1) + r_+(p + p_1)},
\end{aligned}
\tag{2.69}
$$

即我们要求的电子--空穴复合率. 在上式中, 我们把 $n_1 p_1$ 表示为 n_i^2.

上式是通过复合中心复合的普遍理论公式, 下面将用来讨论一些典型的具体问题.

2.5.3　寿命公式

非平衡载流子的寿命 τ 是由具体的复合机理所决定的. 由一种复合中心所决定的寿命值可以从 (2.69) 式求出来. 这个式子看样子很复杂, 但因为其中的各项涉及不同的载流子浓度, 它们之间往往有若干数量级之差, 实际只需要考虑其最大者, 这样就使问题大为简化.

(2.69) 式对电子和空穴是完全对称的. 为了具体起见, 我们以 n 型为例作具体讨论.

先看 (2.69) 式的分子, 在平衡时, n、p 取平衡值 n_0、p_0. 我们知道, 平衡的多子、少子浓度之乘积 n_0p_0 就等于 n_i^2, 所以分子为 0. 即平衡时复合率为 0, 这是理所当然的.

在有非平衡载流子时

$$n = n_0 + \Delta n, \quad p = p_0 + \Delta p.$$

代入 (2.69) 式的分子得到

$$N_t r_+ r_- (np - n_i^2) = N_t r_- r_+ \{n_0 \Delta p + p_0 \Delta n + \Delta p \Delta n\}.$$

只要非平衡载流子远低于多子浓度, 即 $\Delta n, \Delta p \ll n_0$, 上式中只需保留第一项 $N_t r_- r_+ (n_0 \Delta p)$.

在考查上式分母中各项时, 由于实际上重要的复合中心都是深能级, 所以, n_1 和 p_1 是比较小的. 举例来说, 最典型的深能级是位于本征能级 E_i 的能级, 这时相应的 n_1 和 p_1 就是本征载流子浓度 n_i. 总之, 一般来说, 分母中的四项只需保留多子浓度的一项, 在 n 型半导体中就是 $r_- n \approx r_- n_0$ 一项.

根据这样求获的分子和分母, 复合率公式 (2.69) 化简为

$$\frac{N_t r_- r_+ (n_0 \Delta p)}{r_- n_0} = N_t r_+ \Delta p. \tag{2.70}$$

这个极简单的结果反映了下述情况: 由于复合中心是深能级, 在 n 型材料中 N_t 个中心基本上都是被电子所填满的, 上式表明, 就是 N_t 个填满的中心对非平衡空穴 Δp 的俘获率决定了电子-空穴的复合率.

以上的结果和用寿命参数表示的复合率 (2.57) 式相对照, 就得到

$$N_t r_+ = \frac{1}{\tau_p},$$

其中下角 p 表示以空穴为少子的寿命. 由此可求得由复合中心决定的寿命公式:

$$\tau_p = \frac{1}{N_t r_+}. \tag{2.71}$$

如果是 p 型半导体, 分析问题的步骤和以上是完全相对应的, 求得的复合率是

$$N_t r_- \Delta n.$$

这反映的是 N_t 个基本上空的中心对非平衡的少子 (电子)Δn 的俘获率. 相应的寿命公式是

$$\tau_n = \frac{1}{N_t r_-}, \tag{2.72}$$

这里下角 n 表示少子为电子的寿命.

总之, 以上的结果表明, 对于深能级复合中心来说, 它们总是基本上被多子所填满的, 它们对少子的俘获决定着寿命 τ.

目前, 对于在实际材料中究竟是哪种杂质或缺陷起着复合中心的作用, 往往并不能完全肯定. 一般认为, 在硅材料中能起复合中心作用的杂质有金、铜、镍、铁等元素. 其中对金研究最多.

金原子在 n 型和 p 型硅中都是很有效的复合中心. 从以上对寿命的理论分析来看, 金在硅中的双重能级显然起了很重要的作用. 在 n 型材料中, 电子基本上填满了金的受主能级. 根据以上的分析少子的寿命主要就是由这些填满电子的受主对空穴的俘获率决定. 而金的受主带负电荷对空穴有静电吸引作用, 这将加强俘获能力. 在 p 型材料中, 金的施主能级基本上是空的. 根据以上分析, 少子寿命主要就是由这些空能级对电子的俘获决定. 而金的空施主带正电荷, 对电子有静电吸引作用, 所以也会加强俘获能力. 总之, 由于金的双重能级结构, 它在 n 型和 p 型材料中分别起受主和施主能级的作用, 使它在 n 型和 p 型材料中都有吸引少子的作用, 成为有效的复合中心.

图 2.33 是有意在 n 型硅中扩散金的复合中心, 然后测量寿命的实验结果. 掺金的浓度是靠扩金温度来控制的, 下面的横轴标出了浓度, 上面的横轴标明了扩金所用温度. 另外, 表 2.3 给出了某人用实验确定的金的两个能级俘获电子和空穴的系数. 从曲线或俘获系数的数据, 都可以根据

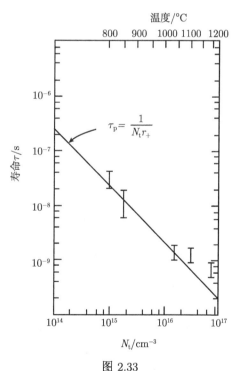

图 2.33

表 2.3

	$r_-/(\mathrm{cm^3/s})$	$r_+/(\mathrm{cm^3/s})$
n-Si 中金受主	1.65×10^{-9}	1.15×10^{-7}
p-Si 中金施主	6.3×10^{-8}	2.4×10^{-8}

$$\tau = \frac{1}{N_\mathrm{t} r}$$

估算出, 对于常见材料中几十微秒的寿命, 只需要有浓度为 $10^{11} \sim 10^{12}\mathrm{cm^{-3}}$ 的金原子作复合中心. 这就说明了为什么确定材料中的复合中心是很困难的.

另一方面, 也正是由于少量的有效复合中心能够大大缩短少子寿命, 才使扩金可以用来减少高速开关管中少子的寿命到 $10^{-2}\mathrm{\mu s}$ 的数量级, 而不致严重影响电阻率等其他性质.

这一节的基本理论公式:

$$复合率 = \frac{N_\mathrm{t} r_+ r_- (np - n_i^2)}{r_-(n + n_1) + r_+(p + p_1)},$$

可以应用上面引入的空穴和电子寿命:

$$\tau_\mathrm{p} = \frac{1}{N_\mathrm{t} r_+}; \quad \tau_\mathrm{n} = \frac{1}{N_\mathrm{t} r_-}$$

写成更为简洁的形式. 我们只要用 $N_\mathrm{t} r_+ r_-$ 同时除上式的分子和分母就得到

$$复合率 = \frac{np - n_i^2}{\tau_\mathrm{p}(n + n_1) + \tau_\mathrm{n}(p + p_1)}.$$

这个理论最重要的应用是说明, 复合中心在 pn 结、半导体表面等空间电荷区中复合 (或产生) 作用特别强烈. 这个问题对实际器件的性能有重要的影响, 将在以后章节中详细讨论.

2.6 非平衡载流子的扩散

在金属导体和一般半导体的导电中, 载流子都是依靠电场的作用而形成电流. 这就是我们在第 1 章中详细讨论过的漂移电流. 半导体中的非平衡载流子同样可以在电场作用下形成漂移电流. 例如, 在半导体光敏电阻中, 利用光照产生非平衡载流子来增加电导率, 这就是说, 非平衡载流子的作用和原来的载流子一样, 都是在外加电压下产生漂移电流. 但是, 非平衡载流子还可以形成另一种形式的电流, 叫做扩散电流. 在很多情况下, 扩散电流是非平衡载流子电流的主要形式.

扩散电流不是由于电场的推动而产生的. 扩散电流的产生是因载流子浓度不均匀而造成的扩散运动. 在半导体生产中我们对杂质原子的扩散比较熟悉, 我们都知道, 那里原子的扩散是在浓度不均匀条件下由它们无规则的热运动引起的. 电子、空穴等载流子的运动和原子的运动当然有极大的差别, 然而, 发生扩散的根本原因是一样的, 也是在浓度不均匀的条件下由无规则的热运动引起的. 下面我们结合一个加有正向偏压的 p$^+$n 结, 定性说明非平衡载流子怎样形成扩散电流.

图 2.34 是形象地描绘这种情况下非平衡载流子热运动的示意图. 在这样的结里, 空穴被源源不断地 "注入" 到 n 区的边界. 它们在 n 区中是非平衡载流子, 迟早要被复合掉. 但是, 在尚未复合前的时间里 (平衡时间即少子寿命 τ), 它们并不是静止的, 而是不停顿地做无规则热运动. 因此, 进入 n 区的一部分空穴将不同程度地深入 n 区, 然后被复合. 它们从边界向 n 区内移动就是代表了一般电流. 很明显这个电流不是电场所造成的载流子的漂移电流, 它是载流子无规则热运动的结果, 其特点是载流子从高浓度 (空穴注入处) 向低浓度 (n 区内部空穴因复合而减少) 移动. 这就是非平衡载流子的扩散电流.

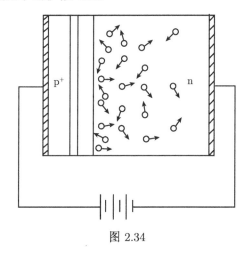

图 2.34

下面我们来进一步讨论扩散电流的规律.

扩散电流的强弱是由载流子浓度的不均匀度所控制的. 为了形象地说明这一点, 并进一步阐明扩散的定量规律, 我们设想有非平衡载流子从一边注入的一块半导体被划分为许多薄层 (图 2.35). 每层之内的浓度 $N(x)$ 可以近似地认为是均匀的. 为了具体表示各层之间浓度不同, 我们假定每层中载流子的数目分别为 28, 24, ······(用这样的数字去描述载流子的数目, 显然是太少了, 但不妨认为它们的单位是兆, 亿, ······ 甚至更大), 并且假设每层中的载流子都朝四面八方运动, 平均每秒各有 1/4 从左右两边跑出去, 从每一薄层两边跑掉的载流子数也都用数字和小箭头标明在图的上沿. 现在就可以根据上图来估算载流子的扩散电流. 图 2.35 中用 A、B、C 等字母表示各层间的界面, 我们可以把每一个这样的界面当作估算电流的横截面. 我们先看通过截面 A 的载流子, 由图上看到这里每秒从左到右通过 7 个载流子, 从右到左则通过 6 个, 两者运动相反, 相减后每秒有 1 个载流子从左到右穿过 A. 再看截面 B 的情形, 这里每秒从左到右是 6 个, 从右到左是 5 个, 两者相减后每秒有 1 个载流子从左到右 …… 从以上粗浅的描述也就可以看得很清楚, 在载流子浓度不均匀的条件下, 由于在各处它们都是朝四面八方做热运动的, 就必然要发生载流子从高浓度向低浓度的 "流动", 即发生扩散运动.

从上面的例子还可看到, 扩散载流子的多少取决于相邻两层载流子数目的不同. 换句话说, 扩散的强弱是由载流子浓度的变化决定的. 为了进一步更具体地说明这一点, 我们再设想一个各处载流子浓度都比图 2.35 加倍的情形 (图 2.36). 很明显每秒有 2 个载流子从左到右通过截面 A, 每秒也有 2 个载流子从左到右通过截面 B …… 总之都比上一种情形加倍. 在图 2.35 和图 2.36 下边都画出了相应的载流子浓度 $N(x)$ 的曲线. 我们知道, 浓度的变化是由浓度梯度 $\mathrm{d}N/\mathrm{d}x$, 即 $N(x)$ 曲线的斜率来描述的. 从以上分析看到, 浓度梯度增大一倍, 扩散也增强一倍, 即扩散流与载流子浓度梯度成正比:

$$扩散流密度 = -D\frac{\mathrm{d}N}{\mathrm{d}x},\tag{2.73}$$

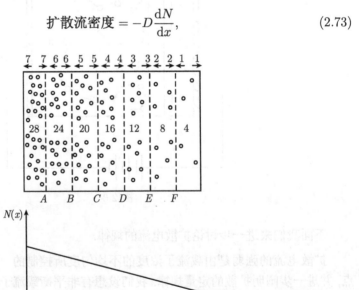

图 2.35

这里的扩散流密度是指单位时间, 由于扩散运动通过单位横截面积的载流子的数目 (再乘以载流子电荷才得到电流密度). D 是描述载流子扩散能力强弱不同的一个常数, 称为载流子的扩散系数, 单位是 cm^2/s. 一般表示扩散的方向都是以所采用的坐标为准的, 以上公式以 x 为坐标, 所以朝着正 x 方向的扩散流是正值的, 反方向为负值. 上式中的负号实际上是表明, 扩散总是从高浓度向着低浓度进行的, 或者说, 扩散是沿浓度下降的方向进行的. 以图 2.35 和图 2.36 的情形为例, 浓度 $N(x)$ 是随 x 增加而减少的, 所以浓度梯度 dN/dx 是负的, 在这种情况下, 按照上式乘以负号得到扩散流为正值, 即沿正 x 的方向, 当然这正是从高浓度到低浓度的扩散方向.

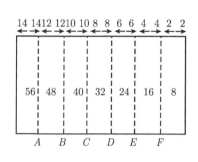
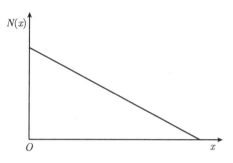

图 2.36

电子和空穴的扩散系数在不同材料中是不同的. 而且和迁移率一样, 扩散系数还随温度和材料的掺杂浓度而变化. 实际上, 在载流子的扩散系数和迁移率之间存在着下列确定的比例关系:

$$D = \left(\frac{kT}{q}\right)\mu, \tag{2.74}$$

称为爱因斯坦关系. 所以, 只要知道了载流子的迁移率, 就可以应用上式计算出它的扩散系数 (应注意正确使用单位, 如果迁移率用 $cm^2/(V\cdot s)$ 的单位, kT/q 应当用伏特为单位). 例如, 在纯度较高的单晶硅中, 室温 ($T = 300K$) 电子迁移率 $\mu_n = 1350cm^2/(V\cdot s)$, 应用 (2.74) 式得电子扩散系数

$$D_n = \left(\frac{kT}{q}\right) \times 1350 = 0.026 \times 1350 = 35(cm^2/s);$$

从空穴迁移率 $= 480cm^2/(V\cdot s)$, 应用 (2.74) 式求得空穴扩散系数

$$D_p = \left(\frac{kT}{q}\right) \times 480 = 12(cm^2/s)$$

由于电子伏的单位代表电荷为 q 电子通过电势差为一伏的电场所获得的能量, 所以 $eV/q = V$, 用电子伏为能量单位, $T = 0.026eV$, 则 $kT/q = 0.026V$.

在前面我们看到, 如果从半导体的一边源源不断 "注入" 非平衡载流子, 它们将一边扩散一边复合, 形成一个由高浓度到低浓度的分布 $N(x)$. 前面我们只是粗浅地描绘了这种状况. 下面我们将应用扩散和复合的规律, 具体求出 $N(x)$ 是怎样一个分布, 并进一步算出扩散电流. 在后面还会看到, 加有偏压的 pn 结的电流就是由 pn 结注入到两边的非平衡载流子边扩散边复合形成的电流. 下面导出的结果可以直接用于 pn 结.

图 2.37 是非平衡载流子边扩散边复合的浓度分布示意图, 我们具体分析 $x \sim$ $x+dx$ 的典型薄层内, 非平衡载流子的复合和由于扩散而得到的不断补充. 令 S 表示半导体的横截面, 则上述薄层的体积为 Sdx. 在薄层内浓度可以近似地认为是均匀的, 等于 $N(x)$, 因此, 薄层内非平衡载流子数目可以写成 $(Sdx) \cdot N(x)$, 按照复合规律 (2.57) 式, 每秒将由于复合而损失的数目是 $\dfrac{(Sdx)N(x)}{\tau}$, 分母中的 τ 是非平衡载流子的寿命. 但是, 如果非平衡载流子的注入保持稳定不变 ($\mathrm{p^+n}$ 结加直流偏压就造成这种稳定不变的注入), 整个分布 $N(x)$ 也将达到稳定. 在这种情况下, dx 内非平衡载流子的损失, 显然必须从扩散进来的非平衡载流子得到补偿. 由图 2.37 可以知道, 对于 dx 薄层, 一方面有载流子通过 x 处的界面由左边扩散进来, 根据 (2.73) 式, 每秒钟扩散进来的电子数目为

$$S\left(-D\frac{\mathrm{d}N}{\mathrm{d}x}\right)_x = SD\left(-\frac{\mathrm{d}N}{\mathrm{d}x}\right)_x, \tag{2.75}$$

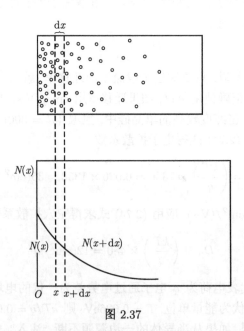

图 2.37

下角 x 表示取 $\mathrm{d}N/\mathrm{d}x$ 在 x 处的值. 另一方面, 通过右边 $x + \mathrm{d}x$ 的界面则有载流子扩散出去, 每秒钟的数目是

$$S\left(-D\frac{\mathrm{d}N}{\mathrm{d}x}\right)_{x+\mathrm{d}x} = SD\left(-\frac{\mathrm{d}N}{\mathrm{d}x}\right)_{x+\mathrm{d}x}. \tag{2.76}$$

将 (2.75) 式和 (2.76) 式相减, 即得到由于扩散净流进 $\mathrm{d}x$ 薄层的载流子数目, 它应正好能补偿复合的损失, 所以

$$SD\left(-\frac{\mathrm{d}N}{\mathrm{d}x}\right)_{x} - SD\left(-\frac{\mathrm{d}N}{\mathrm{d}x}\right)_{x+\mathrm{d}x} = \frac{S\mathrm{d}xN(x)}{\tau}. \tag{2.77}$$

全式除以 $SD\mathrm{d}x$, 然后取 $\mathrm{d}x \to 0$ 的极限, 得到

$$\lim_{\mathrm{d}x\to 0}\frac{\left(\dfrac{\mathrm{d}N}{\mathrm{d}x}\right)_{x+\mathrm{d}x} - \left(\dfrac{\mathrm{d}N}{\mathrm{d}x}\right)_{x}}{\mathrm{d}x} = \frac{N(x)}{D\tau}.$$

左边的极限显然就是 $\mathrm{d}N/\mathrm{d}x$ 对于 x 的微商, 即 $N(x)$ 的二次微商 $\mathrm{d}^2N/\mathrm{d}x^2$, 所以上式可以写成

$$\frac{\mathrm{d}^2N(x)}{\mathrm{d}x^2} = \frac{N(x)}{D\tau}. \tag{2.78}$$

这就是非平衡载流子边扩散、边复合形成稳定分布时, 满足的微分方程, 称为扩散方程, 适合正偏 $\mathrm{p^+n}$ 结情况的解是

$$N(x) = N_0\mathrm{e}^{-x/L}, \tag{2.79}$$

其中我们引入了

$$L = \sqrt{D\tau}. \tag{2.80}$$

通过直接代入, 很容易验证这个解是满足以上方程的. 在上式中令 $x = 0$, 得到 $N(0) = N_0$, 表明上式中常数 N_0 代表 $x = 0$ 处的浓度.

这样求得的非平衡载流子分布 $N(x)$, 说明了非平衡载流子在复合以前走多远的问题. 因为非平衡载流子的复合不是一刀齐的, 而是有先有后, 所以, 它们深入半导体的距离也不一样, 形成了以上浓度的指数分布. 可以证明指数中的常数 $L = \sqrt{D\tau}$ 代表非平衡载流子扩散进半导体的平均深度, 因此称 L 扩散长度. 前节曾特别指出, 就是同一种材料, 在不同的具体情况下, 非平衡载流子的寿命也可以有很大的差别. 因此, 非平衡载流子的扩散长度是在很大范围内变化的. 表 2.4 根据硅中电子和空穴的扩散系数 $D_\mathrm{n} = 35\mathrm{cm}^2/\mathrm{s}, D_\mathrm{p} = 12\mathrm{cm}^2/\mathrm{s}$ 算出了各种典型寿命值所对应的扩散长度值.

表 2.4

寿命值	$1000\mu\mathrm{s}$	$50\mu\mathrm{s}$	$1\mu\mathrm{s}$	$10^{-2}\mu\mathrm{s}$
电子 L_n	1.9mm	0.4mm	60μm	6μm
空穴 L_p	1.1mm	0.25mm	35μm	3.5μm

根据扩散规律, 我们可以从非平衡载流子的浓度分布, 求出扩散电流密度 (以下取绝对值):

$$qD\left|\frac{dN}{dx}\right| = qD\left|\frac{d}{dx}(N_0 e^{-x/L})\right|$$

$$= N_0\left(\frac{D}{L}\right)qe^{-x/L}. \tag{2.81}$$

它是随着 x 增大而减小的; 这只是表明扩散电流是随着非平衡载流子的复合而减弱的. 在上式中取 $x = 0$, 就得到在注入处 $(x = 0)$ 的扩散电流密度:

$$\left\{N_0\left(\frac{D}{L}\right)qe^{-x/L}\right\}_{x=0} = N_0\left(\frac{D}{L}\right)q, \tag{2.82}$$

因为 N_0 就是在注入处非平衡载流子的浓度, 所以这个电流密度就好像是这些载流子全部以速度 D/L 运动而产生的. 由于这个原因, 有时把 D/L 称为扩散速度.

以上讨论的问题, 概括起来最主要是以下几个结论:

(1) 非平衡载流子的浓度是不均匀的, 存在浓度梯度 dN/dx 时, 因此就要产生扩散流, 其基本规律为

$$扩散流密度 = -D\frac{dN}{dx},$$

乘以载流子的电荷 (空穴为 q, 电子为 $-q$) 就得到扩散电流密度.

(2) 载流子的扩散系数和迁移率之间存在着内在联系, 具体表现在下列比例关系上

$$D = \left(\frac{kT}{q}\right)\mu,$$

D 的单位是 cm^2/s, μ 的单位是 $cm^2/(V\cdot s)$, (kT/q) 的单位是 V.

(3) 从半导体的一面 $(x = 0)$ 稳定注入非平衡载流子, 在半导体内将形成下列的浓度分布

$$N(x) = N_0 e^{-x/L},$$

N_0 代表注入处的浓度.

$L = \sqrt{D\tau}$ 代表非平衡载流子在未复合前扩散进半导体的平均深度, 称为非平衡载流子的扩散长度.

注入载流子电流密度即 $x = 0$ 处的扩散电流密度, 等于 $N_0\left(\frac{D}{L}\right)q$.

第 3 章   pn 结

pn 结是很多半导体器件的核心, 掌握 pn 结的性质是分析这些器件特性的基础. pn 结的性质集中反映了半导体导电性能的特点: 存在两种载流子; 载流子有漂移、扩散和产生复合三种基本运动形式等. 因此, pn 结做为半导体特有的物理现象, 一直受到人们的重视. 我们主要结合较为简单的模型, 着重分析 pn 结中的物理过程.

3.1   pn 结的电流–电压关系

在前面两章我们曾不止一次提到过 pn 结. 在一块半导体材料中, 如果一部分是 n 型区, 一部分是 p 型区, 在 n 型区和 p 型区的交界面处就形成 pn 结. 一种简单的情况: n 型区均匀地掺有施主杂质, 杂质浓度为 N_D; p 型区均匀地掺有受主杂质, 杂质浓度为 N_A. 在 p 型区和 n 型区交界面处, 杂质分布有一突变 (图 3.1), 这种情况称为突变结. 用合金法制成的 pn 结就是突变结. 因为这种杂质分布比较简单, 在这一章我们主要就结合突变结进行分析, 得到的结论绝大部分对于其他类型的杂质分布情况 (如扩散结) 同样是适用的. 在某些部分我们也指出了由于杂质分布情况不同而引起的具体结果上的差异.

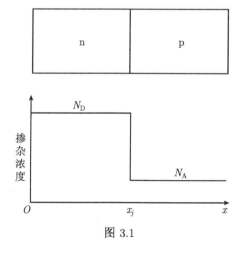

图 3.1

pn 结具有单向导电性, 这是 pn 结最基本的性质之一. 所谓单向导电性就是当 pn 结的 p 区接电源正极, n 区接负极, pn 结能通过较大电流, 并且电流随着电压的增加很快增长, 称 pn 结处于正向. 反之, 如果 p 区接电源负极, n 区接正极, 则电流很小, 而且电压增加时电流趋于 "饱和", 称 pn 结处于反向. 也就是说 pn 结正向导电性能很好 (正向电阻小), 反向导电性能差 (反向电阻大). 这就是 pn 结单向导电性的含义. 这种单向导电性可以用 pn 结的电流–电压关系表示, 如图 3.2(I 代表电流, V 代表电压) 所示. 这一节将从理论上分析为什么 pn 结具有单向导电性.

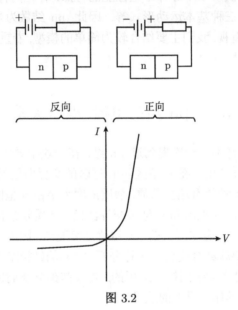

图 3.2

3.1.1 平衡 pn 结

在分析 pn 结的导电性能时, 我们必须牢牢抓住载流子漂移运动和扩散运动这一对矛盾, 正是因为在不同条件下载流子漂移运动和扩散运动的相互转化, 才形成 pn 结导电性能的一系列特点.

在 1.2 节我们曾讨论过载流子的漂移运动. 在电场的作用下, 载流子产生定向运动, 形成的漂移电流密度为

电子 :
$$j_n(漂移) = nq\mu_n E, \tag{3.1}$$

空穴 :
$$j_p(漂移) = pq\mu_p E, \tag{3.2}$$

其中 E 为电场强度, μ_n 和 μ_p 分别为电子和空穴的迁移率, n 和 p 分别为电子浓度和空穴的浓度.

在 2.6 节我们曾讨论过载流子的扩散运动. 它是由于载流子浓度不均匀造成的,

扩散运动使载流子由高浓度向低浓度运动, 扩散流密度为

$$\text{扩散流密度} = -D\frac{\mathrm{d}N}{\mathrm{d}x}.$$

用于电子和空穴, 并乘以相应的电荷, 就得到扩散电流密度

电子:
$$j_{\mathrm{n}}(\text{扩散}) = (-q)\left(-D_{\mathrm{n}}\frac{\mathrm{d}n}{\mathrm{d}x}\right) = qD_{\mathrm{n}}\frac{\mathrm{d}n}{\mathrm{d}x} \tag{3.3}$$

空穴:
$$j_{\mathrm{p}}(\text{扩散}) = (+q)\left(-D_{\mathrm{p}}\frac{\mathrm{d}p}{\mathrm{d}x}\right) = -qD_{\mathrm{p}}\frac{\mathrm{d}p}{\mathrm{d}x} \tag{3.4}$$

我们首先从载流子的扩散运动和漂移运动出发, 讨论一下 pn 结的平衡条件. 由于 n 型半导体中电子是多子、空穴是少子, 而在 p 型半导体中空穴是多子、电子是少子. 因此在 n 型和 p 型半导体的交界面处存在有电子和空穴浓度梯度. n 区中的电子要向 p 区扩散; p 区中的空穴要向 n 区扩散. n 区中的电子向 p 区扩散, 在 n 区就剩下带正电的电离施主, 形成一个带正电荷的区域, 同样, 由于 p 区空穴向 n 区扩散, p 区剩下带负电的电离受主, 形成一个带负电荷的区域. 这样, 在 n 型区和 p 型区交界面的两侧形成了带正、负电荷的区域, 叫做空间电荷区 (图 3.3). 空间电荷区中的正负电荷间形成电场, 电场方向由 n 区指向 p 区, 这个电场称为自建电场. 自建电场一方面推动带负电的电子沿电场的相反方向做漂移运动, 即由 p 区向 n 区运动, 另一方面又推动带正电的空穴沿电场方向做漂移运动, 即由 n 区向 p 区运动. 由此可以看到, 在空间电荷区内, 自建电场引起电子和空穴的漂移运动方向与它们各自的扩散运动方向正好相反. 随着扩散的进行空间电荷数量不断增加, 自建电场越来越强, 直到载流子的漂移运动和扩散运动相抵时 (即大小相等、方向相反), 才达到动态平衡. 这就是平衡 pn 结的情况. 可见, 平衡 pn 结就是扩散和漂移这对矛盾的相对平衡.

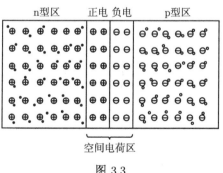

图 3.3

在 2.3 节我们已应用费米能级的概念分析过 pn 结的平衡. 我们曾指出, 费米能级 E_{F} 必须是水平的 (平衡条件), 而本征能级 $E_i(\approx$ 禁带中线) 在 pn 结空间电荷

区中则是随着电子位能 $-qV(x)$ 而变化的, 如图 3.4 所示. 这实际上就意味着, 载流子浓度是按照位能的指数规律 $e^{-[位能]/kT}$ 而变化的. 具体来说, 电子和空穴的浓度可以根据在空间电荷区中的电势函数 $V(x)$ 写出来:

$$n(x) = n_n e^{qV(x)/kT}, \tag{3.5}$$

$$p(x) = p_p e^{-q(V_0+V(x))/kT}. \tag{3.6}$$

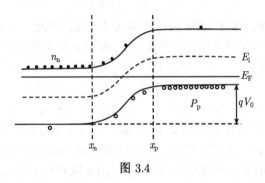

图 3.4

两式在形式上不对称, 这是因为这里取 n 区电势为 0, p 区电势为 $-V_0$. 有了载流子浓度就可以具体去计算漂移和扩散电流, 很容易验证它们确实是相等相反, 因而是正好相互抵消的. 我们以电子为例进行验算, 应用 (3.5) 式表示的 $n(x)$ 浓度公式计算电子扩散电流, 得到

$$j_n(扩散) = qD_n \frac{\mathrm{d}n(x)}{\mathrm{d}x} = qD_n \frac{\mathrm{d}}{\mathrm{d}x}[n_n e^{qV(x)/kT}]$$

$$= qD_n n_n e^{qV(x)/kT} \left(\frac{q}{kT}\right) \frac{\mathrm{d}V(x)}{\mathrm{d}x}. \tag{3.7}$$

根据 (3.5) 式以及 (2.74) 式, 在右方的各因子中我们看到

$$n_n e^{qV(x)/kT} = n(x); \quad D_n\left(\frac{q}{kT}\right) = \mu_n \quad (爱因斯坦关系).$$

而且电势函数 $V(x)$ 的微商可以直接表示为电场强度:

$$-\frac{\mathrm{d}V(x)}{\mathrm{d}x} = E(x).$$

所以 (3.7) 式的右方正好就是电子漂移电流的负值:

$$-n(x)q\mu_n E(x) = -j_n(漂移),$$

从而证明了, 在平衡的 pn 结中

$$j_n(扩散) = -j_n(漂移),$$

两者正好相抵消.

这就是说, 费米能级必须是水平的, 这一平衡条件也正意味着载流子的扩散和漂移的相对平衡.

3.1.2 pn 结的正向注入

平衡 pn 结中, 载流子的扩散运动和漂移运动处于相对的平衡状态, 空间电荷区存在自建电场. 当 pn 结加有正向偏压时 (图 3.5), 外加电压的方向与自建场的方向相反, 使空间电荷区中的电场减弱. 这样就打破了扩散运动和漂移运动的相对平衡, 使载流子的扩散运动经过漂移运动, 扩散运动成为矛盾的主要方面. 在这种情况下, 电子将源源不断地从 n 区扩散到 p 区, 空穴从 p 区扩散到 n 区, 成为非平衡载流子, 这种现象常称为 pn 结的正向注入.

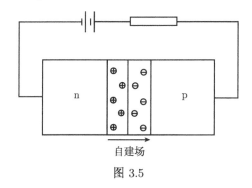

图 3.5

电子从 n 区扩散到 p 区, 空穴从 p 区扩散到 n 区, 它们运动的方向相反, 但所带的电荷符号也相反, 所以代表的电流方向是相同的, 都是从 p 区到 n 区. 这两股电流构成了 pn 结的正向电流. 下面我们将具体分析 pn 结正向注入的非平衡载流子的运动规律, 从而把电流求算出来.

在图 3.6 中用曲线描绘了通过 pn 结分别注入到 p 区和 n 区的非平衡载流子浓度. 在 2.6 节已详细讨论过, 这种注入的非平衡载流子以扩散的形式运动, 边扩散边复合, 并且导出非平衡载流子电流密度 (绝对值) 为 $N_0 q(D/L)$. N_0 表示在注入边界的非平衡载流子浓度 [在这里, 对注入 p 区的电子电流来说, N_0 就是图 3.6 中的 $\Delta n(x_p)$, 对注入 n 区的空穴电流来说, N_0 就是图中的 $\Delta p(x_n)$]. 因此, 我们只要知道, 当加一定的正向电压 $V = V_f$ 时, 注入边界的载流子浓度 N_0, 就可以求出正向电流来. 我们以从 n 区注入到 p 区的电子电流为例进行具体计算. 当加正向偏压 $V = V_f$ 时, 由于空间电荷区的电场减弱, 使得 n 区和 p 区间的电势差也要减少.

具体来说, 在平衡时, p 区相对 n 区有负的接触电势差 $-V_0$, 正向偏压 V_f 是加在 p 区的, 因此将抵消 $-V_0$ 的一部分, 从而使 p 区相对 n 区的电势差变为 $-(V_0 - V_f)$. 这样就使 pn 结的位垒由平衡时的 qV_0 降低为 $q(V_0 - V_f)$. 如图 3.7 所示 (图中虚线表示未加偏压时的平衡状态). 在 2.3 节讨论平衡 pn 结时指出, 由于载流子浓度的玻耳兹曼分布, n 区电子浓度 n_n 通过位垒 qV_0 到 p 区边界应减小 $e^{-qV_0/kT}$ 倍而正好等于 p 区的少子浓度 n_p, 即

$$n_n e^{-qV_0/kT} = n_p. \tag{2.29}$$

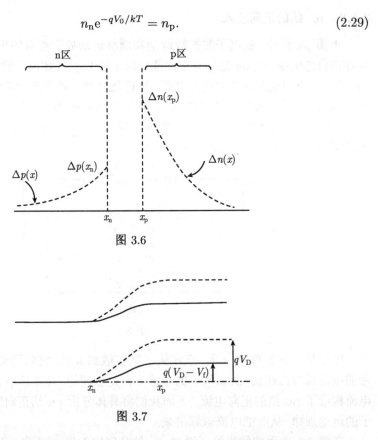

图 3.6

图 3.7

在有外加偏压时, 仍可以认为载流子浓度在空间电荷区近似遵循玻耳兹曼分布 (参见下节对这点的论证). 但由于这时位垒降低为 $q(V_0 - V_f)$, 所以, 电子浓度通过空间电荷区的位垒到 p 区边界, 将降低为

$$n_n e^{-q(V_0 - V_f)/kT}.$$

把它写成

$$(n_n e^{-qV_0/kT}) e^{qV_f/kT},$$

和前边平衡时的结果 (2.29) 式比较, 我们看到括号内因子就是 n_p, 所以我们得到的正向偏压 V_f 下, 在 p 区边界的电子浓度为

$$n_{(x_p)} = n_p e^{qV_f/kT}. \tag{3.8}$$

这就是说, 当 pn 结加正向偏压时, 由于正向注入效应, 使边界处少子浓度增加到平衡时浓度 n_p 乘以 $e^{qV_f/kT}$.

从以上边界的少子浓度减去平衡时的浓度, 就得到边界上的非平衡载流子浓度.

$$\Delta n(x_p) = n_p e^{qV_f/kT} - n_p = n_p(e^{qV_f/kT} - 1). \tag{3.9}$$

按照非平衡载流子的电流公式, 只要再乘以扩散速度 D_n/L_n 和电子电荷 q, 就得到注入 p 区的电子电流密度

$$j_n = n_p(e^{qV_f/kT} - 1)(D_n/L_n)q$$

$$= q\left(\frac{n_p D_n}{L_n}\right)(e^{qV_f/kT} - 1). \tag{3.10}$$

对于从 p 区注入到 n 区的空穴电流, 可以做完全相似的分析. 在 n 区边界空穴浓度从平衡时的 p_n 增加为 $p(x_n) = p_n e^{qV_f/kT}$, 非平衡载流子浓度是

$$\Delta p(x_n) = p_n(e^{qV_f/kT} - 1), \tag{3.11}$$

从而求得注入 n 区的空穴电流密度

$$j_p = q\left(\frac{p_n D_p}{L_p}\right)(e^{qV_f/kT} - 1). \tag{3.12}$$

(3.10) 式和 (3.12) 式表示的两股电流之和, 就是通过 pn 结的正向电流, 所以把 j_n 和 j_p 相加即得到 pn 结电流密度的基本公式:

$$j = q\left(\frac{n_p D_n}{L_n} + \frac{p_n D_p}{L_p}\right)(e^{qV_f/kT} - 1). \tag{3.13}$$

电流的方向是从 p 区流向 n 区.

在实际应用中, 常把上式写成

$$j = j_0(e^{qV_f/kT} - 1) \tag{3.14}$$

来表示 pn 结的正向电流密度–电压关系, j_0 是不随电压变化的常数. 由于在常温 (300 K) 下, $kT/q = 0.026V$, 而实际中正向电压 V_f 为十分之几伏, 所以

$$e^{qV_f/kT} \gg 1,$$

上式括号内的 −1 项完全可以忽略, 这样得到

$$j = j_0 e^{qV_f/kT}. \tag{3.15}$$

在实际电路中的 pn 结, 只要它是处于正向导通的状态, 结上的正向电压 V_f 就具有大体确定的值, 这个值就称为 pn 结的导通电压, 有时也称正向压降. 这并不是说, 通过 pn 结正向电流大小也是一成不变的, 恰好相反, 在正向导通状态, 通过 pn 结的电流往往是由 pn 结以外的其他电路条件规定的, 因此随具体条件的不同, 可以有很大的不同. 虽然通过 pn 结的正向电流大小不同, 而正向电压 V_f 却能大体保持不变, 其原因是由于正向电流随正向电压按指数规律变化. 举例来说, 由于 $(kT/q) = 0.026$(常温), 很容易估算, 电流密度 j 变化 10 倍, 只需要改变 0.06V.

禁带宽度不同的半导体材料制成的 pn 结, 导通电压的数值范围是不一样的. 图 3.8 对比地画出了四种禁带 E_g 不同的半导体做的 p^+n 结的正向电流–电压关系, (1) $E_g \approx 0.7\mathrm{eV}$; (2) Si: $E_g \approx 1.1\mathrm{eV}$; (3) GaAs: $\approx 1.5\mathrm{eV}$; (4) GaAsP: $E_g \approx 2.0\mathrm{eV}$. 禁带宽度对 pn 结的正向导通电压有如此显著的影响, 实际上这是反映了少子浓度对 pn 结正向电流的重要影响. 从 (3.9) 式和 (3.11) 式我们看到, 正向注入的非平衡载流子浓度是和原来平衡时的少子浓度成正比的, 所以最后得到的正向电流密度也是和少子浓度 n_p 和 p_n 成正比的. 我们知道, 一个材料禁带越大, 平衡时的少子浓度就越小, 那么为了能通过同样大的电流, 就必须有更大的正向电压 V_f. 这就是禁带越大, pn 结导通电压越高的原因.

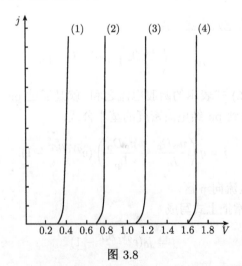

图 3.8

因为电流在 n 型半导体中主要应由电子携带, 而在 p 型半导体中则应由空穴携带, 所以, 通过 pn 结的电流就有一个从电子电流变为空穴电流, 或从空穴电流变为电子电流的电流转换问题. 图 3.9 形象地表示出, pn 结的正向电流是怎样实现这

个电流转换的. 我们以图 3.9 的上半图, 即从 n 区注入到 p 区的电子电流为例来说明这个问题. 电子从左到右穿过 n 区时是多子漂移电流, 跨过空间电荷区, 进入 p 区就成为非平衡载流子, 以扩散形式运动. 在扩散中, 它们将先后复合, 逐渐减少, 以至消失. 但是, 它们的复合并不意味着电流的中断. 由图可以看到, 与这些电子复合的空穴来自右方, 它们构成一股空穴电流. 在这样一张图上就可以清楚看到, 注入 p 区的电子的扩散电流并不因电子复合而中断, 而是通过电子–空穴的复合而转换为 p 区的空穴电流. 在图 3.10 中用曲线表示出, 注入 p 区的电子扩散电流随距离按指数地下降, 空穴漂移电流则相应地不断增大, 而两者之和在任何截面上都是一样的, 即等于 j_n.

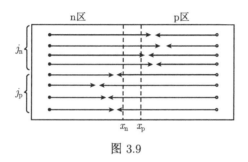

图 3.9

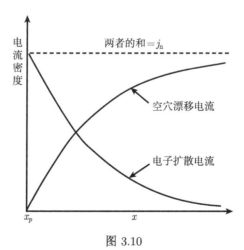

图 3.10

对于从 p 区注入到 n 区的空穴电流 j_p 的转换, 可以做完全相似的讨论, 因为在图 3.9 上已经看得很清楚, 不再做更多的解释.

3.1.3 pn 结的反向抽取

当 pn 结外加反向偏压时, 外电场的方向与自建场的方向相同, 增强了空间电荷区中的电场, 载流子的漂移运动超过了扩散运动, 漂移运动成为了矛盾的主要方面. 这时 n 区中的空穴一旦到达空间电荷区边界, 就要被电场拉向 p 区, p 区中的电子一旦到达空间电荷区的边界, 也要被电场拉向 n 区 (我们常称这种现象为反向抽取作用). 它们构成了 pn 结的反向电流, 方向是由 n 区流向 p 区.

当 pn 结加反向偏压 $V = -V_r$ 时, 空间电荷区中电场增强, 使得 n 区与 p 区间的电势变化加大为 $(V_0 + V_r)$, 能带图也要发生相应的变化, 位垒高度升高为 $q(V_0 + V_r)$, 如图 3.11 所示. 这时 n 区与 p 区的费米能级不再是水平的, 而是 p 区比 n 区高 qV_r. 近似应用玻耳兹曼分布可以求出这时边界的少子浓度, 以 p 区边界 x_p 处的电子为例:

$$n(x_p) = n_n e^{-q(V_0+V_r)/kT} = (n_n e^{-qV_0/kT}) e^{-qV_r/kT}$$
$$= n_p e^{-qV_r/kT}. \tag{3.16}$$

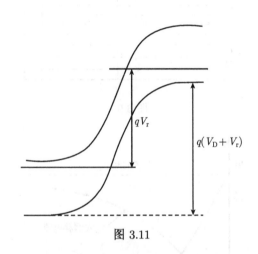

图 3.11

这就是说, 加反向偏压时, 边界的少子浓度减少为平衡时浓度 n_p 乘以 $e^{-qV_r/kT}$. 所以在反向偏压 $V_r \gg kT/q$ 时, 边界少子浓度将很小. 这时空间电荷区以外, 边界附近的少数载流子就要向空间电荷区扩散, 一旦到达空间电荷区边界就立刻被电场拉向对方. 使得空间电荷区边界外侧附近的少数载流子浓度也要低于平衡值, 这时少数载流子浓度形成的分布如图 3.12 所示. 与正向注入相比, 差别在于正向注入使边界少子浓度增加而形成积累, 反向抽取使边界少子浓度减少而形成欠缺, 非平衡载流子浓度是负值. 根据上面所指出的边界少子浓度等于平衡值乘以 $e^{-qV_r/kT}$, 可以分别写出 p 区和 n 区边界的非平衡载流子浓度:

$$\Delta n(x_p) = n_p e^{-qV_r/kT} - n_p = -n_p(1 - e^{-qV_r/kT}), \tag{3.17}$$

$$\Delta p(x_n) = p_n e^{-qV_r/kT} - p_n = -p_n(1 - e^{-qV_r/kT}). \tag{3.18}$$

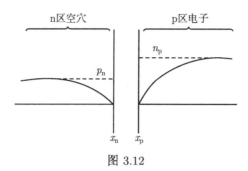

图 3.12

2.6 节求得的扩散电流同样适用于负值的非平衡载流子浓度, 所以. 对以上的边界浓度 $\Delta n(x_p)$, $\Delta p(x_n)$ 乘上相应的扩散速度 (D/L) 和电荷 q, 即可求得反向电流密度 (绝对值)

$$j = q \left(\frac{n_p D_n}{L_n} + \frac{p_n D_p}{L_p} \right) \left(1 - e^{-qV_r/kT} \right). \tag{3.19}$$

若 $V_r \gg kT/q$, 则

$$j \approx q \left(\frac{n_p D_n}{L_n} + \frac{p_n D_p}{L_p} \right). \tag{3.20}$$

即随着反向电压 V_r 的增大, j 将趋于一个恒定值, 称为反向饱和电流.

pn 结的反向电流实质上是产生电流, 因为这时空间电荷区边界附近的少数载流子浓度减少, 低于热平衡时的少子浓度, 因而产生率大于复合率, 将不断有电子-空穴对产生出来. 我们只要把反向饱和电流 (3.20) 式的形式变换一下, 把 $\frac{D_n}{L_n}$ 和 $\frac{D_p}{L_p}$ 改写成 $\frac{L_n}{\tau_n}$ 和 $\frac{L_p}{\tau_p}$, 则有

$$I_0 = q \left(\frac{n_p}{\tau_n} L_n + \frac{p_n}{\tau_p} L_p \right). \tag{3.21}$$

这个式子反映了反向饱和电流的性质. 式中 $\frac{n_p}{\tau_n}$ 和 $\frac{p_n}{\tau_p}$ 实际上等于 p 区和 n 区少数载流子的产生率, 因为加反向偏压时, 边界附近少数载流子浓度几乎为 0, 非平衡载流子浓度近似为 $(-n_p)$ 和 $(-p_n)$. 而根据 (2.57) 式电子产生率为

$$\frac{\Delta n}{\tau_n} \approx \frac{-n_p}{\tau_n},$$

空穴产生率为

$$\frac{\Delta p}{\tau_p} \approx -\frac{p_n}{\tau_n}.$$

因此, 反向饱和电流 (3.21) 式可以看成是厚度为扩散长度的一层内, 总的少数载流子产生率乘以电子电荷 q. 这表明在反向偏压的情况下, 由于空间电荷区中电场的

加强, 几乎每一个能扩散到空间电荷区内的少数载流子都立即被电场扫走. 因此, 反向电流就是由在 pn 结附近所产生而又有机会扩散到边界的少数载流子形成的, 这当然就是在厚度等于扩散长度的一层内产生的少数载流子. 反向饱和电流的这个物理图像, 示意地画在图 3.13 中. 了解反向电流产生的这种实质具有实际意义. 因为, 只要在距 pn 结边界一个扩散长度范围内, 任何产生少数载流子的机构 (如表面作用), 都将使反向电流增加.

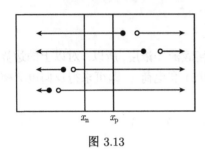

图 3.13

由以上分析可知, 反向 pn 结有抽取作用, 它把 p 区边界 x_p 附近的电子拉向 n 区, 把 n 区边界 x_n 附近的空穴拉向 p 区. 在一般情况下, 由于 p 区中的电子、n 区中的空穴都是少数载流子, 载流子浓度很小, 因而反向电流通常是很小的. 但是, 如果有外界作用, 使达到反向 pn 结边界的少数载流子浓度提高, 这些载流子同样可以被空间电荷区的电场拉向对方, 形成大的反向电流. 例如, npn 晶体三极管, 正向发射结把电子注入到 p 型基区, 由于基区宽度 W 远远小于扩散长度, 注入到基区的电子来不及复合就扩散到反向集电结的边界, 被反向集电结的抽取作用拉向集电区. 这时集电结虽然处于反向, 但是却流过很大的反向电流, 即处于反向大电流状态. 再例如: 如果用光照射反向 pn 结 (图 3.14), 光子能量 $h\nu$ 大于禁带宽 E_g, 则由于吸收光子能量可以产生电子–空穴对, 从而使空间电荷区边界附近的少数载流子浓度增加. 例如, 在 n 型区距离边界 x_n 为扩散长度 L_p 的范围内产生的空穴都可以被反向 pn 结抽取到 p 区; 同样, 在 p 型区距离边界 x_p 为扩散长度 L_n 的范围内产生的电子都可以被反向 pn 结抽取到 n 区. 如果光照的产生率 (即由于光照单位时间、单位体积内产生的电子–空穴对数) 用 g_{op} 表示, 则附加的反向电流可以写成

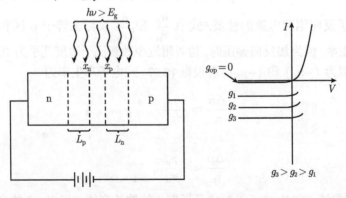

图 3.14

$$I_{0p} = qAg_{0p}(L_n + L_p),$$

其中 A 为 pn 结结面积. 可见, 光照可以使 pn 结反向电流增加, 如图 3.14 所示. 利用这个现象可以做成光电二极管.

对这一节主要结果可进一步概括如下:

以上得到的 pn 结正向和反向电流可以写成下列统一的公式:

$$j = q \left(\frac{n_p D_n}{L_n} + \frac{p_n D_p}{L_p} \right) (\mathrm{e}^{qV/kT} - 1).$$

这个表达式概括了 pn 结正向和反向的电流–电压关系: $V = V_f > 0$ 代表正向电压, 这时 $j > 0$, 代表由 p 区流向 n 区的正向电流; $V = -V_r < 0$ 代表反向电压, 这时 $j < 0$, 代表由 n 区流向 p 区的反向电流.

根据上面分析我们可以看出, pn 结的单向导电性是由于正向注入和反向抽取各自的矛盾的特殊性决定的. 正向注入可以使边界少数载流子浓度增加几个数量级, 从而形成大的浓度梯度和大的扩散电流, 而且注入的少数载流子浓度随正向偏压增加成指数规律增长. 而反向抽取使边界少数载流子浓度减少, 随反向偏压增加很快趋向于零, 边界处少子浓度的变化量最大不超过平衡时少子浓度. 这就是 pn 结正向电流随电压很快增长而反向电流很快趋于饱和的物理原因.

3.2 空间电荷区中的复合和产生电流

3.1 节我们分析了 pn 结的单向导电性、pn 结的正向注入效应和反向抽取作用, 导出了 pn 结的电流–电压关系的表达式. 这些结果概括了 pn 结导电特性的一些基本特点. 但是它与实际 pn 结的情况相比较, 无论是正向特性还是反向特性, 理论结果与实际情况之间都还存在着一定的偏离. 空间电荷区中的复合中心在这方面有时起着重要作用. 这一节将着重讨论, 由空间电荷区中的复合中心引起的复合电流和产生电流.

3.2.1 pn 结空间电荷区中的复合电流

在 3.1 节我们分析了 pn 结加正向偏压时, 电子从 n 区注入到 p 区形成的电子扩散电流 j_n, 空穴从 p 区注入到 n 区的空穴扩散电流 j_p, 而空间电荷区中的复合电流是指 n 区来的电子和 p 区来的空穴, 在空间电荷区中复合而形成的电流 (图 3.15), 通常用 j_{rg} 表示. 如果计入这股复合电流, 则通过 pn 结的总电流

$$j = j_n + j_p + j_{rg}. \tag{3.22}$$

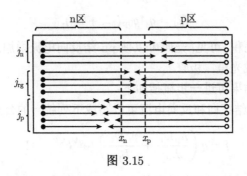

图 3.15

空间电荷区中的复合有重要的影响, 主要是由于在空间电荷区中, 电子和空穴通过复合中心的复合率

$$复合率 = \frac{np - n_i^2}{\tau_p(n + n_1) + \tau_n(p + p_1)},$$

可以比在 n 区或 p 区大很多数量级. 在空间电荷区中, 复合率的大小主要取决于载流子浓度 n 和 p 是怎样变化的. 我们可以应用能带图和费米能级求出在空间电荷区中 n 和 p 的变化. 图 3.16 是加有正向偏压 $(V_f > 0)$ 的 pn 结能带图. 我们看到, 在加有正向偏压的 pn 结中, n 区和 p 区的费米能级 $(E_F)_n$ 和 $(E_F)_p$ 不在同一水平, 而是 $(E_F)_n$ 比 $(E_F)_p$ 高 qV_f. 在加有偏压的 pn 结中, 电子和空穴不再处于相互平衡状态, 因此它们将各有自己的准费米能级. 在这里, 我们可以近似认为, 图 3.16 中的 $(E_F)_n$ 和 $(E_F)_p$ 延伸进 pn 结空间电荷区的水平线, 就分别代表了电子和空穴的准费米能级. 当然, 在有外加偏压时, 电子和空穴都是流动的, 这就表明它们各自的准费米能级也不完全是水平的. 但是, 电子从 n 区进入 pn 结, 空穴从 p 区进入 pn 结, 它们的准费米能级在这样短的距离内虽有改变也是不多的, 因此, 我们仍可以把它们近似看成是 $(E_F)_n$ 和 $(E_F)_p$ 的水平延伸 (图 3.17 示意画出了在加正偏压的 pn 结中, 电子、空穴准费米能级变化的一般状况. 可以看到, 电子和空穴准费米能级在横穿过空间电荷区后, 还要经过一段距离才逐渐靠拢, 以至相互重合的. 这是反映了通过 pn 结注入到两侧的非平衡载流子要扩散一段距离才复合, 只有非平衡载流子都复合掉了, 电子和空穴间才达到平衡, 两个准费米能级才汇合成统一的费米能级).

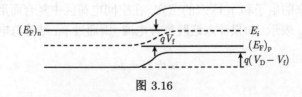

图 3.16

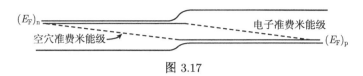

图 3.17

一旦准费米能级确定, 载流子浓度就可以根据各自的准费米能级写出:

$$n = n_i e^{[(E_F)_n - E_i]/kT}, \tag{3.23}$$

$$p = n_i e^{[E_i - (E_F)_p]/kT}. \tag{3.24}$$

它们的乘积是

$$np = n_i^2 e^{[(E_F)_n - (E_F)_p]/kT}. \tag{3.25}$$

我们由图 3.16 看到, 在加正向偏压 V_f 的 pn 结里, $(E_F)_n - (E_F)_p = qV_f$, 所以

$$np = n_i^2 e^{qV_f/kT}. \tag{3.26}$$

对于下面要讨论的电子和空穴的复合率

$$\frac{np - n_i^2}{\tau_p(n + n_1) + \tau_n(p + p_1)},$$

值得注意的是, 它的分子中只包含 np 乘积, 而 (3.25) 和 (3.26) 式表明 np 乘积完全由外加偏压所决定. 这就是说, 尽管在空间电荷区中, n 和 p 各自是激烈变化的, 但 np 在空间电荷区各处都是一样的, 因此, 复合率公式的分子也是不变的, 复合率在空间电荷区中的变化完全是由分母中的 n 和 p 的变化决定.

由于电子和空穴的准费米能级可以近似看做水平的, 而 E_i 则是按照电子位能 $-qV$ 而变化的, 根据 (3.23) 式和 (3.24) 式表示的载流子浓度公式可以看出, n、p 在这里仍遵循玻耳兹曼分布, 按指数函数 $e^{-[位能]/kT}$ 变化. 因此, 由于电子的位能 $-qV(x)$ 在空间电荷区中由 n 区到 p 区是不断提高的 (即从 0 到 qV_0), 所以电子浓度 n 从 n 区到 p 区是急速减小的. 空穴的位能 $qV(x)$ 则正好相反, 从 p 区到 n 区是不断提高的 (从 $-qV_0$ 到 0), 所以空穴浓度 p 从 p 区到 n 区是急速减小的. 现在再考查复合率公式就可以懂得, 为什么说复合率在空间电荷区中比在 n 区和 p 区大很多. 如前面指出, 复合率公式的分子在空间电荷区中是不变的, 复合率公式的分母则不然. 对深能级的复合中心, n_1 和 p_1 十分小, 主要是 n 和 p 决定着复合率分母的大小. 在空间电荷区的两个边界上, n 和 p 中有一个是多子浓度, 致使复合率分母的数值很大, 所以, 复合率较小. 但是, 按照上面所指出的 n 和 p 的变化趋势, 在 pn 结空间电荷区中的中间区域, 复合率分母中的 n 和 p 都要比两边 (n 区和 p 区) 相应的多子浓度 (n_n, p_p) 大为降低, 实际上可以相差几个数量级. 这就表明, 在 pn 结空间电荷区的中间区域, 复合率可以比两边 (p 区或 n 区) 增大若干数量级.

作为简单估算, 设复合中心是最典型的深能级, $E_t = E_i$, 所以 $n_1 = p_1 = n_i$, 并忽略 τ_n 和 τ_p 的差别, 令 $\tau_n = \tau_p = \tau$, 于是复合率简化为

$$\text{复合率} = \frac{1}{\tau} \left\{ \frac{np - n_i^2}{(n+p) + 2n_i} \right\}. \tag{3.27}$$

在空间电荷区中, 它的分子是不变的, 所以它的极大值就发生在分母中 $n + p$ 为极小值的地方. 在

$$np = n_i^2 \mathrm{e}^{qV_f/kT}$$

的条件下, 用一般求极值的方法得到, $n + p$ 的极小值发生在

$$n = p = n_i \mathrm{e}^{\frac{1}{2}qV_f/kT} \tag{3.28}$$

的地方, 把 (2.28) 式代入 (2.27) 式, 得到在空间电荷区中的最大复合率:

$$\text{最大复合率} = \frac{n_i}{2\tau} \frac{\mathrm{e}^{qV_f/kT} - 1}{\mathrm{e}^{\frac{1}{2}qV_f/kT} + 1}. \tag{3.29}$$

对于一般正向电压 $V_f \gg \dfrac{kT}{q}$ 的情形, 上式分母和分子中都可以只保留指数项, 故 (3.29) 式可进一步化简为

$$\text{最大复合率} = \frac{n_i}{2\tau} \mathrm{e}^{\frac{1}{2}qV_f/kT}. \tag{3.30}$$

pn 结的复合电流实际上主要由最下复合率所决定. 这是由于 n 和 p 在空间电荷区中都是激烈变化的, 从一边到另一边往往改变几个数量级, 这样就使 $(n+p)$ 的极小值十分集中在极薄的一层内, 稍微偏离这层, n 或 p 就要急剧增大, 使复合率相应地急速下降. 由此可见, pn 结的复合电流主要来自发生在这一薄层附近的电子和空穴的复合, 由于这个原因, pn 结的复合电流密度可以近似写为

$$j_{rg} \approx q\delta_m \left(\frac{n_i}{2\tau} \right) \mathrm{e}^{\frac{1}{2}qV_f/kT}, \tag{3.31}$$

δ_m 是一个长度, 它大致反映了集中发生复合的区域的厚度.

3.2.2   复合电流的特点

和 3.1 节讨论的正向注入电流相比较, 很容易看出空间电荷区中复合电流有两个基本特点:

(1) 空间电荷区复合电流随外加电压增加的比较缓慢, 例如, 外加正向偏压增加 0.1 伏, 根据 (3.15) 式正向注入电增流加

$$\mathrm{e}^{\Delta Vq/kT} = \mathrm{e}^{0.1/0.026} \approx 50(\text{倍}),$$

而根据 (3.31) 式, 空间电荷区中复合电流增加的倍数为

$$e^{\Delta Vq/2kT} = e^{0.1/2 \times 0.026} \approx 7(倍).$$

因此, 往往只是在比较低的正向偏压, 或者说 pn 结电流比较小时, 空间电荷区复合电流才起重要作用. 例如: 对于硅 pn 结, 通常在 $V_f > 0.5\mathrm{V}$, 电流密度 $j > 10^{-5}\mathrm{A/cm^2}$ 时, 空间电荷区复合电流的影响便变得比较小了.

(2) 空间电荷区复合电流正比于 n_i, 而注入的扩散电流正比于少子浓度, 少子浓度正比于 n_i^2, 因此, 空间电荷区复合电流与正向注入电流的比值反比于 n_i, 即

$$\frac{复合电流}{注入电流} \propto \frac{1}{n_i}.$$

所以, n_i 愈大, 空间电荷区复合电流的影响就越小. 对于锗 pn 结, 空间电荷区复合电流的影响可以略去不计, 而对于硅 pn 结, 在小电流范围内复合电流的影响就必须考虑. 它是使硅晶体管小电流下电流放大系数 β 下降的原因.

根据空间电荷区复合电流的特点, 可以用测量 pn 结正向电流与电压的变化关系, 从实验上分析空间电荷区复合电流的影响, 有人称其为电流–电压法, 这种实验方法在分析一些表面效应时也很有用.

把以上注入电流和复合电流相加, 以代表 pn 结总的正向电流 I, 并画成半对数的曲线, 其纵坐标为电流的对数 $\lg I$, 横坐标为正向电压 V_f, 就得到如图 3.18 的曲线. 我们看到, 曲线上下两段分别接近用虚线表示的两条直线. 这两条直线实际上分别代表注入电流和复合电流. 对于正向注入电流 (3.15) 式有

$$\lg I = \lg I_0 + \lg \mathrm{e} \cdot \left(\frac{q}{kT}\right) V_f. \tag{3.32}$$

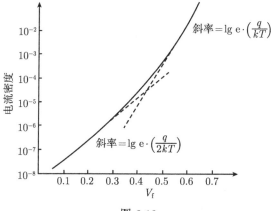

图 3.18

也就是说 $\lg I - V_f$ 函数曲线应为一直线, 斜率为 $\lg \mathrm{e} \cdot \left(\dfrac{q}{kT}\right)$. 考虑到室温下 $\dfrac{kT}{q} = 0.026\mathrm{V}$, $\lg \mathrm{e} = 0.4343$, 可得到斜率为 $1/60\mathrm{mV}$. 也就是说, 正向电压增加 $60\mathrm{mV}$, 正向电流增大 10 倍 (相当于 $\lg I$ 增加 1). 而对于空间电荷区中的复合电流 (3.31) 式, 有

$$\lg I_{\mathrm{rg}} = \lg I_0' + \lg \mathrm{e} \cdot \left(\frac{q}{2kT}\right) V_{\mathrm{f}}, \tag{3.33}$$

斜率是 $\lg \mathrm{e} \cdot \left(\dfrac{q}{2kT}\right)$, 相当于正向电压增加 $120\mathrm{mV}$, 电流才增大 10 倍.

所以采用以上这种作半对数曲线的方法来分析 pn 结的电流–电压关系, 可以辨别出复合电流的作用, 确定在怎样的电流和电压范围内, 复合电流是重要的.

3.2.3　pn 结空间电荷区中的产生电流

3.1 节推导了 pn 结加反向偏压时, 由于反向抽取所引起的反向电流. 这样形成的反向电流是在 pn 结的两侧 p 区和 n 区内产生出来, 而又能扩散到空间电荷区的少子构成的. 实际上, 它并不代表 pn 结反向电流的全部, 而只是反向电流的一部分. 这一部分反向电流往往被称为体内扩散电流.

在良好锗 pn 结的反向电流中, 体内扩散电流可以是很重要的. 然而, 在硅 pn 结的反向电流中, 往往更为重要的是空间电荷区中的产生电流. 体内扩散电流来自 pn 结两侧 p 区和 n 区内产生的电子和空穴, 而空间电荷区中的产生电流, 则是指通过空间电荷区中的复合中心产生出来的电子–空穴对所引起的电流. 一对电子、空穴一旦在空间电荷区中产生, 它们就会立即被反向 pn 结的强电场分别扫向 n 区和 p 区, 构成贯穿 pn 结的电流线 (图 3.19). 在图 3.19 中对比画出了体内扩散电流和空间电荷区的产生电流.

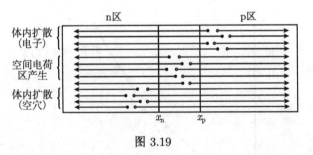

图 3.19

空间电荷区产生电流可以发挥重要作用, 这是由于复合中心在反向 pn 结空间电荷区中, 比在电中性的 n 区和 p 区具有远远更为强烈的产生作用. 参考图 3.20 中反向 pn 结的能带图, 我们就不难看清这一点. 和正向时一样, n 区和 p 区的费米能级 $(E_{\mathrm{F}})_{\mathrm{n}}$ 和 $(E_{\mathrm{F}})_{\mathrm{p}}$ 的水平线, 近似代表电子和空穴的准费米能级, 所以, 可以根据它们去求算载流子的浓度 n 和 p. 在图上我们把它们与 E_i 的交点标为 M 和 N.

我们看到, 在 M 和 N 之间的区域, E_i 在 $(E_{\mathrm{F}})_n$ 之上, 所以, 电子浓度公式 (3.23) 中的指数为负值. 这实际上意味着, 只要 E_i 在 $(E_{\mathrm{F}})_n$ 之上几个 kT, n 就远远小于 n_i. 同时, E_i 又处在 $(E_{\mathrm{F}})_p$ 之下, 所以, 空穴浓度公式 (3.24) 中同样是负指数, 故 $p \ll n_i$. 在这样的情况下, (2.69) 式中, 包含 n 和 p 的项和其他项相比, 都可以略去, 于是得到

$$\text{复合率} = \frac{-n_i^2}{\tau_{\mathrm{p}} n_1 + \tau_{\mathrm{n}} p_1}.$$

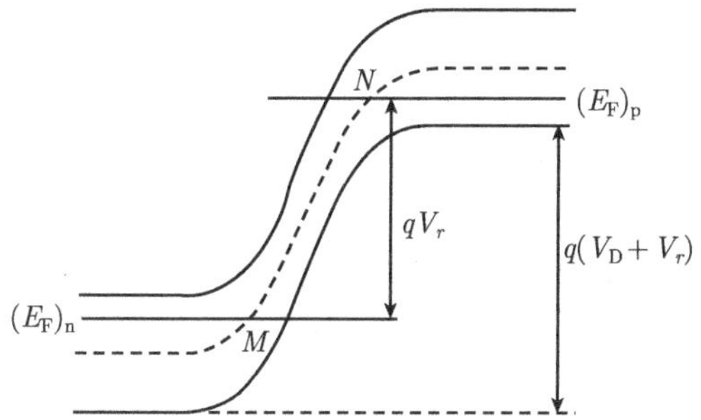

图 3.20

负值表示这里不是复合而是产生, 如果仍取 $n_1 = p_1 = n_i$(深能级), $\tau_{\mathrm{n}} = \tau_{\mathrm{p}} = \tau$, 就得到如下电子–空穴产生率:

$$\text{产生率} = \frac{n_i}{2\tau}. \tag{3.34}$$

可以拿它和 p 区与 n 区中最大的产生率作一比较. 在 p 型或 n 型半导体中, 最大的产生率发生在少子为 0 的情形, 在前章例题中已求出这种情况下的产生率为 $\dfrac{\text{平衡少子浓度}}{\tau}$. 这显然比前面空间电荷区中的产生率小得多, 因为

$$\text{平衡少子浓度} = \frac{n_i^2}{\text{多子浓度}} = \left(\frac{n_i}{\text{多子浓度}}\right) n_i \ll n_i.$$

从图 3.20 可见, 在较大的反向偏压下 $(qV_{\mathrm{r}} \gg \text{禁带宽})$, M 和 N 间的区域占据了整个空间电荷区的绝大部分, 所以, 可以认为在整个 pn 结空间电荷区的厚度 X_{m} 内, 电子–空穴产生率都等于 $m_i/2\tau$, 这样就可求得产生电流密度

$$j_{\mathrm{g}} = X_{\mathrm{m}} q \left(\frac{n_i}{2\tau}\right). \tag{3.35}$$

下面对空间电荷区产生电流和体内扩散电流, 这两类 pn 结反向电流作一些对比.

为了简单明确起见, 我们以 pn$^+$ 结为例 (n$^+$ 指 n 区为高掺杂浓度) 来估算体内扩散电流. 由 (3.20) 式可知, 体内扩散电流密度

$$j_{\mathrm{d}} = q \left(\frac{n_{\mathrm{p}} D_{\mathrm{n}}}{L_{\mathrm{n}}} + \frac{p_{\mathrm{n}} D_{\mathrm{p}}}{L_{\mathrm{p}}}\right),$$

是和平衡少子浓度 n_p 和 p_n 成比例的, 而在一个 pn⁺ 结中, n⁺ 区一边由于多子浓度很高, 平衡少子浓度很小, 所以, 体内扩散电流可以只计 p 区的电子电流,

$$j_d = q n_p \left(\frac{D_n}{L_n} \right). \tag{3.36}$$

对分式上下都乘以 L_n, 并利用关系式 $L_n^2 = D_n \tau$, 上式又可以写成

$$j_d = q \left(\frac{n_p}{\tau} \right) L_n. \tag{3.37}$$

取 (3.37) 式和空间电荷区产生电流 (3.35) 式的比值

$$\frac{j_d}{j_g} = \frac{q \left(\dfrac{n_p}{\tau} \right) L_n}{q \left(\dfrac{n_i}{2\tau} \right) X_m} = 2 \left(\frac{n_p}{n_i} \right) \left(\frac{L_n}{X_m} \right). \tag{3.38}$$

把 p 区少子浓度 n_p 用掺杂 (受主) 浓度 N_A 表示, 为

$$n_p = \frac{n_i^2}{N_A}$$

(3.38) 式可以写成

$$\frac{j_d}{j_g} = 2 \left(\frac{n_i}{N_A} \right) \left(\frac{L_n}{X_m} \right). \tag{3.39}$$

这一比值正比于 n_i, 表示对于由禁带宽不同的半导体制成的 pn 结, 禁带越窄, n_i 就越大, 所以体内扩散电流起的作用也越大. 这就是为什么锗 pn 结和硅 pn 结相比, 体内扩散电流更为重要的原因.

对硅 pn 结来说, 室温下 $n_i \approx 1.5 \times 10^{10} \text{cm}^{-3}$, 而掺杂浓度一般不低于 10^{15}cm^{-3}, 所以体内扩散电流和空间电荷区产生电流相比是很小的. 作为简单估算, 取典型值:

$$\tau = 1 \mu s = 10^{-6} s,$$

$$L_n = \sqrt{D_n \tau} \approx 6 \times 10^{-3} \text{cm},$$

$$n_p = 10^5 \text{cm}^{-3},$$

计算得到

$$j_d = q \left(\frac{n_p}{\tau} \right) L_n = 1.6 \times 10^{-19} \left(\frac{10^5}{10^{-6}} \right) \times 6 \times 10^{-3} \approx 10^{-10} (\text{A/cm}^2).$$

对于空间电荷区产生电流, 取

$$\tau = 10^{-6} s, \quad X_m = 3 \times 10^{-4} \text{cm}$$

则

$$j_g = q \left(\frac{n_i}{2\tau} \right) X_m = 1.6 \times 10^{-19} \left(\frac{1.5 \times 10^{10}}{2 \times 10^{-6}} \right) \times 3 \times 10^{-4} = 4 \times 10^{-7} (\text{A/cm}^2).$$

3.2.4 pn 结表面复合和产生电流

没有特殊保护的 pn 结表面, 对 pn 结的性能往往有严重的影响. 现在广泛使用的硅器件, 都是采用热氧化形成的二氧化硅作表面保护层. 它对 pn 结起了重要的保护作用, 但是, 有二氧化硅保护的硅器件表面仍对 pn 结有一定的影响, 引进了附加的复合和产生电流. 这种由表面引起的附加电流, 在有些情况下, 可以严重影响器件性能. 这有两种原因:

1. 表面电荷引起表面空间电荷区

实际的表面二氧化硅层中, 一般都含有一定数量的正电荷 (其中最常见的是工艺沾污引进的钠离子 Na^+). 这种表面电荷将吸引或排斥半导体内的载流子, 从而在表面内形成一定的空间电荷区 (第 4 章将详细讨论这种表面空间电荷区). 表面的正电荷如果足够多, 就会把 p 型硅表面附近的空穴排斥走, 形成一个基本上是由电离受主构成的空间电荷区, 对 pn 结的影响如图 3.21 所示. 图 3.21 是用平面工艺制造的 pn 结的一个示意图, 其中画出了 pn 结的空间电荷区和由氧化层正电荷引起的表面空间电荷区.

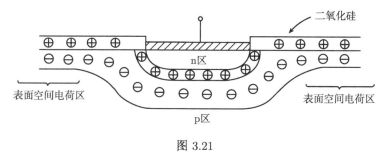

图 3.21

在前面我们看到, 在 pn 结空间电荷区中的复合中心, 比在中性的 n 区或 p 区, 可以发挥远远更强的电子–空穴的复合或产生作用, 因而, 在正向电压下造成附加的复合电流, 在反向电压下造成附加的产生电流. 由图 3.21 看到, 表面电荷引起的空间电荷区的作用, 使 pn 结的空间电荷区延展扩大. 实际上, 在表面空间电荷区中的复合中心, 和前面讨论的 pn 结空间电荷区中的复合中心一样, 给 pn 结相应地引进附加的正向复合电流和反向的产生电流. 表面空间电荷区越大, 所引起的附加电流也就越大. 通过第 4 章对表面空间电荷区的分析就会知道, pn 结表面的空间电荷区厚度, 一方面取决于氧化层电荷的数量, 另一方面又受制于 pn 结上所加的偏压. 简单地说, 在表面电荷足够多的情况下, 表面空间电荷区厚度随 pn 结偏压的变化, 是和 pn 结本身的空间电荷区变化大体相似的. 举例来说, 在反向偏压下, 表面空间电荷区厚度也是随反向偏压的增加不断加大的; 但是, 当表面空间电荷区中电荷的数量已达到和氧化层电荷相等时, 厚度就不再增加. 这就是说, 这时, 由于氧化层电荷数量有限, 使表面空间电荷区不能再随反向偏压增大.

2. Si-SiO₂ 交界面的界面态

在 Si(硅) 和 SiO₂(二氧化硅) 的交界面, 往往存在着相当数量的、位于禁带中的能级, 常被称为界面态 (有时也称表面态). 它们的作用类似体内的杂质能级, 能接受、放出电子, 往往可以起复合中心的作用. 界面态的复合和产生作用, 也同样由于表面电荷引起的空间电荷区而得到极大的加强. 这就是说, Si-SiO₂ 交界面的界面态实际上构成一些额外的复合中心, 特别是在表面电荷引起表面空间电荷区的情况下, 它们将对 pn 结引进附加的复合和产生电流.

界面态造成的复合和产生电流, 可以采用和前面完全相似的方法进行分析. 如果用 N_S 表示单位面积上的界面态的数目, 每一界面态相当于一个复合中心, 所以, 在单位面积上的复合率 (下称单位表面复合率) 可以写成

$$单位表面复合率 = \frac{N_S r_- r_+ (n_S p_S - n_i^2)}{r_-(n_S + n_1) + r_+(p_S + p_1)}, \tag{3.40}$$

n_S、p_S 表示在 Si-SiO₂ 界面处的载流子浓度. 仍作类似以前的简化假设:

$$r_- = r_+ = r \quad (相当于前面的 \tau_p = \tau_n = \tau),$$

并令

$$s_0 = N_S r,$$

于是, 由 (3.40) 式得到

$$单位表面复合率 = \frac{s_0(n_S p_S - n_i^2)}{(n_S + p_S) + (n_1 + p_1)}. \tag{3.41}$$

这里的常数 s_0 相当于前面讨论的体内复合的 $N_t r = 1/\tau$.

和前面讨论 pn 结空间电荷区复合电流的道理一样, 表面复合率最大, 是当

$$n_S = p_S = n_i e^{\frac{1}{2}qV_f/kT},$$

与之相比, 可以忽略 n_i, n_1, p_1(对深能级界面态) 时, 由 (3.41) 式得

$$最大单位表面复合率 = \frac{1}{2} s_0 n_i e^{\frac{1}{2}qV_f/kT}. \tag{3.42}$$

在表面电荷足够多, pn 结反向偏压足够大的情况下, 在表面处, n_S 和 p_S 都将远小于 n_i(参见第 4 章), 在 (3.41) 式的表面复合率公式中可以略去 n_S、p_S, 于是得到

$$单位表面复合率 = -\frac{s_0 n_i^2}{(n_1 + p_1)}, \tag{3.43}$$

出现负号是表示, 在反向偏压下发生的是产生而不是复合. 假使界面态是在禁带正中, $n_1 = p_1 = n_i$, 它代表产生率最大的情况:

$$\text{最大单位表面产生率} = \frac{1}{2} n_i s_0. \tag{3.44}$$

一般 Si-SiO$_2$ 界面的 s_0 大致是在 100cm/s 的数量级.

3.3 晶体管的电流放大作用

晶体管是最重要的半导体结型器件. 这一节我们着重分析晶体管的电流放大作用, 通过这个分析将有助于我们加深对 pn 结正向、反向特性的理解.

3.3.1 晶体管的基本结构

晶体管由两个相邻很近的 pn 结组成. 目前制造晶体管的典型办法是采用 "平面工艺技术". 以平面外延 npn 晶体管为例, 在高掺杂的 n$^+$ 型衬底上, 外延生长一层低掺杂的 n 型外延层, 然后氧化硅片表面、光刻氧化层、开出窗口, 通过窗口扩散掺入受主杂质 (如硼), 形成 p 型层和一个 pn 结. 再经过氧化、光刻开出较小的窗口, 通过窗口扩散掺入施主杂质 (例如磷), 形成 n$^+$ 型层和第二个 pn 结. 引出电极, 就得到如图 3.22 所示的晶体管结构 (纵剖面).

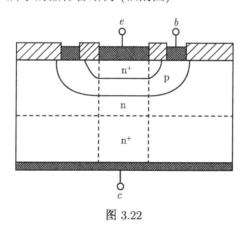

图 3.22

为了简单, 我们往往简化成理想的一维模型, 如图 3.23 所示. 它相当于在图 3.22 中沿虚线截下的部分.

上面讲的是 npn 晶体管, 它的基本结构是两个 n 型层中间夹着一个很薄的 p 型层, 这个 p 型层叫 "基区", 两个 n 型层分别叫做发射区和集电区 (在这里 n$^+$ 层为发射区). 隔在它们之间的是两个 pn 结, 第一个叫发射结, 第二个叫集电结. 晶体管的基区很薄 (如 1μm), 因此两个 pn 结彼此很靠近, 这一点对了解晶体管工作原理是十分重要的. 三个区域引出三根电极引线, 叫发射极、基极、集电极, 分别用字母 e、b、c 表示. pnp 晶体管的结构是完全类似的, 只是 n 区和 p 区地位相互颠倒而已.

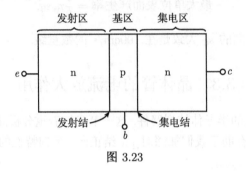

图 3.23

3.3.2   电流放大原理

用于晶体管的电流放大特性, 在电路中的典型接法如图 3.24 所示, 在这里我们仍以 npn 晶体管为例. 通常是发射极接地, 在 b, e 间加一较小的电压 V_{be}, 使发射结处于正向而在 c, e 间加较高的电压 V_{ce}. 这时虽然 b 点电势比 e 点高, 但 V_{ce} 比 V_{be} 大, 所以 c 点电势比 b 点高, 集电结处于反向. 这种电路接法的目的就是要使发射结处于正向、集电结处于反向.

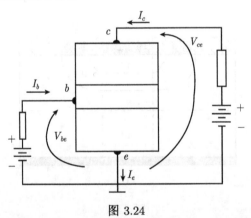

图 3.24

假如我们把基极断开, 只在 e, c 间加一个电压 V_{ce}, 因为此时发射结和集电结串连在电路中. 而集电结处于反向, 电阻很大, 外加电压几乎全部加在集电结上, 整个电路由于受到反向集电结的限制, 实际上, 基本上没有电流流过.

如果接通基极电路 (图 3.24), 发射结这时单独地加上了正向电压, 在这种情况下, 晶体管通导电流. 通过发射极、基极、集电极的电流一般分别用 I_e、I_b、I_c 表示, 其方向也标明在图 3.24 上. 改变 I_b 的大小, 就会发现 I_c 将按照 I_b 的很大的倍数而变化. 这就是说, 可以通过电流 I_b 的一个小的变化, 使 I_c 大很多倍的变化, 这就是电流放大的意思.

当接通基极电路时, 发射结处于正向. 因此, 发射区要向基区注入电子, 基区也要向发射区注入空穴. 这是外加电压削弱了发射结空间电荷区中的电场, 使载流子的扩散运动超过了漂移运动的结果.

正向发射结把电子注入到 p 型基区, 基区宽度 W 远远小于扩散长度, 注入到基区的电子来不及复合就扩散到反向集电结的边界, 被反向集电结的抽取作用拉向集电区. 这时集电结虽然处于反向, 但却流过很大的反向电流. 即处于反向大电流状态. 正是由于发射结的正向注入作用和集电结反向抽取作用, 使得有一股电子流由发射区流向集电区, 下面将看到, 这是晶体管所以能有电流放大作用的基础.

由上面的分析可知, 这时发射结正向电流 I_e 实际上由两部分组成: 一是注入到基区的电子电流 I_{ne}; 另一是注入到发射区的空穴电流 I_{pe}. 通常总是使 $I_{pe} \ll I_{ne}$(如小于 1%). 注入到基区的电子电流, 边扩散、边复合到达集电结, 实际上也分成两股电流: 一股是基区复合电流 I_{rb}, 这部分代表由于在基区中复合而损失的电子; 另一股是未在基区复合而能达到集电结的电子, 它们成为集电极电流 I_c. 由于基区有意做的很薄, 保证基区复合很少, 所以 $I_{rb} \ll I_c$(如小于 1%). 晶体管中电流传输的以上种种情况, 形象地表示在图 3.25 中.

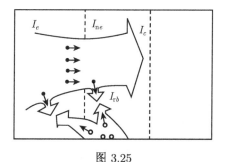

图 3.25

根据上面对晶体管内电流的分析, 可以写出下列关系式:

$$I_e = I_{pe} + I_{ne}, \tag{3.45}$$

$$I_{ne} = I_{rb} + I_c. \tag{3.46}$$

把 (3.46) 式代入 (3.45) 式, 则有

$$I_e = I_{pe} + I_{rb} + I_c. \tag{3.47}$$

等式右边的前两项, 实际上就是基极电流 I_b. 它由两部分组成: 一部分是基区向发射区注入的空穴电流 I_{pe}; 一部分是在基区中与电子复合的空穴电流 I_{rb}, 即 (参见

图 3.25)

$$I_b = I_{pe} + I_{rb}. \tag{3.48}$$

由此可见, 总的发射极电流 I_e 等于到达集电极的电子电流 I_c 和通过基极流入晶体管的空穴电流 I_b 之和, 即

$$I_e = I_b + I_c. \tag{3.49}$$

对于一支合格晶体管, I_c 是十分接近 I_e 的, 而 I_b 是很小的 (如只有 I_c 的百分之一二).

为表示晶体管的电流放大能力, 通常引入两个参数: 共基极电流放大系数

$$\alpha = \frac{I_c}{I_e} \tag{3.50}$$

和共发射极电流放大系数

$$\beta = \frac{I_c}{I_b}. \tag{3.51}$$

很明显, 根据 $I_e = I_b + I_c$, 二者之间的相互关系为

$$\beta = \frac{I_c}{I_b} = \frac{I_c}{I_e - I_c} = \frac{\alpha}{1-\alpha}. \tag{3.52}$$

由于 I_c 十分接近 I_e, 所以共基极电流放大系数 α 十分接近于 1, 而共发射极电流放大系数 β 就远大于 1, 一般在 20~150. 这就意味着可用电流 I_b 的微小变化去控制电流 I_c 作大幅度的变化, 而形成电流放大.

3.3.3   电流放大系数与哪些因素有关

为了讨论电流放大系数与哪些因素有关, 我们引入两个中间参量: 注入比 γ 和基区输运系数 β^*, 它们的定义为

$$\gamma = \frac{发射结注入的电子电流 \ I_{ne}}{发射结的总电流 \ I_e} = \frac{I_{ne}}{I_e}, \tag{3.53}$$

$$\beta^* = \frac{到达集电结的电子电流 \ I_c}{发射结注入的电子电流 \ I_{ne}} = \frac{I_c}{I_{ne}}. \tag{3.54}$$

可以看出 γ 和 β^* 都是十分接近于 1, 而又总是小于 1 的. 很容易证明

$$\alpha = \gamma\beta^*. \tag{3.55}$$

将 (3.55) 式代入 (3.52) 式,

$$\beta = \frac{\alpha}{1-\alpha} \approx \frac{1}{1-\alpha} = \frac{1}{1-\gamma\beta^*}, \tag{3.56}$$

或者写成

$$\frac{1}{\beta} = 1 - \gamma\beta^*. \tag{3.57}$$

为了提高共发射极电流放大系数 β, 就需要尽量提高注入比 γ 和基区输运系数 β^*, 使它们尽量趋近于 1.

通常提高注入比的途径有二: 一是通过控制发射区与基区的掺杂浓度来提高电子的注入比. 根据对 pn 结电流的讨论, 注入到 p 区的电子电流与 p 区中热平衡时的少子 (电子) 浓度 n_p 成比例, 注入到 n 区的空穴电流, 与 n 区中热平衡时的少子 (空穴) 浓度 p_n 成比例. 我们只要让发射区的掺杂浓度 $N_D \gg$ 基区的掺杂浓度 N_A, 根据热平衡条件 [(2.11) 式], 发射区中少子浓度 p_n 将远远小于基区中的少子浓度 n_p, 从而使电子注入比 γ 趋向于 1. 提高电子注入比的另一个途径, 是增大注入到基区的电子的浓度分布梯度, 从而提高电子扩散电流密度. 办法就是让集电结和发射结靠得很近. 由于反向集电结的抽取作用, 使靠近集电结的电子接近于零 (图 3.26). 基区宽度 W 越小, 电子浓度的变化梯度越大, 在 $W \ll L_n$ 的情况下, 基区中电子浓度分布, 可以认为是直线性的变化, 如图 3.26 所示. 这时电子浓度分布的梯度为

$$\frac{n_p e^{qV/kT} - 0}{W},$$

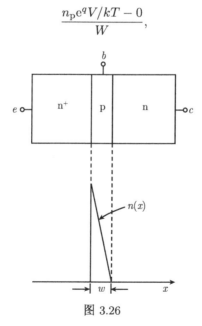

图 3.26

其中 $n_p e^{qV/kT}$ 为注入到基区边界的电子浓度. 所以, 电子扩散电流为

$$I_{ne} = AqD_n\frac{n_p}{W}e^{qV/kT}, \tag{3.58}$$

其中 A 为发射结面积. 根据 3.1 节的 (3.12) 式可以写出空穴电流

$$I_{pe} = AqD_p \frac{p_n}{L_p} e^{qV/kT}. \tag{3.59}$$

注入比 (简化假设 $D_n - D_p$)

$$\gamma = \frac{I_{ne}}{I_e} = \frac{I_{ne}}{I_{ne}+I_{pe}} = \frac{1}{1+\dfrac{I_{pe}}{I_{ne}}} = \frac{1}{1+\dfrac{Wp_n}{L_p n_p}}. \tag{3.60}$$

把热平衡的 (2.11) 式代入 (3.60) 式, 有

$$\gamma = \frac{1}{1+\left(\dfrac{W}{L_p}\right)\left(\dfrac{N_A}{N_D}\right)}. \tag{3.61}$$

从这个公式可以清楚地看到, 通过上述的两途径, 即增大 N_D/N_A 和减小基区宽度 W 可以使 γ 接近 1, 从而提高 β.

基区输运系数 β^* 的大小取决于基区的复合. 我们知道当 pn 结加正向偏压时, 电子从 n 区注入到 p 区, 空穴从 p 区注入到 n 区, 它们都是非平衡载流子, 在 pn 结两侧形成一定的分布. 在晶体管中, 加正偏压的发射结注入到两侧的非平衡载流子浓度如图 3.27 所示. 正是积累在基区的非平衡载流子的数目决定了基区复合电流 I_{rb} 的大小. 具体来讲, 基区复合电流 I_{rb} 应为

$$I_{rb} = (单位时间基区中复合的电子数)q$$

$$= q\frac{(基区中积累的注入电子数)}{\tau_{nb}}, \tag{3.62}$$

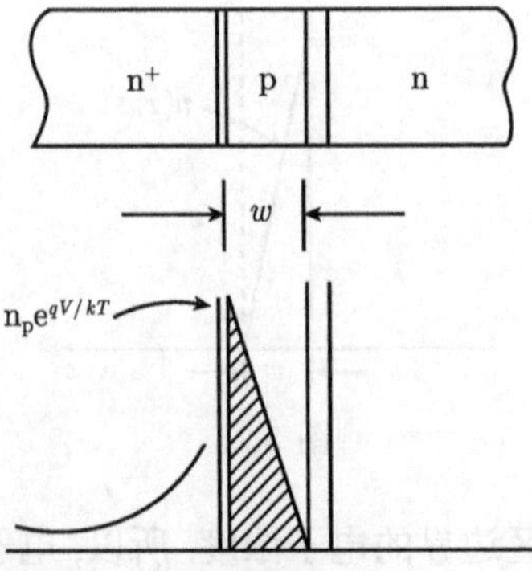

图 3.27

其中 τ_{nb} 表示在基区的少子 (电子) 寿命. 基区中积累的注入电子, 基本上等于图 3.27 载流子浓度分布曲线下的面积. 在基区很窄的实际情况下, 基区的分布近似是直线性的, 所以根据三角形面积公式有

$$\text{基区积累的注入电子数} = \frac{1}{2}AWn_{\mathrm{p}}\mathrm{e}^{qV/kT}, \tag{3.63}$$

其中 $n_{\mathrm{p}}\mathrm{e}^{qV/kT}$ 为发射结加正向偏压 V 时, 基区边界处少子的浓度. 将 (3.63) 式代入 (3.62) 式, 得

$$I_{rb} = q\left(\frac{\frac{1}{2}AWn_{\mathrm{p}}\mathrm{e}^{qV/kT}}{\tau_{nb}}\right), \tag{3.64}$$

和 (3.58) 式表示的注入到基区的电子电流相比,

$$\frac{I_{rb}}{I_{ne}} = \frac{1}{2}\frac{W^2}{D_{\mathrm{n}}\tau_{nb}} = \frac{1}{2}\frac{W^2}{L_{\mathrm{n}}^2}, \tag{3.65}$$

所以表示基区输运系数 β^* 的 (3.54) 式可以写成

$$\beta^* = \frac{I_c}{I_{ne}} = \frac{I_{ne} - I_{rb}}{I_{ne}} = 1 - \frac{I_{rb}}{I_{ne}} = 1 - \frac{1}{2}\frac{W^2}{L_{\mathrm{n}}^2}. \tag{3.66}$$

由此可以看出, 只要当基区宽度 $W \ll$ 扩散长度 L_{n}, 就可以使 $\beta^* \approx 1$.

根据上面的分析, 电流放大系数主要与发射区、基区掺杂浓度和基区宽度有关. 在实际工作中, 可以用适当提高发射区掺杂浓度和减小基区宽度的办法来提高电流放大系数 β.

在晶体管的发展过程中, 人们逐渐的认识到影响电流放大系数 β 的因素还有, 发射结空间电荷区中的复合、基区表面复合以及发射区的高掺杂效应(见 3.4 节)等.

在 3.2 节我们曾经讨论 pn 结空间电荷区中的复合电流 I_{rg}. 发射结空间电荷区中的复合电流 I_{rge} 使得注入比 γ 下降, 因为这时发射极总电流实际上由三部分组成, 即

$$I_e = I_{ne} + I_{pe} + I_{rge}. \tag{3.67}$$

也就是说, 发射结空间电荷区的复合电流使发射极总电流 I_e 增大了, 而对于注入到基区的电子电流 I_{ne} 没有贡献, 因而注入比 γ 下降了.

$$\gamma = \frac{I_{ne}}{I_e} = \frac{I_{ne}}{I_{ne} + I_{pe} + I_{rge}} = \frac{1}{1 + \dfrac{I_{pe}}{I_{ne}} + \dfrac{I_{rge}}{I_{ne}}} \tag{3.68}$$

在分母中增加了 I_{rge}/I_{ne} 一项. 减小 I_{rge} 的办法就是尽量减少空间电荷区中的复合中心. 通常认为这些复合中心是来源于原始单晶材料, 或者是在工艺中引入的重金属杂质原子, 如铜、镍、铁、锰等.

正像 3.2 节讨论的那样, 对于硅器件的 Si-SiO$_2$ 表面, 由于存在表面正电荷和界面态, 在 p 型基区表面将造成附加的复合电流, 称为基区表面复合电流. 从 3.3 节的讨论还可以看到, 表面复合电流的基本特点是和空间电荷区复合电流完全相似的. 它同样代表从发射区来的电子与从基区来的空穴相复合, 所以它也同样是发射结电流中, 一股不能转变为集电极电流的附加电流. 表面复合电流也是使 β 减小的一个重要原因.

3.3 节的具体分析表明, pn 结空间电荷区复合电流和表面复合电流, 随正向电压的增加比正向注入电流慢. 空间电荷区的电流, 基本上是按照指数函数 $e^{qV/2kT}$ 随电压变化的. 表面复合电流大多数情况下是类似的. 由于这个原因, 特别是在小电流下, 这两部分复合电流起重要作用, 造成晶体管的 β 在小电流下下降的现象.

用 $I - V$ 测量 (电流–电压关系) 分析集电极电流 I_c 和基极电流 I_b 随发射结电压的变化, 可以清楚地指明复合电流对电流放大系数的影响. 一般测出的集电极电流的 $\lg I_c - V$ 曲线是一条直线, 斜率为 $(q/kT)\lg e$, 这正是因为, 只有按 $e^{qV/kT}$ 变化的正向注入电流才有可能达到集电结, 成为集电极电流 I_c. 而由基极电流测出的 $\lg I_b - V$ 曲线, 在小电流下斜率比较小, 接近 $(q/2kT)\lg e$, 只有在较大电流下斜率才接近 $(q/kT)/\lg e$. 这就表明, 在小电流下, 基极电流主要是空间电荷区复合电流基区表面复合电流, 从而导致 β 下降.

3.4　高掺杂的半导体和 pn 结

半导体掺杂达到较高的浓度时 (如在硅、锗中掺杂达到 $10^{18} \sim 10^{19} \text{cm}^{-3}$ 的数量级), 杂质能级, 能带以及电子的统计分布, 都将发生显著的变化, 出现新的特征. 这种高掺杂带来的变化 pn 结的性质可以发生重要的影响. 为此, 这一节对高掺杂的问题做一些初步的介绍.

3.4.1　高掺杂半导体

在前面讨论杂质能级时, 我们一直把杂质原子看作是相互独立的, 它们各自束缚自己的电子 (空穴), 而互不干扰. 实际上, 这种看法只适合于掺杂浓度较低的情形. 拿硅、锗等材料中的III、V族元素这样一些浅能极杂质来说, 由于它们上面的电子 (空穴) 轨道半径很大 (约十个原子), 它们的浓度只要达到 $10^8 \sim 10^{19} \text{cm}^{-3}$, 不同杂质原子上的轨道就要发生显著的相互重叠. 在这种情况下, 杂质能级之间也要发生类似于能带的形成过程:

(1) 即使不电离, 电子 (空穴) 也不再被束缚在固定的杂质原子上, 而是可以在整个半导体中穿行.

(2) 单一的杂质能级将转变为一系列高低不同的能级组成的 "带", 称为杂质带,杂质带的宽度随着掺杂浓度的增高而加宽.

高掺杂不仅使杂质能级发生变化, 而且也引起能带的变化. 我们知道, 能带反映的是电子在晶格原子中做共有化运动. 当杂质浓度较高时, 电子在晶格中运动不仅受到原来晶格原子的作用, 而且也要受到杂质原子的作用, 因为杂质原子是无规则分布在晶格之中的, 所以, 电子通过晶格各点受到杂质作用的强弱也是无规则变化的. 具体的理论分析证明, 这种无规则变化的杂质作用, 使能带失去明确的边缘, 而产生一个伸入到禁带中的 "尾".

由于发生杂质带和能带尾, 就使高掺杂半导体的杂质能级和能带相互连接起来. 图 3.28 以高掺杂的 n 型半导体为例. 画出了施主杂质带和导带的能态密度的示意图.

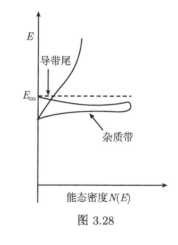

图 3.28

在以前的讨论中, 我们一直认为费米能级总是位于禁带中的. 这是和常温下浅能级杂质基本全部电离相一致的. 因为, 对 n 型半导体, 要施主能级基本上电离, E_F 必须在施主能级以下, 对 p 型半导体, 要受主能级基本上电离, E_F 必须在受主能级之上, 两种情况都意味着 E_F 在禁带之中. 然而高掺杂使这种情形发生了根本的变化. 一方面, 杂质能级和能带 (施主和导带, 或受主和价带) 相连接, 而不再有杂质电离的问题. 另一方面, 高掺杂带来的大量载流子, 使费米能级进入联合的能带 (能带 + 杂质带) 之中, 如图 3.29 和图 3.30 所示.

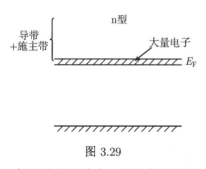

图 3.29

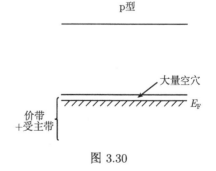

图 3.30

在以前的讨论中, 由于费米能级在禁带中, 导带能级很空, 电子占据概率可以近似写成 (2.35) 式的形式. 而价带能级则很满, 空穴占据概率可以近似写成 (2.37)

式的形式. 现在费米能级进入了能带, 这样的近似不再适用, 而必须采用

$$f(E) = \frac{1}{1 + e^{E - E_F / kT}}.$$

费米能级进入能带所带来的这种后果, 在电子统计分布的理论中往往称为 "简并化". 所以, 高掺杂半导体有时也被称为简并化半导体.

3.4.2   隧道二极管

隧道二极管是一种高掺杂 pn 结二极管, 它具有独特的伏安特性 (图 3.31). 隧道二极管的发现是研究高掺杂 pn 结所获得的一项突出成果. 最初是在锗二极管中发现的, 当 n 区和 p 区掺杂浓度都达到 $10^{18} \sim 10^{19} \mathrm{cm}^{-3}$ 时, 在正向的伏-安特性曲线上出现一个电流峰. 随后在一些其他的材料上也获得了类似的结果. 图 3.31 是在几种不同半导体材料中观察到的这种典型的伏-安特性曲线 (其中电流都是以各自的电流峰值 I_0 的百分比表示的, 所以, 它们的电流峰高都统一为 100%).

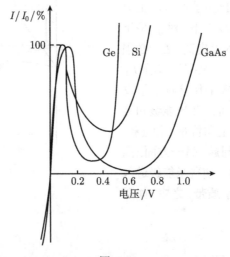

图 3.31

我们看到, 在正向小电压下, 电流先上升, 达到一个峰值, 电压再增加时电流反而下降, 最后, 当正向电压达到一定值时, 电流陡直地增大. 实际上, 最后陡直上升的电流, 就是 pn 结到达导通电压时, 正常的正向注入 (复合) 电流. 所以, 高掺杂 pn 结在正向的特征, 主要表现在低电压下出现的电流峰.

正向电流峰的出现, 是在高掺杂条件下费米能级进入能带的结果. 下面我们具体来说明这个道理. 图 3.32 是 n 区, p 区都是高掺杂的 pn 结的能带图. 由于高掺杂, n 区和 p 区的费米能级分别进入了导带和价带. 图中 3.32(a) 表示不加偏压的平衡结, 两边费米能级在同一水平; 图中 3.32(b) 表示在小的正向电压 V_f 下的 pn

结, n 区费米能级比 p 区高 qV_f. 为了简单明了地反映出问题的实质, 在图中我们把费米能级以下画成阴黑的, 以表示已为电子填满, 同时把费米能级以上留为空白, 以表示能级是空的 (这实际上相当于 kT 很小的极端情形). 从图上看到, 在 n 区一边, 由于费米能级进入导带, 导带底部能级填满大量电子, 而在 p 区一边, 由于费米能级进入价带, 价带顶部留着大量的空能级. 在小正向电压的情况 [图 3.32(b)], n 区导带的大量电子正好与 p 区价带的空能级相对, 中间隔有一段禁带的区域. 电子运动的量子理论早已在类似的问题中证明, 只要这样的禁带区域足够短, 电子是可以从一边穿透到另一边去的, 这种效应被形象地称为隧道效应. 由于这里 pn 结是高掺杂的, 结区特别窄, 电子需要穿过的隧道很短, 所以在这样的结中, n 区导带的电子能够顺利地通过隧道效应, 穿透到 p 区价带顶的空能级, 这样就构成了在小的正向电压下, 一股通过 pn 结的电流.

正是这股隧道电流, 在伏–安特性曲线上表现为一个电流峰. 从图 3.32(a), 0 偏压 0 电流的情形开始, 随着正向电压 V_f 的增加, 而出现了图 3.32(b) 中的情形. 在这个过程中, 显然隧道电流从无到有, 是随 V_f 增加的. 然而, 一旦 n 区费米能级超过 p 区价带顶 (图 3.33), 将有越来越多的导带电子, 不再能穿透到价带空能级中去, 所以, 隧道电流这时也将随电压 V_f 的增大而下降. 当 n 区导带已全部在 p 区价带之上时, 隧道电流应降为 0(实际上, 由于 n 区导带和 p 区价带都有带尾伸进禁带, 它们间的隧道电流并不完全为 0), 电压再增加就只有一般 pn 结的正向注入 (或复合电流) 电流了 (图 3.34). 当然,

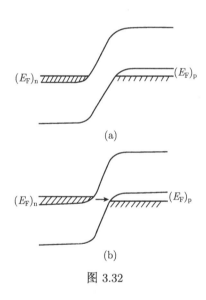

(a)

(b)

图 3.32

在伏–安特性上, 只有到达正向导通电压时, 这种正向注入电流才变得明显起来.

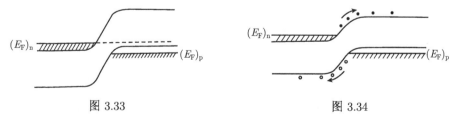

图 3.33   图 3.34

隧道二极管的反向特性也是和一般 pn 结二极管完全不同的. 从图 3.31 可以约略看到, 隧道二极管的反向电流很大, 并且随反向电压迅速增大. 图 3.35 是加了

反向偏压的 pn 结能带图, p 区的费米能级高于 n 区. 图中箭头表示, 在这种情况下, 价带电子将通过隧道效应穿透到导带中去. 正是这种反向的隧道电流, 构成了隧道二极管的反向大电流.

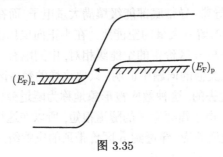

图 3.35

隧道穿透一般不受渡越时间的限制, 而且隧道电流并不引起非平衡载流子, 不涉及扩散运动. 这些特点使隧道二极管成为一种具有独特伏安特性的, 适用于极高频率和速度的电子器件.

3.4.3   晶体管发射区的高掺杂效应

一般晶体管为了获得高的注入比 γ, 发射区都是高掺杂的, 浓度达到 $10^{20}\mathrm{cm}^{-3}$ 的数量级. 这样高掺杂的发射区对晶体管有什么特殊影响呢? 过去, 在对晶体管的一般分析中, 并没有特别去注意高掺杂效应的问题. 只是近年来, 由于发现实际晶体管的注入比, 往往比理论估算值低许多倍, 才引起了人们的注意, 对发射区的高掺杂效应进行了比较集中的研究. 虽然目前对这个问题还没有完全肯定的结论, 但是, 有较多的研究工作表明, 发射区的高掺杂效应是使晶体管注入比下降的一个主要原因.

图 3.36 是从理论上计算了高掺杂 n 型硅的杂质带和导带尾后求出的费米能级. 图中还同时用虚线表示出不考虑高掺杂效应时的费米能级. 我们看到, 当掺杂浓度达 $10^{18} \sim 10^{19}\mathrm{cm}^{-3}$ 以上时, 费米能级比不考虑高掺杂效应时显著降低, 所以相应地缩短了与价带的距离. 由此引起的一个重要结果是使平衡少子 (空穴) 浓度增大. 这种由于高掺杂效应致使少子浓度增大的效果往往根据

$$少子浓度 = \frac{n_i^2}{多子浓度}$$

的关系式, 引入一个有效的本征浓度 n_{ie} 来加以描述, 即把少子浓度写成 $\dfrac{n_{ie}^2}{多子浓度}$. 这样, 高掺杂效应就表现为使 $n_{ie} > n_i$. 图 3.37 汇集了三项不同的研究工作中, 对高掺杂 n 型硅中 n_{ie} 的估算值. 虽然对 n_{ie} 的估计还存在较大的差别, 但是, 可以看到当掺杂超过 $10^{20}\mathrm{cm}^{-3}$ 时, 少子浓度 ($\propto n_{ie}^2$) 将增大十倍到一百倍. 高掺杂发射区

中少子浓度如果有这样大的增加, 显然将使从基区注入到发射区的电流相应增大. 这就是说, 除去以前分析的, 增大发射区掺杂浓度有增大注入比和电流放大系数 β 的作用外, 发射区的高掺杂效应将同时带来完全相反的作用. 从图 3.37 的数据看, 这种高掺杂效应, 随着浓度提高到 $10^{20}\mathrm{cm}^{-3}$, 影响将越来越大, 图 3.38 是考虑到高掺杂效应, 对 npn 硅晶体管发射区表面浓度, 如何影响电流放大系数的一项理论估算结果 (按基区扩散结深 $3\mu\mathrm{m}$, 表面浓度 $10^{18}\mathrm{cm}^{-3}$, 发射结深 $1.8\mu\mathrm{m}$ 估算). 对于这个问题, 在不同研究工作中, 估算的具体结果虽有不同, 但都说明, 由于高掺杂效应, 为了得到最大的放大系数 β, 发射区掺杂浓度并不是越高越好, 而是存在着一个最佳值.

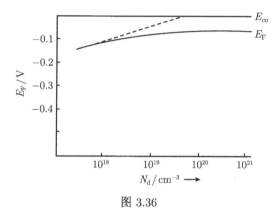

图 3.36

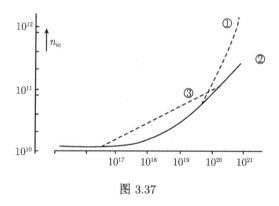

图 3.37

因为一般半导体的本征浓度 n_i 是和禁带宽 E_g 相联系的, 即

$$n_u \propto \mathrm{e}^{-E_\mathrm{g}/kT},$$

所以, 有时就把以上讨论的高掺杂效应, 看成是一种禁带变窄的效应. 当然, 实质上这里涉及的并不是一个简单的禁带宽窄的问题, 而是能级和能带的结构本身有了

改变.

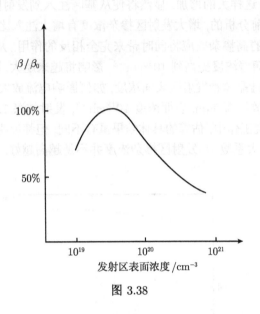

图 3.38

3.5   pn 结的击穿

前面已经指出, pn 结在加反向偏压时, 电流是很小的. 但是, 当反向偏压增加到某一电压 V_B 时, 反向电流会很快增加, 如图 3.39 所示. 这种现象就叫做 pn 结的击穿现象, 发生击穿时的电压值 V_B 称为击穿电压. pn 结击穿是 pn 结的一个重要电学性质, 半导体器件对击穿电压都有一定的要求. 击穿电压给出了加在 pn 结上的反向偏压的上限, 在这个意义上, 可以说, 击穿现象限制了 pn 结的工作, 是不利因素. 但是, 任何事物都是一分为二的, 只要人们掌握了击穿现象的规律, 就可以变不利为有利. 例如, 稳压二极管就是利用击穿电压附近电流变化很大, 而电压变化很小这一特性制成的, 近年来发展很快的雪崩渡越时间二极管, 则是利用击穿现象来实现微波振荡, 做成了微波功率源.

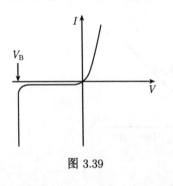

图 3.39

3.5.1   两种击穿机构

我们首先介绍 pn 结击穿的两种机构: 一是所谓雪崩击穿; 另一是所谓隧道击穿 (又称齐纳击穿).

雪崩击穿的物理过程, 简单地说, 就是当 pn 结反向偏压增加时, 空间电荷区中的电场随着增强, 因而通过空间电荷区的电子和空穴可以在电场作用下获得很大的能量. 大家知道, 载流子在晶体中运动时, 不断与晶格原子发生 "碰撞", 当电子和空穴的能量足够大时, 通过这样的碰撞, 可以使满带电子激发到导带, 形成电子–空穴对, 这种现象称为 "碰撞电离". 新产生的电子和空穴以及原有的电子和空穴, 在电场作用下, 向相反方向运动, 重新获得能量, 又可以通过碰撞, 再产生电子–空穴对, 图 3.40 形象地描绘出, 怎样从一个空穴开始, 通过逐次的碰撞电离, 可以辗转产生许多电子–空穴对. 由于载流子的这种增加过程具有 "雪崩" 的特征, 所以称为雪崩倍增效应. 雪崩的突出特点是, 一旦发生, 发展就十分猛烈. 所以, 当 pn 结反向电压增大到电子、空穴能发生碰撞电离时, 由于载流子的雪崩倍增, 就会使反向电流十分迅速地增大起来, 从而发生击穿, 这就是所谓雪崩击穿.

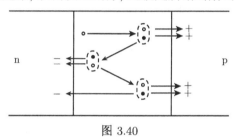

图 3.40

隧道击穿的物理过程和雪崩击穿是很不相同的. 利用能带图最容易说明隧道击穿的过程. 图 3.41 是加反向偏压的 pn 结能带图. 我们看到, 在空间电荷区中, 由于在反向偏压下能带陡峻地倾斜, 价带的电子有可能通过隧道效应穿过禁带而到导带中去, 从而构成一股通过 pn 结的反向电流 (如图中所示, 隧道穿透的结果是形成一对电子和空穴, 它们将被分别扫向 n 区和 p 区), 一般 pn 结在反向偏压下并不发生这种反向隧道电流, 是因为需要穿透的禁带区域太宽, 或者说隧道太长. 在 3.4 节已经指出过, 只有隧道足够短时电子才能穿透, 实际上, 电子穿透禁带的概率是强烈地依赖于隧道长度的. 从图 3.42 的能带示意图看到, 隧道的长度 d 和能带倾斜

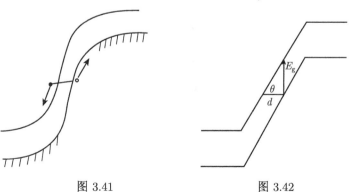

图 3.41   图 3.42

的斜率之间有下列关系:

$$d \tan \theta = E_g, \tag{3.69}$$

E_g 是禁带宽度, 它是不随地点改变的. 我们知道, 能带倾斜反映它是随电子的电势能 $-qV(x)$ 变化的, 所以

$$\tan \theta = \frac{\mathrm{d}(-qV(x))}{\mathrm{d}x} = qE, \tag{3.70}$$

$E = -\mathrm{d}V/\mathrm{d}x$, 就是电场强度. 把 (3.70) 式代入 (3.69) 式得

$$d = \frac{E_g}{qE}. \tag{3.71}$$

这就是说, 隧道长度是由电场强度决定的, 电场越强, 能带就越倾斜, 隧道也就越短. 因此, 只要空间电荷区中的电场达到足够强度, 就可以有大量价带电子通过隧道效应穿透到导带, 使反向电流迅速上升, 从而发生隧道击穿现象.

以上两种机构是完全不同的, 归纳起来有以下主要区别:

(1) 隧道击穿主要取决于空间电荷区中的最大电场; 然而, 碰撞电离机构中, 载流子能量的增加需要一个加速过程, 显然, 空间电荷区愈宽, 倍增次数愈多, 因此雪崩击穿除与电场有关外, 还与空间电荷区宽度有关.

(2) 因为雪崩击穿是碰撞电离的结果, 如果我们用光照或快速粒子轰击等办法, 增加进入空间电荷区的电子和空穴, 它们同样会有倍增效应. 而上述作用, 对于隧道击穿则不会有明显的影响.

(3) 由隧道效应决定的击穿, 其击穿电压随温度升高而减小, 即击穿电压的温度系数是负的, 这是因为温度升高禁带宽度减小, 使隧道长度 $d = \dfrac{E_g}{qE}$ 减小的结果. 而由雪崩倍增决定的击穿电压, 随温度升高而增加, 即击穿电压的温度系数是正的. 这是因为随着温度的升高, 载流子自由程减小, 使雪崩倍增的碰撞电离率减小的结果.

根据以上的特点, 可以在实验中区分两种击穿机构. 对于掺杂浓度比较高的情况, 空间电荷区很薄, 往往首先发生隧道击穿. 有人曾经分析过, 击穿电压小于 $4E_g/q$ 时, 击穿机构是隧道击穿; 击穿电压大于 $6E_g/q$ 时, 击穿机构是雪崩击穿, 击穿电压在 $4E_g/q \sim 6E_g/q$ 时, 击穿机构是两者的结合. 例如, npn 硅平面外延晶体管, 发射结的击穿往往是隧道击穿, 集电结的击穿一般是雪崩击穿.

3.5.2 pn 结空间电荷区中的电场

pn 结的击穿现象直接与 pn 结空间电荷区中的电场有关, 正是由于外加反向偏压的增加, 使空间电荷区中的电场增强, 才导致了击穿现象的发生. 因此, 要想认

真讨论 pn 结击穿电压大小与哪些因素有关, 就必须了解 pn 结空间电荷区中的电场变化规律. 我们分成三方面的问题进行讨论: pn 结空间电荷区中的电荷分布、电场分布以及电场强度与外加偏压的关系.

我们知道, 在 pn 结空间电荷区, n 区一侧带正电荷、p 区一侧带负电荷, 正是 pn 结空间电荷区中的这些正电荷和负电荷, 决定了 pn 结空间电荷区中的电场. 经常采用的对空间电荷区中电荷分布的一种简单设想, 称为耗尽层近似, 即认为在空间电荷区中没有电子和空穴. 这时空间电荷区中的电荷只由电离施主和电离受主浓度决定. 例如, 突变结, n 型区均匀掺有施主杂质, 杂质浓度为 N_D; p 型区均匀掺有受主杂质, 杂质浓度为 N_A. 在空间电荷区的 n 型区一侧, 由于电子被耗尽了, 留下了带正电的电离施主杂质, 正电荷密度为 $+N_D q$; 在 p 型区一侧, 由于空穴被耗尽了, 留下了带负电荷的电离受主, 负电荷密度为 $-N_A q$. 由于电中性的要求, 整个空间电荷区中正、负电荷的总量在数值上相等, 如以 A 代表 pn 结的结面积, 空间电荷区在 n 区和 p 区的厚度分别用 x_n 和 x_p 表示 (图 3.43), 则有

$$N_D q x_n A = N_A q x_p A,$$

或

$$N_D x_n = N_A x_p,$$
$$\frac{x_n}{x_p} = \frac{N_A}{N_D}. \tag{3.72}$$

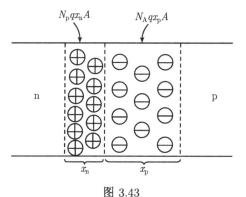

图 3.43

大部分实际的 pn 结, 两边掺杂浓度 N_D 和 N_A 是不相等的, 往往相差几个数量级 (称为 n^+p 结或 p^+n 结). 上面的关系式表明, 空间电荷区在 n 区和 p 区的宽度与杂质浓度成反比, 而整个空间电荷区宽度 $(x_n + x_p)$ 主要在低掺杂的高阻材料一边.

上述耗尽层近似虽然简单, 但是用来分析一般的问题得到的结果却是足够精确的. 我们知道, 在空间电荷区中实际上是存在电子和空穴的, 它们的浓度遵从玻耳

兹曼的分布规律, 但是在空间电荷区中的绝大部分区域, 电子和空穴浓度远远小于杂质浓度, 因而, 在讨论空间电荷区中的电荷密度时, 可以把电子和空穴所带的电荷略去不计, 这就是耗尽层近似.

在讨论了空间电荷区的电荷分布以后, 我们进一步分析其中的电场分布, pn 结空间电荷区的厚度 x_n, x_p, 实际上是由杂质浓度和 pn 结上的电势差决定的. 但是, 在进行理论分析时, 我们可以先把 x_n 和 x_p 做为已知, 在这个前提下求出电场分布, 然后再讨论结上电势差怎样决定着 x_n 和 x_p 的大小.

我们将采用电场线的方法求算电场. 由于在 pn 结空间电荷区中, 正负电荷都分布在一定体积内, 从正电荷出发, 终止于负电荷的电场线, 必然不能都是从一端到另一端贯穿整个 pn 结区的, 因而通过各处的电场线数目是不相同的 (图 3.44), 这意味着电场强度在各处是不相同的. 由图上可以看出, p 区和 n 区交界面上的电场线数目最多, 因为, 左侧全部正电荷发出的电场线都要通过它到达负电荷. 相反, 到了空间电荷区边界 x_n 和 x_p 时, 则没有电场线通过, 所以电场强度下降为 0.

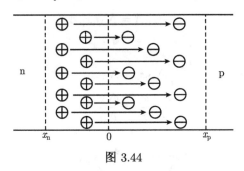

图 3.44

根据静电学原理, 电场强度等于通过单位横截面积的电场线数目. 如果选用半导体技术中常用的实用单位制, 在真空中每库仑电荷发出的电场线数目为 $1/\epsilon_0, \epsilon_0$ 为真空电容率, 等于 $1/(36\pi \times 10^{11})$, 则 pn 结交界面处的电场强度, 即最大电场强度

$$E_M = \frac{N_D q x_n A}{\epsilon_s \epsilon_0 A} = \frac{N_D q x_n}{\epsilon_s \epsilon_0}, \tag{3.73}$$

其中 $N_D q x_n A$ 就是正电荷总量 (图 3.43). ϵ_s 为半导体材料的介电常数, 由于材料本身的极化作用, 电场较真空情况减弱 ϵ_s 倍. 当然最大电场 E_M 也可以根据 p 型一边的空间电荷写成

$$E_M = \frac{N_A q x_p}{\epsilon_s \epsilon_0}. \tag{3.74}$$

如果我们引入贯穿空间电荷区的坐标 x(图 3.45), 那么, 很容易求出空间电荷区中的电场强度在 x 坐标上的变化. 例如, 我们考虑 p 型一侧的某点 x. 通过 x 处横截面 A 的电场线, 应该等于 $A(x_p - x)$ 这一体积中的负电荷所 "接受" 的电场线

数. 这部分体积内的负电荷总量为 $N_A q(x_p - x)A$, 接受电场线的数目等于

$$\frac{N_A q(x_p - x)A}{\epsilon_s \epsilon_0},$$

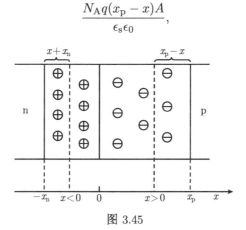

图 3.45

即 x 点电场强度为

$$E(x) = \frac{N_A q(x_p - x)}{\epsilon_s \epsilon_0} = E_M \left(1 - \frac{x}{x_p}\right) \quad (0 < x < x_p) \tag{3.75}$$

在 n 型一侧 $(x < 0)$, 通过类似的考虑得到

$$E(x) = \frac{N_D q(x_n + x)}{\epsilon_s \epsilon_0} = E_M \left(1 + \frac{x}{x_n}\right) \quad (0 > x > -x_n) \tag{3.76}$$

根据上面的结果, 我们可以把突变结空间电荷区中的电场分布示意地画在图 3.46 中. 可以看出 $E(x)$ 函数曲线在 p 型, n 型两侧都是直线, 直线的斜率正比于掺杂浓度. 对于掺杂浓度相差很大的情况, 例如 n^+p 结, 由于 n 区掺杂浓度 N_D 远远大于 p 区掺杂浓度 N_A, 空间电荷区将主要在 p 区一侧, 其电场分布如图 3.47 所示, 有时我们称这种情况为单边突变结.

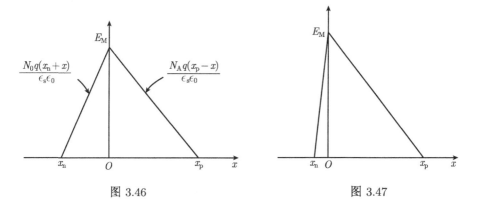

图 3.46

图 3.47

有了 pn 结空间电荷区中的电场分布, 很容易讨论外加偏压与空间电荷区电场之间的关系. 设空间电荷区厚度为 x_m, $x_m = x_n + x_p$. 根据静电学中的原理,

$$\text{n区与p区的电势差} = \int_{-x_n}^{x_p} E_{(x)}\mathrm{d}x. \tag{3.77}$$

这个积分的几何意义为 $E(x)$ 函数曲线下的面积. 对于平衡 pn 结, n 区与 p 区电势差就是接触电势差 V_0, 当外加正向偏压 V_f, 使 n 区与 p 区间电势差减小为 $(V_0 - V_f)$ 时, 或外加反向偏压 V_r, 使 n 区与 p 区间电势差增大为 $(V_0 + V_r)$ 时. 我们统一用 $(V_0 - V)$ 表示 n 区与 p 区间的电势差, 平衡时 $V = 0$, 正向 $V > 0$, 反向 $V < 0$. 所以有

$$V_0 - V = \int_{-x_n}^{x_p} E(x)\mathrm{d}x = \frac{1}{2}E_M x_m, \tag{3.78}$$

积分的结果正好是三角形面积. 对于单边突变结, 例如 n^+p 结, $x_m \approx x_p$, 把 (3.75) 式代入 (3.78) 式则有

$$V_0 - V = \frac{1}{2}\left(\frac{N_A x_p q}{\epsilon_s \epsilon_0}\right) x_m \approx \frac{1}{2}\frac{N_A q}{\epsilon_s \epsilon_0} x_m^2, \tag{3.79}$$

所以

$$x_m = \left(\frac{2\epsilon_s \epsilon_0 (V_0 - V)}{N_A q}\right)^{1/2}. \tag{3.80}$$

由此可以看出, 当外加大反向偏压时, 空间电荷区宽度 x_m 基本上随外加反向偏压的平方根成正比增加 (因 V_0 和外加反向偏压 V 相比, 近似可忽略).

对于 p^+n 结也是完全类似的. 所以, 为了统一表达单边突变结, 有时用 N_0 表示低掺杂一侧的杂质浓度, 而把 (3.79) 式和 (3.80) 式写成

$$V_0 - V = \frac{1}{2}\frac{N_0 q}{\epsilon_s \epsilon_0} x_m^2 \tag{3.81}$$

和

$$x_m = \left[\frac{2\epsilon_s \epsilon_0 (V_0 - V)}{N_0 q}\right]^{\frac{1}{2}}. \tag{3.82}$$

为了有数量上的概念, 我们举例做些简单的估算. 例如低掺杂一侧的掺杂浓度 $N_0 = 10^{15}\mathrm{cm}^{-3}$, 外加反向偏压 10V, 估算一下空间电荷区宽度 x_m 和最大场强 E_M. 其中 Si 的介电常量 $\epsilon_s = 11.8$, $\epsilon_0 = \dfrac{1}{36\pi \times 10^{11}}\mathrm{F \cdot cm}$, $V_0 - V \doteq 10\mathrm{V}$, 代入 (3.82) 式则有

$$x_m = \left(\frac{2 \times 11.8 \times \dfrac{1}{36\pi \times 10^{11}} \times 10}{10^{15} \times 1.6 \times 10^{-19}}\right)^{\frac{1}{2}} \mathrm{cm}$$

$$\doteq 3.4 \times 10^{-4}\mathrm{cm} = 3.4\mu\mathrm{m}.$$

最大场强

$$E_{\mathrm{M}} = \frac{N_0 q x_{\mathrm{m}}}{\epsilon_{\mathrm{s}}\epsilon_0} = 5 \times 10^4 \mathrm{V/cm}$$

3.5.3 雪崩碰撞电离率和雪崩击穿条件

由于在实际工作中雪崩击穿是最重要的, 因而我们必须进一步讨论一下雪崩击穿的过程和雪崩击穿的条件, 为此基础上分析雪崩击穿电压与哪些因素有关.

上面我们说过雪崩击穿是由于碰撞电离引起载流子倍增的结果. 载流子碰撞电离的能力常用电离率 α 来描述, 电离率表示一个载流子在电场作用下, 漂移单位距离所产生的电子空穴对数. 实际上电子电离率 (用 α_{n} 表示) 与空穴电离率 (用 α_{p} 表示) 是不完全一样的. 但它们都密切依赖于电场, 图 3.48 表示出 Ge, Si, GaAs, GaP 中载流子电离率与场强关系的实验结果, Ge, Si 的实验结果可以近似写成以下关系式:

$$\alpha(E) = \alpha_0 \mathrm{e}^{-E_0/E}.$$

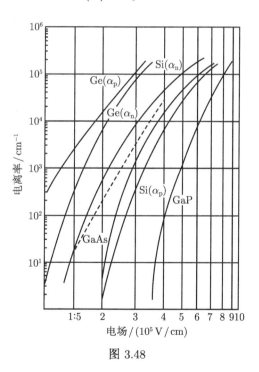

图 3.48

对于不同材料, 对于电子和空穴, 公式中的常数 α_0 和 E_0 都有不同的数值. 在锗和硅中, 常数的数值列在表 3.1 中.

表 3.1

	Ge		Si	
	电子	空穴	电子	空穴
α_0/cm^{-1}	1.55×10^7	1.0×10^6	3.8×10^6	2.25×10^7
$E_0/(\text{V/cm})$	1.56×10^6	1.28×10^6	1.75×10^6	3.26×10^6

从图 3.48 可以看出, 电离率随电场变化很快, 譬如, 电场强度在 10^5V/cm 的范围内增大一倍, 电离率就要增加几个数量级.

应用电离率的概念, 我们可以具体分析在 pn 结处在强电场下发生的雪崩倍增的过程, 并且从中导出发生雪崩击穿的条件. 如图 3.49 所示的一个加有反向偏压的 pn 结, 设没有倍增的反向电流为

$$I_0 = I_{n0} + I_{p0}, \tag{3.83}$$

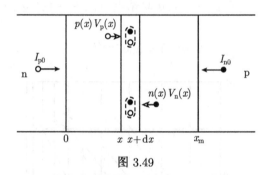

图 3.49

I_{n0} 和 I_{p0} 是进入空间电荷区的反向抽取电流 (为了简单起见, 这里只用了反向抽取电流, 实际上, I_0 还包括空间电荷区的产生电流, 下面的分析同样是适用的). 如果, 有雪崩倍增以后, 通过 pn 结的电流成为 I, 那么,

$$M = \frac{I}{I_0} \tag{3.84}$$

就定义为雪崩倍增因子. 下面将看到, 击穿相当于 $M \to \infty$ 的情形.

我们怎样去分析 pn 结中发生的雪崩倍增呢? 如果我们去考查一个个载流子如何辗转碰撞的过程, 那么分析 pn 结的雪崩倍增就成为一个极端繁杂的问题. 实际上, 只要我们能求出每秒钟在 pn 结空间电荷区中, 由于碰撞电离而产生的电子–空穴对的总数, 也就求得了倍增电流 I. 因为, 不管在 pn 结中哪一点碰撞产生的一对电子–空穴, 电子都将被扫向 n 区, 而空穴将被扫向 p 区, 所以, 从任何一个横截面看, 都相当于有一个电荷 q 通过 (从 n 到 p). 因此, 考虑了雪崩倍增, 通过 pn 结的电流可以写成

$$I = (每秒碰撞产生的电子–空穴对数目)q + I_0. \tag{3.85}$$

前一项是碰撞电离引起的电流, 后一项是原来就有的电流 (即抽取和复合中心产生的电流). 下面将看到, 在一定简化假设的条件下, 很容易求得碰撞产生的电子-空穴对的总数.

我们的方法是, 不去研究一个个载流子辗转碰撞的过程, 而只计算在空间电荷区中某一点所有的载流子, 不管它是原来的, 还是在哪里碰撞产生的. 然后引用电离率去算它们碰撞产生的电子–空穴对数.

令 $n(x)$、$p(x)$ 分别表示在 x 点的电子浓度和空穴浓度. 它们显然是随 x 而变化的. 因为, 各处碰撞产生的电子–空穴对, 电子都扫向 n 区, 空穴都扫向 p 区, 如图 3.50 所示. 显然越近 n 区电子浓度越大, 越近 p 区空穴浓度越大, 电流也有类似的情形, 近 n 区一边主要是电子电流, 近 p 区一边主要是空穴电流 (图中为了简单起见, 没有画出辗转碰撞产生的情形, 并用实线表示电子电流, 虚线表示空穴电流). 但是, 重要的是, 无论在任何截面, 总的电流是一样的. 如果我们假设 pn 结的横截面积是一个单位面积, x 点的电子电流和空穴电流 (绝对值) 可以分别写成 $n(x)v_n(x)q$ 和 $p(x)v_p(x)q, v_n(x), v_p(x)$ 代表漂移速度. 电子电流和空穴电流都是随 x 变化的, 但它们的和, 即通过 pn 结的总电流

$$I = n(x)v_n(x)q + p(x)v_p(x)q \tag{3.86}$$

则是不依赖于 x 的常数.

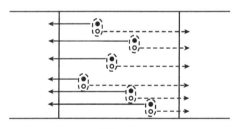

图 3.50

现在我们求算在图 3.49 所示的 dx 薄层中产生的电子空穴对. 每秒通过薄层的电子数为 $n(x)v_n(x)$, 所以, 将在 dx 内产生的电子–空穴对数为 $n(x)v_n(x)\alpha_n(x)$. 每秒通过的空穴数为 $p(x)v_p(x)$, 产生电子–空穴对数目为 $p(x)v_p(x)\alpha_p(x)$. 把以上两项相加, 在整个空间电荷区积分, 就得到每秒钟在 pn 结中产生的电子–空穴对的总数

$$\int_0^{x_m} \{n(x)v_n(x)\alpha_n(x) + p(x)v_p(x)\alpha_p(x)\}dx, \tag{3.87}$$

乘以 q 就得到碰撞电离所产生的电流

$$q\int_0^{x_m} \{n(x)v_n(x)\alpha_n(x) + p(x)v_p(x)\alpha_p(x)\}dx. \tag{3.88}$$

由于我们主要的目的是从理论上说明雪崩倍增导致发生击穿的道理, 为了避免繁杂的运算, 我们假设

$$\alpha_n(x) = \alpha_p(x) = \alpha(x).$$

这样, 从 (3.98) 式可以立即求得倍增因子, 并说明击穿的现象. 因为, 利用这个假设, 碰撞电离电流变为

$$碰撞电离电流 = q \int_0^{x_m} \{n(x)v_n(x) + p(x)v_p(x)\} \alpha(x) \mathrm{d}x,$$

括号内的式子乘以 q 就是前面的 (3.96) 式, 它是不依赖于 x 的总电流 I, 所以,

$$碰撞电离电流 = I \int_0^{x_m} \alpha(x) \mathrm{d}x. \tag{3.89}$$

前面已经说过, 它与原来的电流 I_0 相加也应当等于总的电流 I. 这样我们就得到以下关于电流 I 的关系式:

$$I = I \int_0^{x_m} \alpha(x) \mathrm{d}x + I_0, \tag{3.90}$$

从而解出

$$I = \frac{I}{1 - \int_0^{x_m} \alpha(x) \mathrm{d}x}. \tag{3.91}$$

这个结果可以说明击穿现象, 因为积分中的 $\alpha(x)$ 是 pn 结中各点电场强度的函数, 它随电场强度很快的增大. 所以增大 pn 结的反向电压时, 随着反向结内电场的增强, 积分 $\int_0^{x_m} \alpha(x) \mathrm{d}x$ 迅速增大, 当它接近 1 时, 电流 I 就无限增长. (3.91) 式表明倍增因子为

$$M = \frac{1}{1 - \int_0^{x_m} \alpha(x) \mathrm{d}x}, \tag{3.92}$$

击穿的条件为

$$\int_0^{x_m} \alpha(x) \mathrm{d}x \to 1, \quad M \to \infty. \tag{3.93}$$

对这个理论结果的意义及应用, 我们再做一些进一步说明. 一个掺杂已知的 pn 结, 如加有一定的反向偏压 V, 那么, 它的结宽 x_m 以及结内各点的电场强度 $E(x)$ 都是可以确定的, 所以, 只要知道了电离率函数 $\alpha(E)$, 就可以计算积分

$$\int_0^{x_m} \alpha(x) \mathrm{d}x,$$

并从而求出倍增因子 M. 这样求得的倍增因子 M 是偏压 V 的函数. 由 $M \to \infty$ 的条件即可确定击穿电压. 为了具体起见, 我们下面以硅的单边突变结为例, 说明怎样计算倍增因子和确定击穿电压.

对于硅的电离率函数 $\alpha(E)$, 我们发现采用很简单的经验公式

$$\alpha(E) = AE^7, \tag{3.94}$$

其中 $A = 1.5 \times 10^{-35}$(E 的单位为 V/cm, α 单位为 cm^{-1}), 可以求算出较准确的击穿电压值. 该函数我们用虚线表示在图 3.48 上; 可以看到, 它的取值在电子和空穴的电离率之间.

由 (3.75) 式可知, 对于掺杂为 N_0 的单边突变结 (N_0 即低掺杂一边的浓度), 电场值 (绝对值) 是

$$E(x) = \frac{N_0 q(x_m - x)}{\epsilon_0 \epsilon_s}. \tag{3.95}$$

把它代入 (3.94) 式后, 有

$$\int_0^{x_m} \alpha(x)\mathrm{d}x = A \int_0^{x_m} \left(\frac{N_0 q}{\epsilon_0 \epsilon_s}\right)^7 (x_m - x)^7 \mathrm{d}x$$

$$= \frac{A}{8} \left(\frac{N_0 q}{\epsilon_0 \epsilon_s}\right)^7 x_m^8. \tag{3.96}$$

前面讨论 pn 结电场时, 已求出结宽 x_m 和反向偏压 V 间的关系. (3.80) 式忽略接触电势差 V_0 后, 代入 (3.96) 式得到

$$\int_0^{x_m} \alpha(x)\mathrm{d}x = 2A \left(\frac{N_0 q}{\epsilon_0 \epsilon_s}\right)^3 V^4. \tag{3.97}$$

再代入 (3.92) 式, 即可求出倍增因子

$$M = \frac{1}{1 - 2A \left(\dfrac{B_0 q}{\epsilon_0 \epsilon_s}\right)^3 V^4}. \tag{3.98}$$

当分母为 0 时, $M \to \infty$, 即发生击穿, 所以从

$$1 - 2A \left(\frac{N_0 q}{\epsilon_0 \epsilon_s}\right)^3 V^4 = 0$$

的条件即可求得击穿电压

$$V_B = \frac{1}{(2A)^{1/4}} \left(\frac{\epsilon_0 \epsilon_s}{N_0 q}\right)^{3/4}, \tag{3.99}$$

将常数值 $A = 1.8 \times 10^{-35}$, $\epsilon_0 = \dfrac{1}{36\pi \times 10^{11}}$, $\epsilon_s = 12$, $q = 1.6 \times 10^{-9}$C, 代入后得到

$$V_B = 5.3 \times 10^{13} (N_0)^{-3/4}. \tag{3.100}$$

这个结果表明, 击穿电压的大小主要由掺杂浓度决定, 掺杂浓度越高, 击穿电压就越低. 这个用近似理论计算的 V_B 公式和更精确理论计算结果是很接近的 (图 3.52)

只要把上面求得的击穿电压公式代入 x_m 和 E_M 的表示式就可以写出击穿时的结宽, 所以

$$x_{mB} = \frac{\sqrt{2}}{(2A)^{1/8}} \left(\frac{\epsilon_0 \epsilon_s}{N_0 q} \right)^{7/8} = 2.7 \times 10^{10} N_0^{-7/8},$$

最大场强

$$E_{MB} = \left(\frac{8 N_0 q}{A \epsilon_0 \epsilon_s} \right)^{1/8} = 4.0 \times 10^3 N_0^{1/8}.$$

把 V_B 的值代进 (3.98) 式就可以把倍增因子和电压的关系表示成下列简洁的形式:

$$M(V) = \frac{1}{1 - (V/V_B)^4}. \tag{3.101}$$

实际测量表明, 这个式子只能大致描绘倍增因子在接近击穿时随电压的变化.

为了近似描述各类 pn 结 (不同材料, 不同掺杂浓度) 的倍增因子随电压的变化, 常采用类似以上形式的经验公式:

$$M(V) = \frac{1}{1 - (V/V_B)^n}, \tag{3.102}$$

对于不同情况, n 选取不同的值.

3.5.4 影响击穿电压的各种因素

在硅突变结的例子中, 我们看到低掺杂一边材料的掺杂浓度, 或电阻率主要决定着击穿电压; 电阻率越高, 即掺杂越低, 击穿电压越高. 这并不限于硅突变结, 而是一般的规律. 但是, 世界上的事情是复杂的, 是由各方面的因素决定的, 看问题要从各方面去看, 不能只从单方面看. 在器件发展过程中, 人们发现影响击穿电压的, 还有其他多方面的因素. 下面我们讨论材料的电阻率以及其他一些主要因素的影响:

1. 材料电阻率对 pn 结击穿电压的影响

为什么材料的电阻率不同, pn 结的击穿电压就不同呢? 我们可以从比较它们空间电荷区中的电场分布来说明这个问题. 在图 3.51 上比较了掺杂浓度不同的两个单边突变结甲和乙的电场分布. 根据 (3.105) 式可知, $E(x)$ 曲线的斜率是 $-\dfrac{N_0 q}{\epsilon_0 \epsilon_s}$, 与掺杂浓度是成正比的. 在图上, 甲比乙的掺杂浓度高, 所以斜率更陡. 但是, 两个 pn 结加有相同的电压, 在曲线上表现为 $E(x)$ 下的三角形面积相等. 这样, 显然掺杂高的, 即曲线更陡的, 结宽较小, 而最大场强度更高, 如图 3.51 所示:

$$x_m < x'_m, \quad E_M > E'_M.$$

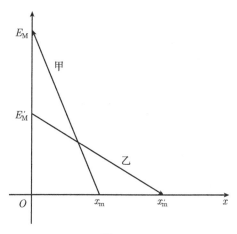

图 3.51

那么, 它们哪一个击穿电压更低? 或者说, 它们哪一个更容易击穿? 根据前面的雪崩倍增理论, 显然要看哪一个的电离率积分更大. 甲、乙两个结相比较, 甲的电场强度更大, 所以积分中的 α 更大, 乙的电场较小, α 较小, 但是结宽更大, 所以积分范围更大. 哪一个积分更大呢? 看起来似乎各有占优势的一面, 实际上答案是明确的: 因为, 由前面的叙述知道, α 随 E 增大特别迅速, 只要 E 大一点, α 就要大许多, 因此, 在这里电场的差别必然是起决定作用的. 这就是说, 甲的掺杂浓度较高, 所以电场强度更大, 这就决定了它必然有更大的电离率积分, 即更容易达到击穿. 这就说明了电阻率的高低为什么决定着击穿电压高低的基本道理.

利用前面硅突变结的理论结果, 还可以从另一个侧面说明电场强度对发生雪崩击穿所起的决定作用. 在有关的公式中代入 $N_0 = 10^{15} \text{cm}^{-3}$ 和 $N_0 = 10^{17} \text{cm}^{-3}$, 可以算出在这个范围内, 击穿电压 V_B, 发生击穿时的结宽 x_{mB} 和最大场强 E_{MB} 的变化:

$$V_B \approx 300 \sim 10\text{V};$$

$$x_{mB} \approx 20 \sim 0.35\mu\text{m};$$

$$E_M \approx 3 \times 10^5 \sim 5 \times 10^5 \text{V/cm}.$$

这些结果中一个突出的特点是, 在掺杂浓度, 击穿电压, 击穿时的结宽改变几十倍以上的情况下, 最大击穿场强变化不到一倍. 比较粗略地概括一下这种情况, 可以说, 在这样宽的范围内, 只要 pn 结内最大的电场达到 $4 \times 10^5 \text{V/cm}$ 上下时, 就发生雪崩击穿.

在图 3.52 中给出了各种掺杂浓度的硅和锗的单边突变结, 经精确理论计算的雪崩击穿电压曲线, 图上的几个小圈是根据前面硅突变结近似理论公式

$$V_B = 5.3 \times 10^{13} N_0^{-3/4}$$

所计算的. 图右下角的虚线表示从雪崩击穿向隧道击穿过渡.

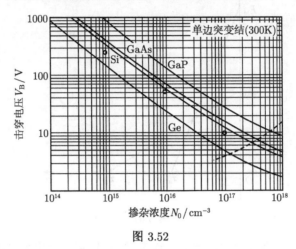

图 3.52

分析实际 pn 结的击穿时, 值得注意的是, 有时击穿电压是由一些局部的掺杂浓度决定的. 例如, 在扩磷的硅表面, 经过氧化会在硅和二氧化硅界面附近形成磷堆积的现象, pn 结容易在这样区域首先击穿, 表现为击穿电压的降低.

2. 半导体层厚度对击穿电压的影响

为了保证 pn 结有较高的击穿电压, 实际的 pn 结总有一侧掺杂较少, 电阻率较高. 电阻率较高一侧的厚度往往是很有限的 (例如, 为了避免串联电阻太大, 有意限制这一层的厚度), 这对 pn 结的击穿电压有直接的影响. 因为 pn 结的空间电荷区的宽度是随着反向电压增大的. 如果在 pn 结还没有击穿以前, 空间电荷区已经扩展穿透电阻率较高的半导体层, 击穿电压显然就要受到影响. 我们以图 3.53 所示的平面外延 npn 晶体管为例来说明这个问题.

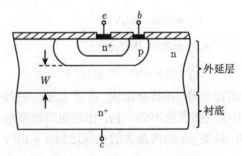

图 3.53

如图 3.53 所示, 平面外延管是在 n^+ 衬底上生长电阻率较高的 n 型外延层, 然后经基区和发射区扩散形成 npn 晶体管. p 型基区和 n 型外延层间的 pn 结 (集电结) 往往要求有较高的击穿电压, 这是由高阻一侧, 即外延层的电阻率来保证的. 我们在图上看到, 这是厚度为 W 的一个有限薄层. 如果 x_{mB} 代表按外延层电阻率估算击穿时的厚度, 而 $W < x_{mB}$, 也就是说, 在未达到击穿以前的某一电压, 空间电荷区已展宽到和 W 相等, 即空间电荷区已占满了高阻层 W(这种情况有时称为穿通, 相应的电压称为穿通电压). 这时再增加电压, 空间电荷区就扩展进 n^+ 区. 在 n^+ 区只要宽度再略有增加, 空间电荷 (正的施主电荷) 就增加很多, 所以, 可以近似认为, 一旦空间电荷区进入 n^+ 区, 宽度就基本上不再增大, n^+ 区的空间电荷集中在 nn^+ 界面附近. 也就是说, 电压若继续增加, 空间电荷区宽度基本保持不变 (等于 W), 只要其中的电场强度随 nn^+ 界面的电荷增多而加强. 因为 nn^+ 界面处增加的电荷发出的电场线, 都要终止在 p 型一边的负空间电荷上, 所以它们贯穿整个外延层空间电荷区的厚度 W, 在这个厚度内电场线的数目是一样的. 这就是说, 空间电荷区扩展进 n^+ 区后, 再增加电压, 空间电荷区各处电场增加是一样的, 因为所增加的电场就是 nn^+ 界面电荷产生的. 图 3.54 的电场分布曲线反映了这种情况, 其中虚线代表空间电荷区刚达到 n^+ 区边界时的电场分布, 实线表示在更大的反向电压下, 空间电荷区已进入 n^+ 区后的电场分布, 实线和虚线平行, 正好表明各点电场的增加都是一样的. 图 3.55 对外延层电阻率相同, pn 结加的电压相同, 但外延层厚度不同的两种情况作了对比.

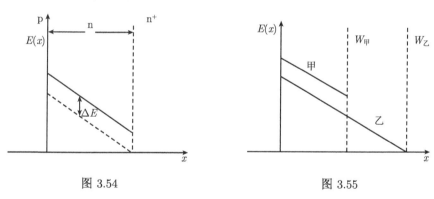

图 3.54　　　　　　　　　　　　　　　图 3.55

甲, 外延层厚度 $W_甲$ 较小, 空间电荷区已进入 n^+ 区;

乙, 外延层厚度 $W_乙$ 较大, 空间电荷区完全在外延层中. 由于所加电压相同, 对于这两种情况, $E(x)$ 下的面积是相等的. 很明显, 甲的空间电荷区窄一些, 而电场强度 $E(x)$ 则要比乙大, 所以电离率积分 $\int_0^{x_m} \alpha(x)\mathrm{d}x$ 必然要比乙大, 因此更容易击穿. 这就是说, 外延层太薄, 空间电荷区在发生击穿前已扩展进 n^+ 区, 必然会使击穿电压下降.

图 3.56 以硅为例, 具体给出了外延层厚度对击穿电压的影响. 每一条曲线代表一个不同的厚度. 它们在右方最后并成一条共同的曲线; 这条共同曲线代表不受厚

度限制的击穿电压 (即 $W > x_{\mathrm{mB}}$). 因为 x_{mB} 是随掺杂浓度增大而减小的. 所以, 对某一厚度 W 的外延层来说, 随着掺杂浓度的增加, 在 x_{mB} 缩减到低于 W 时, 它的击穿电压曲线就将并入共同的曲线.

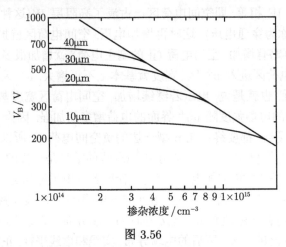

图 3.56

3. 扩散结深对击穿电压的影响

用平面工艺制造的 pn 结, 杂质原子通过二氧化硅的 "窗口", 从表面向半导体内扩散的同时, 也要沿表面横向扩散, 可以近似地认为横向扩散的结深和纵向相同. 这样, 在正对窗口扩散区的底部形成的 pn 结是一个平面, 而在边缘将形成圆柱形的曲面 (图 3.57), 称为柱面结. 如果扩散窗口有尖锐的角 (如矩形窗口的四角), 尖角附近的 pn 结的形状将近似一球面, 称为球面结. 柱面结区域和球面结区域将会发生电场集中, 比平面结区域电场要强, 因而首先在这些区域中雪崩击穿, 从而使 pn 结的击穿电压降低. 这种效应在扩散结深 x_j 较小时, 影响特别显著. 下面我们结合 $\mathrm{p^+n}$ 结定性分析一下这个问题.

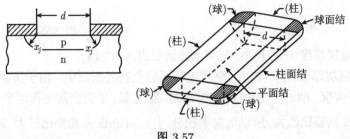

图 3.57

柱面结空间电荷区中的电场方向, 应在柱面曲率半径 r 方向上 (因为电荷分布具有柱面对称性). 球面结空间电荷区的电场方向应在球的半径 r 方向上 (因为电荷分布具有球对称性). 图 3.58(a) 示意地画出了柱面 $\mathrm{p^+n}$ 结空间电荷区中电场线的分布情况, 图中正电荷发出的电场线是沿半径指向 A 点, 可以看出电场线随 r 减小而逐渐密集. 由于平坦的平面 p⁺n 结. 空间电荷区中的电场方向是在垂直结面的 x 方向上, 电场线是彼此相互平行的 [图 3.58(b)]. 当 x 逐渐减小而接近 pn 结交界面时, 电场线的密度逐渐增加, 这是由于有更多的正电荷发出的电场线通过了截面. 而对柱面结, 当 r 逐渐减小而接近 pn 结界面时, 电场线密度的增加, 除了上述原因之外, 还必须考虑随 r 减小, 横截面面积与 r 成正比减小, 从而也使电场线密度增加这一附加的因素. 因此, 柱面结空间电荷区中的电场线密度 (即电场强度) 变化要比平坦的平面结快. 类似, 对于球面结, 由于横截面面积与 r 平方成反例, 所以球面结中电场线密度 (即电场强度) 的变化将会更快. 这种由于横截面面积减小而使电场强度增加的现象, 就是通常所说的电场集中.

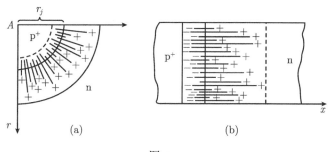

图 3.58

正是由于上述电场集中效应, 使得在相同的反向偏压下, 柱面结和球面结空间电荷区中的电场比平面结强, 而空间电荷区宽度比平面结小. 图 3.59 中比较了相同偏压下三种情况的电场分布. 可见

$$(x_\mathrm{m})_{球} < (x_\mathrm{m})_{柱} < (x_\mathrm{m})_{平},$$

而最大电场

$$(E_\mathrm{m})_{球} > (E_\mathrm{m})_{柱} > (E_\mathrm{m})_{平},$$

由于电场的差别在电离率积分中起决定的作用, 所以有

$$\left[\int_0^{x_\mathrm{m}} \alpha(x)\mathrm{d}x\right]_{球} > \left[\int_0^{x_\mathrm{m}} \alpha(x)\mathrm{d}x\right]_{柱} > \left[\int_0^{x_\mathrm{m}} \alpha(x)\mathrm{d}x\right]_{平}.$$

因此击穿电压的顺序是

$$[V_\mathrm{B}]_{平} > [V_\mathrm{B}]_{柱} > [V_\mathrm{B}]_{球}$$

在这个问题上, 球面、柱面和平面结的差别是随着球面、柱面的弯曲程度而增加的. 球面和柱面越弯曲, 它们和平面结的击穿电压相差越大. 而球面和柱面的弯曲程度是由它们的半径决定的, 半径越小表示弯曲度越大. 在这里, 扩散结边缘和

角上形成的柱面和球面结的半径, 可以近似看做是扩散的结深 x_j. 所以, 扩散结越浅, 由于边缘击穿使击穿电压下降, 就越为严重. 在图 3.60 和图 3.61 中, 分别给出了柱面和球面的硅单边突变结的击穿电压和它们的半径 r_j(即结深) 的关系. 曲线的横坐标是 r_j 和平面结击穿时宽度 x_{mB} 之比, 纵坐标是击穿电压和平面结击穿电压之比. 采用这样的坐标, 可以使这两条曲线适应用于各种掺杂浓度. 不同掺杂浓度只影响平面结的击穿电压 $(V_B)_平$ 和击穿时的宽度 x_{mB}, 而不影响曲线上的击穿电压比值和半径比值的相互关系. 前面已经给出了根据掺杂浓度计算 $(V_B)_平$ 和 x_{mB} 的公式. 这两条曲线是根据前面引用过的硅突变结近似理论方法计算的; 实践证明, 在掺杂浓度 $N_0 < 10^{16} \mathrm{cm}^{-3}$ 时. 曲线是很准确的.

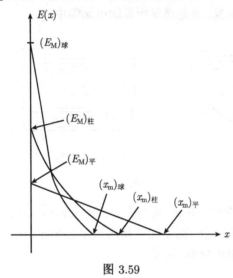

图 3.59

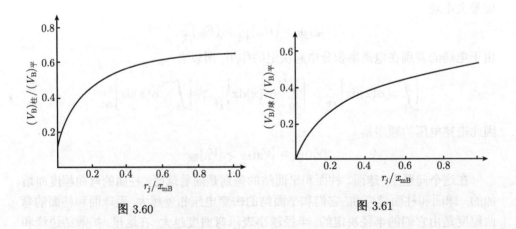

图 3.60   图 3.61

4. 表面电荷对击穿电压的影响

pn 结表面的状况对 pn 结的击穿电压也可以有很大的影响. 以平面 p$^+$n 结为例, 如图 3.62 所示, 空间电荷区主要在 n 型一侧, n 型一侧为正的空间电荷. 如果 SiO$_2$ 层中有正离子电荷, 它将吸引 n 型区的电子, 使其在 n 型区表面积累 (见第 4 章), 同时使表面处空间电荷区变薄, 其中电场增强. 因此, 击穿将首先在这里发生, 致使击穿电压下降.

除在工艺上采取措施克服表面电荷以外, 还可以用图 3.63 所示的延伸电极的办法来消除表面电荷的影响. 这种办法是使加有负偏压的电极延伸到 pn 结处, 覆盖在 SiO$_2$ 层之外. 延伸电极的负电荷不仅可以抵消氧化层电荷的作用, 而且有助于分散 pn 结边缘的电场线, 提高击穿电压.

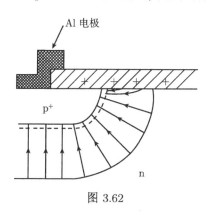

图 3.62

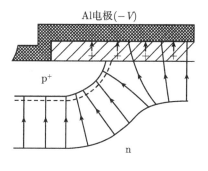

图 3.63

最后应当指出, 许多在器件工作中被称为击穿的现象, 其含义和这一节讨论的 pn 结击穿是不相同的. 例如, 在器件工作中, 往往把图 3.64 所示的 pn 结反向特性称为 "软击穿", 其特点是反向电流随反向电压不断增大. 作为一种现象来讲, 当然和这一节所讨论的击穿现象截然不同. 它不是 pn 结本身固有的性质, 而是制造工艺的缺点造成的. 一个常见的原因是制造工艺过程中重金属元素的沾污, 在位错等晶格缺陷上形成金属沉淀物 (见第 5 章). 实际上, 工艺上的不完善, 常常会以

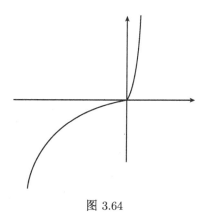

图 3.64

各种形式破坏 pn 结的反向特性, 致使反向电流大幅度地增大. 这类现象往往称为这种形式或那种形式的击穿. 虽然它们可以和这里讨论的击穿有某种联系 (例如,

软击穿中金属沉淀物造成局部的强电场导致局部击穿), 但我们不能笼统地把它们和以上讨论的击穿混同起来. 我们还应注意区别作为实际 pn 结参数的击穿电压和以上讨论的击穿电压. 作为器件参数, 一般都是规定 pn 结的反向电流达到某一个电流限值 i_0 时的反向电压值为击穿电压. 如果 pn 结是完善的, 在未击穿前, 反向电流十分微小 ($\ll i_0$), 那么, 只有真正达到击穿时, 电流才会上升到限值 i_0, 这样确定的击穿电压参数是和上面讨论的击穿电压完全一致的. 但是, 实际情况并不总是这样. 在实际 pn 结中, 往往有各种原因造成的附加反向漏电流, 若漏电流较大, 达到了电流限值 i_0, 这时所确定的击穿电压参数值显然就和 pn 结的击穿并没有任何直接的联系.

总之, 实际器件工作中称为击穿的许多现象具有复杂的性质, 涉及影响 pn 结反向特性的很多问题, 我们绝不能不加分析的简单地应用这一节的一些有关结论.

3.6　pn 结的电容效应

pn 结的电容效应也是 pn 结的一个基本特性. 为了了解 pn 结电容的概念, 我们首先回顾一下平行板电容器的充放电过程. 如图 3.65 所示, 当合上电闸 K 把电压为 V 的电源与电容器接通时, 就有一股充电电流, 使两极板上的电荷逐渐增加, 电容器上的电压也逐渐增大, 直到平行板电容器的两个极板的正、负电荷量 $|\pm Q| = CV$ 时, 这时两个极板间电势差为 V, 充电过程结束. 这里电源电压是"外因", 电容器从没有电压到有电压 V, 这个变化是通过电容器的"内因"而实现的. 这个"内因"就是两极板充电正、负

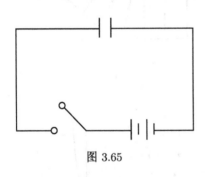

图 3.65

电荷 Q, 在电容器内部形成电场. 如果电源电压由 V 增加到 $V + \Delta V$, 同样回路中要有一股充电电流, 使极板上电荷量由 Q 增加到 $Q + \Delta Q$, 从而使电容器内部电场增强, 电容器上的电压由 V 增加到 $V + \Delta V$. 可见, 电容器上电压的变化是靠极板上电荷改变来实现的.

pn 结上电压的变化和平行板电容器一样, 也是通过内部正、负电荷发生变化来实现的. 如果空间电荷区中正负电荷数量增加, pn 结上电压增大, 空间电荷区中正、负电荷数量减小, pn 结上电压降减小. 从这一点来看, pn 结很像一个电容器.

我们知道, pn 结上的电势差, 永远是 n 区比 p 区高, 我们将用 V_t 来表示 n 区相对 p 区的正电势差 V_t 与外加偏压 V 的关系为 $V_t = V_0 - V$, 对正向偏压 $V > 0$, 对反向偏压 ($V < 0$). 此外, 我们以 x_m 表示空间电荷区的厚度, 以 $\pm Q$ 分别表示空

间电荷区中正负电荷量. 如果电势差 V_t 增加为 $V_t + \Delta V_t$, 这时必有一股充放电电流, 使得空间电荷区中正、负电荷量增加到 $Q + \Delta Q$. 在耗尽层近似的情况下, 正、负电荷量的增加是靠空间电荷区厚度的变化来实现的, 即空间电荷区厚度由 x_m 变为 $x_m + \Delta x_m$. 也就是说, 原来在 Δx_m 层内的载流子 (n 区中的电子、p 区中的空穴) 流走了, 形成充放电电流, 而使空间电荷量增加 (图 3.66). 同理, 如果 V_t 下降, 这就要使空间电荷数量减少. 也就是说, 将有一股充放电电流, 使载流子 (n 区中电子、p 区中空穴) 填充空间电荷区两边厚度为 Δx_m 一层, 中和这一层电离施主的正电荷和电离受主的负电荷, 使空间电荷区厚度减小.

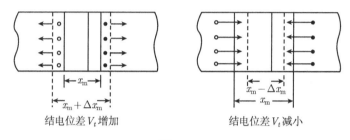

图 3.66

综上所述, 当 pn 结上电势差改变 ΔV_t 时, 空间电荷区中的电荷量将改变 ΔQ, 说明 pn 结空间电荷区具有电容效应.

我们知道, 平行板电容器储存的电荷量 Q 与电压 V 是成正比的, 其比值就是平行板电容器的电容值:

$$C = Q/V, \tag{3.103}$$

平行板电容器电容值的大小, 正比于面积 A, 反比于两极板间的间距 d 以外, 还与两极板间介质的介电性质有关, 即

$$C = \frac{\epsilon\epsilon_0 A}{d}. \tag{3.104}$$

pn 结空间电荷区的电容效应, 同样可以用一定的电容值加以定量描述. 因为 pn 结空间电荷区对电子和空穴都起着势垒的作用, 有时称为势垒区. 由于这个缘故, pn 结空间电荷区的电容, 往往就称为 pn 结势垒电容. pn 结势垒电容与平行板电容器很相似, 但是也有区别. 当 pn 结空间电荷区外加偏压 V 改变 ΔV 时, 空间电荷区中的电荷量也要改变 ΔQ, 当电压的改变量 ΔV 足够小时, 电荷的改变量 ΔQ 与 ΔV 成正比, 其比值就是 pn 结势垒电容:

$$C_T = \frac{\Delta Q}{\Delta V},$$

为了表示电压改变量 ΔV 足够小, 通常写成微商的形式:

$$C_\mathrm{T} = \frac{\mathrm{d}Q}{\mathrm{d}V}. \tag{3.105}$$

pn 结势垒电容和平行板电容器一样, 电容值的大小正比于面积 A, 反比于空间电荷区厚度 x_m. 在这里 x_m 相当于平行板电容器两极板的间距. 因为微量的充电电荷 $\pm \mathrm{d}Q$ 集中在空间电荷区两边的薄层内, 如图 3.67 所示, 所以这两个薄层就相当于相距 x_m 的两个极板, 半导体本身就构成了电容器的电介质. 所以

$$C_\mathrm{T} = \frac{\epsilon_\mathrm{s} \epsilon_0 A}{x_\mathrm{m}}. \tag{3.106}$$

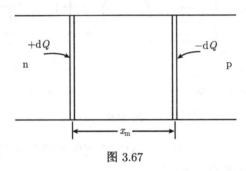

图 3.67

　　pn 结势垒电容与平行板电容器的主要区别在于: 平行板电容器两极板间的距离 d 是一个常数, 它不随电压 V 变化, 而空间电荷区宽度 x_m 不是一个常数, 它要随外加偏压变化. 因此一个平行板电容器的电容是一个常数, 而 pn 结势垒电容是偏压 V 的函数, $C_\mathrm{T}(V)$. 因此, 通常所说的 pn 结势垒电容, 是指在一定的直流外加偏压下, 当电压有一微小变化 ΔV 时, 相应的电荷量变化 ΔQ 与 ΔV 的比值, 一般称为微分电容. 根据 3.5 节得到的空间电荷区宽度 x_m 与电压 V 的关系 (3.80) 式, 很容易得到 pn 结势垒电容与电压的关系. 对于单边突变结:

$$x_\mathrm{m} = \left[\frac{2\epsilon_\mathrm{s} \epsilon_0 (V_0 - V)}{N_0 q} \right]^{1/2}. \tag{3.80}$$

代入 (3.106) 式有

$$C_\mathrm{T} = A \left[\frac{q \epsilon_\mathrm{s} \epsilon_0 N_0}{2(V_0 - V)} \right]^{1/2}, \tag{3.107}$$

其中 N_0 为低掺杂一侧的杂质浓度. 由 (3.107) 式可以看出, 突变结势垒电容与低掺杂一侧的掺杂浓度 (或电阻率) 有关, 电阻率越高电容越小; 与外加偏压有关, 反向偏压越大, 势垒电容越小. 图 3.68 给出了突变结空间电荷区厚度 x_m 与单位面积势垒电容 C_T/A 和掺杂浓度及外加偏压的关系. 当外加反向偏压比较大时, $V_\mathrm{t} = V_0 + V_\mathrm{r}$

可以近似为 V_r, 即反向偏压的数值. 在实际工作中往往根据图 3.68 来估算突变结空间电荷区厚度和势垒电容.

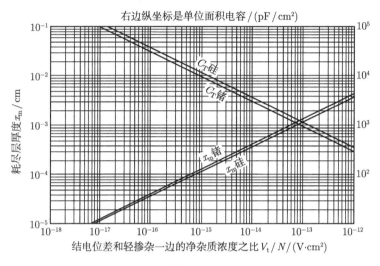

图 3.68

上面得到的 (3.80) 式和 (3.107) 式, 都是突变结的结果. 用扩散方法制造的 pn 结称为缓变结, 图 3.69 示意地画出了扩散结的杂质分布, 原材料是均匀掺杂的, 浓度为 N_0, 曲线代表扩散进去的杂质浓度分布, 两条线的交点处即为 pn 结的交界面, x_j 表示结深. 可以看出, 在交界面附近杂质浓度是逐渐变化的, 因此称为缓变结. 杂质分布的具体形式取决于扩散条件.

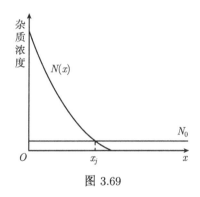

图 3.69

对一般气相扩散来说, 如果通源情况稳定, 在扩散过程中, 半导体表面杂质浓度将维持在一恒定值 N_s, 这种恒定表面浓度扩散形成一个所谓余误差分布:

$$N(x) = N_s \text{erfc} \frac{x}{\sqrt{4Dt}}. \tag{3.108}$$

这个式子给出了杂质浓度和扩散深度 x 的关系. erfc 表示一个函数:

$$\text{erfc}\, y = 1 - \frac{2}{\sqrt{\pi}} \int_0^y \text{e}^{-x^2} \text{d}x,$$

称为余误差函数. (3.108) 式中的 D 为扩散系数, t 为扩散时间.

另一种典型的杂质分布为高斯分布:

$$N(x) = N_{\mathrm{s}} \mathrm{e}^{-x^2/4Dt}. \tag{3.109}$$

在分为扩散 (预淀积) 和主扩散 (再分布) 两步进行的扩散工艺中, 第一步只是把适量的杂质淀积在半导体表面, 主要靠第二步把杂质扩散进体内. 在这种情况下形成的杂质分布就是高斯分布.

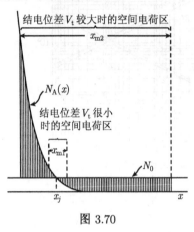

图 3.70

下面对比突变结扼要讨论一下扩散缓变结的特点. 为了具体起见, 我们考虑向均匀掺杂浓度为 N_{D} 的 n 型衬底扩散受主杂质所形成的扩散缓变结, 结附近的杂质浓度分布情况如图 3.70 所示. 和突变结不同, 扩散缓变结的 p 型和 n 型区都是两种杂质补偿的结果, 实际起作用的有效杂质浓度, 是两种杂质浓度之差. 在 p 型一侧, $N_{\mathrm{A}}(x) > N_{\mathrm{D}}$, 有效杂质浓度为 $N_{\mathrm{A}}(x) - N_{\mathrm{D}}$; 在 n 型一侧, $N_{\mathrm{D}} > N_{\mathrm{A}}(x)$, 有效杂质浓度为 $N_{\mathrm{D}} - N_{\mathrm{A}}(x)$. 图中阴影的垂直高度表示出 pn 结两侧的有效杂质浓度.

缓变结的一个基本特点是, 在 pn 结交界面有效杂质浓度等于 0, 在其两侧, 有效浓度从 0 开始增大. 所以, 在结上电势差 V_{t} 很小. 空间电荷区限于 pn 结交界附近 (图中 x_{m1}) 的情况下, 空间电荷浓度将很小 ($\ll N_{\mathrm{D}}$), 和突变结比较 (如掺杂浓度为 N_{D} 的单边突变结) 起来, 电容必然较小, 而且结电压越小这种差别就越大.

另外, 如果扩散杂质分布变化很陡, 结电压又较大, 则扩散缓变结近似一个突变结. 在图 3.70 中我们用 x_{m2} 表示结电势差 V_{t} 较大时的空间电荷区宽度, 我们看到, 在 p 型一侧, 由于受主浓度上升很快, 所以, 随着电压的加大, 空间电荷区向 p 型一边展宽将越来越少, 类似于单边突变结的高浓度一侧. 这时, 空间电荷区的展宽主要在 n 型一边, 从图上可以看到, 在这一侧受主浓度很快下降到远低于 N_{D}, 所以, 有效杂质浓度基本上就是恒定的衬底掺杂浓度 N_{D}. 当结电势差 V_{t} 大到这种情况时, 显然扩散结将近似成为一个掺杂浓度为 N_{D} 的单边突变结.

扩散缓变结的电容不能用简单的理论公式来表示. 图 3.71~ 图 3.76 是根据对硅和锗进行具体理论计算的结果所绘制的曲线, 对余误差和高斯分布都适用. 只要知道, 衬底掺杂浓度 N_0, 扩散杂质的表面浓度 N_{s}, 扩散的结深 x_j, 以及结电压 $V_{\mathrm{t}} = V_0 - V$, 就可以从曲线上查得单位面积的电容值, 以及空间电荷区宽度. 各张图对应于 N_0/N_{s} 比值的一定范围. 现在举例说明这些曲线的用法.

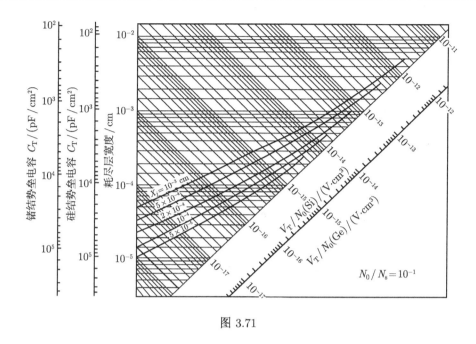

图 3.71

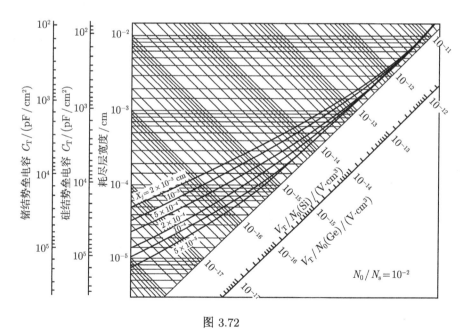

图 3.72

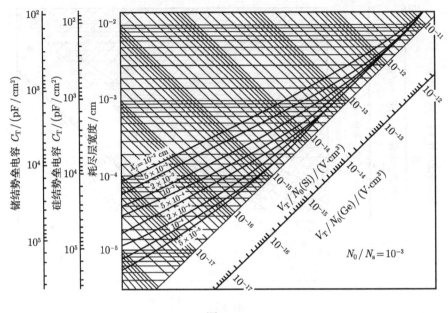

图 3.73

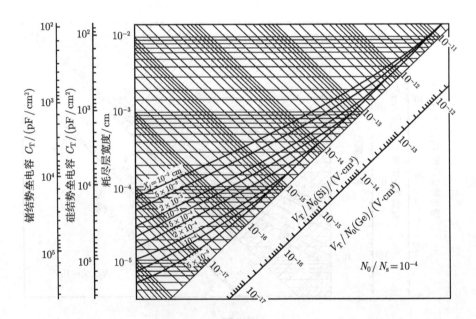

图 3.74

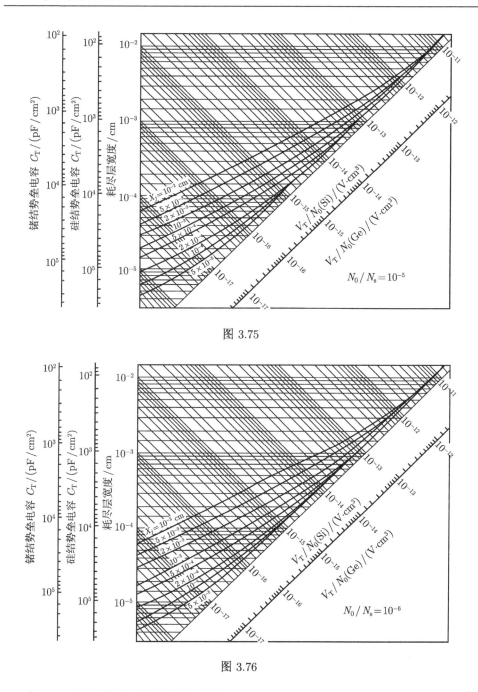

图 3.75

图 3.76

例题　硅扩散结原材料掺杂浓度 $N_0 = 10^{16} \mathrm{cm}^{-3}$, 扩散杂质表面浓度 $N_s = 10^{19} \mathrm{cm}^{-3}$, 结深 $x_j = 2\mu\mathrm{m}$. 试求反向偏压 $V_r = 10\mathrm{V}$ 时空间电荷区宽度和单位面积的势垒电容.

我们可以依次按下列四步查得结果:

第一步, 根据 $N_0/N_s = 10^{16}/10^{19} = 10^{-3}$ 确定应查图 3.73.

第二步, 取近似值$V_t = V_0 + V_r \approx V_r = 10V$, 计算$V_t/N_0 = 10/10^{16} = 10^{-15}(\text{V} \cdot \text{cm}^3)$.

第三步, 在图 3.73 倾斜的 V_t/N_0 轴上取 10^{-15}V·cm^3 点, 从这点出发, 沿与轴垂直的坐标线 (即朝左上方的坐标线), 在 $x_j = 2\mu\text{m} = 2 \times 10^{-4}$cm 的曲线上找到对应的点.

第四步, 从 x_j 曲线上已找到的点出发, 沿水平的坐标线向左, 就可以在相应的垂直轴上读出

$$\text{势垒宽度} = 1.5 \times 10^{-4}\text{cm},$$

$$\text{单位面积势垒电容} = 8 \times 10^3\text{pF/cm}^2.$$

由于 pn 结电容是电压的函数, 所以在充放电的过程中是变化的. 这样, 为了分析充放电的问题, 就需要知道电容和电压的函数关系. 前面指出, 突变结电容是和结电压 V_t 的平方根成反比的, 所以实际使用中, 常把突变结的电容表示成

$$C_\text{T}(V) = \frac{C(1V)}{\sqrt{V_t}} = \frac{C(1V)}{\sqrt{V_0 - V}}, \tag{3.110}$$

$C(1V)$ 表示 $V_t = 1$V 时的电容值, 可直接从图表查得.

对于扩散缓变结, 一般来说, 不存在这样简单的函数表达式. 但是, 如果结电压很小, 空间电荷区限于 pn 结交界面附近, 在这个限度内, 可以将坐标 x 的原点取在交界面上, 把空间电荷浓度近似写成 x 的线性函数:

$$\text{电荷浓度} = ax, \tag{3.111}$$

($x < 0$ 为 p 型一侧的负受主电荷浓度, $x > 0$ 为 n 型一侧的正施主电荷浓度, 受主和施主的浓度都随着与交界面的距离的增加正比的增大), 称为线性缓变结近似. 在这个近似下, 不难证明电容是和结电压 V_t 的立方根成反比的, 所以电容函数可以写成

$$C_\text{T}(V) = \frac{C(1V)}{V_t^{1/3}} = \frac{C(1V)}{(V_0 - V)^{1/3}}. \tag{3.112}$$

3.7 金属–半导体接触

在半导体片上淀积一层金属而形成紧密的接触, 称为金属–半导体接触. 硅平面器件中大量采用的铝–硅接触就是典型的实例, 如图 3.77 所示, 金属–半导体接触, 由于具体情况不同, 可以有很不同的伏–安特性. 最重要的有两类典型接触: 一

类是半导体掺杂浓度较低 (如低于 $5 \times 10^{17} \mathrm{cm}^{-3}$), 这时表现出类似 pn 结的单向导电性. 另一类是半导体掺杂浓度很高 (如高于 $10^{20} \mathrm{cm}^{-3}$), 这时无论加正向或反向电压, 电流都随电压很快增大, 相当于一个很小的电阻. 图 3.77 中, (1) 表示掺杂低的情形, (3) 表示掺杂高的情形, (2) 表示中间的情形.

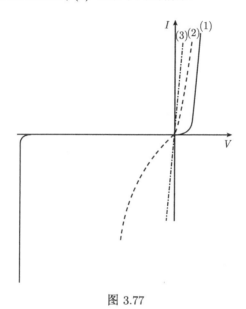

图 3.77

具有单向导电性的金属–半导体接触, 称为肖特基势垒二极管, 简称 SBD. 电阻很低的金属–半导体接触称为欧姆接触. 两者在实际中都很重要. 肖特基势垒二极管的伏安特性和 pn 结相似, 但是又有不同于 pn 结的一些特点, 使它在微波技术、高速集成电路等许多领域都有重要的应用. 另一方面, 半导体器件一般都要利用金属电极输入和输出电流, 这就要求金属和半导体形成良好的欧姆接触. 特别是超高频和大功率器件, 欧姆接触是设计和制造中的一个重要关键.

下面主要阐明这两类接触的原理, 指出它们的特性与哪些因素有关.

3.7.1 肖特基势垒二极管 (SBD) 的单向导电性

金属和 n 型或 p 型半导体都可以形成具有单向导电性的接触, 即 SBD. 为了便于说明问题, 我们用金属和 n 型半导体的 SBD 来说明单向导电性的原理.

SBD 的结构和 pn 结是相似的. pn 结是由 p 型和 n 型半导体相互连接构成的, 金属 -n 型半导体的 SBD 则是由金属和 n 型半导体相互连接构成的. 在 pn 结中要形成空间电荷区和自建场; 在 SBD 中同样要形成空间电荷区和自建场, 它们正是分析 SBD 单向导电性的基础. 为了说明这些问题, 首先需要介绍一下金属中的能带和费米能级, 以及所谓热电子发射的现象.

　　金属的基本特点是它内部有大量导电的电子, 它们基本上填满了导带下部的能级, 再高的能级则基本上是空的. 费米能级的位置就在填满和空的能级的分界上, 如图 3.78 所示.

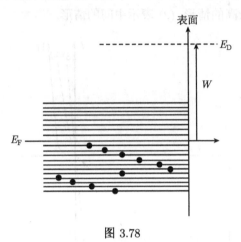

图 3.78

　　金属中大量导电电子是不停顿地激烈运动的, 但是, 因为能量较低, 它们并不能脱离金属, 一遇到表面就会被反弹回去. 电子只有首先被热激发到能量足够高的空能级, 才能跑出金属表面之外, 这种现象称为热电子发射. 热电子发射最熟知的实例就是电子管阴极发射的电子电流. 它由于阴极被烧热后, 内部有更多的电子被热激发到高能级, 穿出表面发射出来而产生的电流. 电子能量达到多高才能发射出来呢? 衡量的标准就是图 3.78 中的横线 E_0, E_0 表示刚刚能够脱离金属发射到真空中去的电子能量. E_0 有时称为真空能级, 因为它实际上是表示真空中一个静止电子的能量 (也就是在真空中电子所能具有的最低能量). 因为就金属中绝大部分的电子来说, 都是在 E_F 以下的能级之中, 要使它们能逸出金属表面 (即能达到 E_0 以上的能级), 最少需要给予它们的能量就从 E_F 到 E_0 的高度 W. 这个能量称为金属的逸出功或功函数. 功函数的大小对热电子发射有重要的影响, 热电子发射电流与指数函数 $e^{-W/kT}$ 成正比.

　　上面着重介绍了功函数的概念, 是因为功函数 W 经常用做表示金属中费米能级位置的参数, 显然, W 越小, 费米能级 E_F 就越高, W 越大, 费米能级就越低. 在讨论半导体时, 由于 E_F 在禁带中, 我们往往就以导带底 E_C、价带顶 E_V 或本征能级 E_i 为参考标准, 以相对于它们的距离 $(E_C - E_F)$, $(E_F - E_V)$ 或 $(E_F - E_i)$ 来表示 E_F 的位置. 对于金属, 通过 W 来表示 E_F 的位置, 实际上就是以真空能级 E_0 作为参考标准来表示 E_F 的位置, 如图 3.79 所示. 半导体的费米能级 $(E_F)_{\rm 半}$ 同样可以通过半导体的功函数 $W_{\rm 半}$ 来表示. 在考虑金属–半导体接触时, 两者的费米能级实际上往往都是通过功函数来表示的, 因为这样做参考标准 E_0 是共同的, 便于直接比较两者费米能级的高低, 哪一个的功函数更大, 就表明哪一个的 E_F 位置更低.

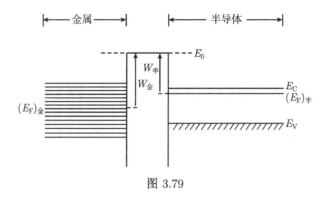

图 3.79

pn 结中所以形成空间电荷区和自建场, 是因为 p 型和 n 型半导体的电子费米能级原来高低不同, 相互是不平衡的. 形成 SBD 的金属和 n 型半导体, 如图 3.79 所示, 一般功函数不同, 所以也是相互不平衡的. 因此, 同样也要发生电荷的流动, 形成空间电荷区、自建场和势垒, 最后使费米能级在各处都达到同一水平. 但是, 在后面我们将看到, 金属–半导体接触和 pn 结的一个重要区别, 是在交界面处存在大量的界面态, 它们对形成空间电荷区、自建场和势垒实际上起着重要的作用.

如图 3.80 所示, 金属和 n 型半导体的 SBD 的空间电荷区很像一个 p⁺n 的单边突变结. 空间电荷区的宽度几乎全在半导体的一边, 其中正的空间电荷由电离施主构成. 一般说来, 金属一边空间电荷区所以很窄, 是因为载流子浓度很高, 相当于很高的掺杂浓度. 但是, 在后面我们将看到, 图 3.79 中所画的负电荷, 实际上代表了金属表面电荷和界面态中电荷的总合, 这两部分电荷紧挨在一起, 几乎没有厚度 (为原子大小的数量级).

图 3.80 的下部是相应的能带图. 金属和半导体的 E_F 在各处达到同一水平, 表示平衡. 空间电荷区中电场的方向是阻止电子从半导体内向界面运动的, 所以, 能带是向上弯的, 对电子形成一个势垒. 势垒的高度代表从半导体内到界面, 电子位能的增加, 它应等于电子电荷 $-q$ 与从半导体内到界面的电势差 $-V_D$(因这个电势差是负的, 写成 $-V_D$, V_D 为正) 的乘积 qV_D. 我们要注意把它和金属方面的势垒高度 φ_M 相区别, 而不要混淆起来. φ_M 是指从费米能级算起的势垒高度, 从图上可以看到它和 qV_D 有下列关系:

$$\varphi_M = qV_D + (E_C - E_F). \tag{3.113}$$

下面将看到 φ_M 是决定 SBD 特性的一个重要的物理量, 所以, 作为一个参数, 讲到 SBD 的势垒高度时, 一般都是指 φ_M.

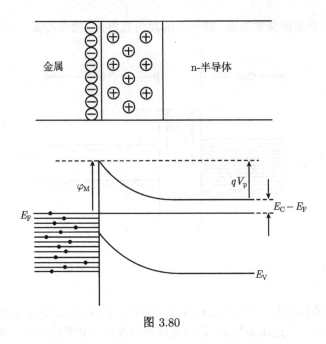

图 3.80

　　分析 SBD 单向导电性的关键是分析通过金属–半导体界面的热电子发射. 从图 3.80 中金属电子所占据的能级来看, 显然一般的电子并不能进入半导体的导带, 金属的电子只有热激发到超越势垒的能级时, 才能通过界面进入半导体导带, 这实际上就是前面讲的热电子发射, 只不过这里是向半导体的导带而不是向真空发射电子而已, 所以, 功函数 W 在这里将由势垒高度 φ_M 所取代. 半导体也要通过界面向金属发射电子, 但特点有所不同, 在半导体内凡是能够通过空间电荷区 (主要是靠扩散) 到达界面的电子, 都可以自由地发射进金属. 在不加偏压的平衡情况下, 界面两边的金属和半导体相互发射的电子电流, 大小相等, 方向相反, 构成动态平衡, 净电流为 0. 在外加偏压下, 将打破它们的平衡, 从而引起电流. 下面通过对外加偏压怎样影响通过界面的电子发射的分析, 就会看到 SBD 的单向导电性是怎么发生的.

　　在外加偏压下, 空间电荷区、自建场、势垒都要发生变化. 空间电荷区主要在半导体一边, 外加偏压也主要是改变这一边的电势差. 在加正向偏压 $V = V_f$ 时 (即金属加正电压), 自建场将削弱, 半导体方面的势垒将由 qV_D 降为 $q(V_D - V_f)$, 如图 3.81 所示. 这时从半导体到金属的电子数目增加, 超过从金属到半导体的电子, 形成一股自金属到半导体的正向电流, 在加反向偏压 $V = -V_r$ 时 (即金属加负电压), 自建场增强, 势垒高度由 qV_D 增高为 $q(V_D + V_r)$. 这时从半导体到金属的电子减少, 使得金属到半导体的电子占优势, 形成一股由半导体到金属的反向电流. 如图 3.81 所示, 金属方面的势垒 φ_M 不随外加偏压变化, 所以, 金属向半导体的热电子发射电流也是恒定的. 因此, 当反向偏压提高, 半导体射向金属的电子可以不计时, 反向电流将趋于饱和值, 即等于金属向半导体的热电子发射电流.

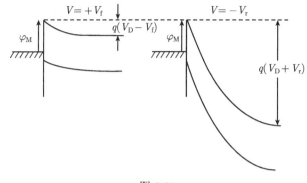

图 3.81

下面我们将用近似的方法, 从理论上导出 SBD 的电流–电压关系.

在平衡情况下, 从半导体方面来看, 由于存在势垒 qV_D, 使得界面处电子的浓度 $n(0)$ 比体内减少. 如 n 型半导体的掺杂浓度为 N_D, 按玻耳兹曼分布规律,

$$n(0) = N_D e^{-qV_D/kT}. \tag{3.114}$$

在加正向偏 $V = V_f$ 时, 由于势垒降为 $q(V_D - V_f)$, 界面处的电子浓度 $n(V_f)$ 按玻耳兹曼分布 (相当于假设电子准费米能级为水平的) 近似为

$$n(V_f) = N_D e^{-q(V_D - V_f)/kT} = n(0) e^{qV_f/kT}. \tag{3.115}$$

正是由于电子浓度随正向偏压按指数增长, 才使从半导体到金属的电子电流 J_{sm} 随正向偏压迅速增长. 这个电流不难用粗浅的方法作近似的计算. 在界面处浓度为 $n(V_f)$ 的电子本来是朝四面八方作热运动的, 为了作简单的计算, 我们把热运动近似地看成是朝前后、左右、上下六个方向进行的, 这样 $n(V_f)$ 个电子中可以认为只有 1/6 射向金属, 造成电流 J_{sm}. 如果用 $\bar{v}$ 表示它们的平均热运动速度, 就可以写出电流密度

$$J_{sm} = \frac{1}{6} n(V_f) \bar{v} q. \tag{3.116}$$

代进 (3.115) 式, 得到

$$J_{sm} = J_0 e^{qV_f/kT}, \tag{3.117}$$

其中

$$J_0 = \frac{1}{6} n(0) \bar{v} q. \tag{3.118}$$

在加反向偏压 $V = -V_r$ 时, 势垒增高为 $q(V_D + V_r)$, 界面处的电子浓度近似为

$$n(V_r) = N_D e^{-q(V_D + V_r)/kT} = n(0) e^{-qV_r/kT}. \tag{3.119}$$

采用和以上相同的计算方法, 向金属发射的电子电流密度

$$J_{\mathrm{sm}} = J_0 \mathrm{e}^{-qV_r/kT}, \tag{3.120}$$

J_0 和以上的含义一样. 显然, 以上对正向和反向求得的 J_{sm} 公式可以统一表示为

$$J_{\mathrm{sm}} = J_0 \mathrm{e}^{qV/kT}, \tag{3.121}$$

对正向 $V > 0$, 对反向 $V < 0$.

在 $V = 0$ 时, 从金属到半导体的热电子发射电流必须和从半导体到金属的电流

$$(J_{\mathrm{sm}})_{V=0} = J_0 \tag{3.122}$$

大小相等方向相反. 上面已指出过, 这个热电子发射电流又是不随外加偏压变化的. 也就是说, 对于所有正反向偏压, 从金属到半导体的热电子发射电流都恒等于 J_0, 电流方向 J_{sm} 相反. 因此, 两者相减得到通过 SBD 的电流密度

$$J = J_0 \mathrm{e}^{qV/kT} - J_0 = J_0(\mathrm{e}^{qV/kT} - 1). \tag{3.123}$$

这个电流是以电子由半导体射向金属为正, 由于电子带负电荷, J 实际上代表的是从金属到半导体的电流.

SBD 与 pn 结对比, 既有共同点又有其特点. 它们都具有单向导电性, 而且上面导出的电流公式和 pn 结的电流电压关系完全相似. 但是, 两者的载流子运动形式有质的区别. pn 结的电流取决于非平衡载流子的扩散运动, SBD 的电流主要取决于热电子发射. pn 结在正向工作时, 由于少子的注入造成了非平衡载流子的积累, 称为电荷存储效应. 当外加偏压变化时, 存储电荷积累或消失需有一弛豫过程 (即变化中的拖后现象), 这一点严重限制了 pn 结在高频和高速器件中的应用. SBD 电流则主要取决于多数载流子, 以金属 n 型半导体的 SBD 为例, 正向电流主要是 n 型半导体的电子发射进金属, 它们进入金属后直接成为漂移电流而流走, 不发生电荷存储现象. 正是这个重要的特点, 使 SBD 在高频、高速器件中有很多重要应用.

还值得提出的是, 由于在 SBD 中以热电子发射代替了 pn 结中非平衡载流子的扩散, 而发生的另一个区别. 拿前面推导的正向电流 J_{sm} 的公式和 pn 结正向电流相比较, 不难看出, 载流子的热运动速度 (实际上是 $\bar{v}/6$) 取代了 pn 结电流中的扩散速度 D/L. 而在一般情况下, 前者往往要比后者大几个数量级. 这就是说, 对于相同的势垒高度 qV_0, SBD 电流要比 pn 结大几个数量级. 或者说, 对于同样的使用电流, SBD 将有较低的正向导通电压.

我们还需要进一步讨论一下电流公式中的 J_0. 因为它包含着 SBD 势垒高度 φ_{M} 和温度对 SBD 的影响.

将 (3.114) 式代入 (3.118) 式, 得

$$J_0 = \frac{1}{6}\bar{v}qN_{\mathrm{D}}\mathrm{e}^{-qV_{\mathrm{D}}/kT}. \tag{3.124}$$

N_{D} 代表半导体内部的电子浓度, 可以用费米能级表示成

$$N_{\mathrm{D}} = N_{\mathrm{C}}\mathrm{e}^{(-E_{\mathrm{C}}-E_{\mathrm{F}})/kT}, \tag{3.125}$$

E_{C}、N_{C} 分别是导带底能量和导带有效能态密度. 代入 (3.127) 式有

$$J_0 = \frac{1}{6}N_{\mathrm{C}}q\bar{v}\mathrm{e}^{-(qV_{\mathrm{D}}+E_{\mathrm{C}}-E_{\mathrm{F}})/kT}. \tag{3.126}$$

前面结合图 3.79, 在 (3.113) 式中已经指出

$$\varphi_{\mathrm{M}} = qV_{\mathrm{D}} + E_{\mathrm{C}} - E_{\mathrm{F}}.$$

此外, 从以前的章节知道, N_{C} 和 $\bar{v}$ 都是温度的函数, 即

$$N_{\mathrm{C}} \propto T^{3/2}, \quad \bar{v} \propto T^{1/2}.$$

所以, 代入 (3.126) 式后, 我们可以把 J_0 写成温度的函数:

$$J_0 = AT^2\mathrm{e}^{-\varphi_{\mathrm{M}}/kT}, \tag{3.127}$$

其中 A 是一个常数.

J_0 的这个公式表明了势垒高度 φ_{M} 对 SBD 电流的重要影响. 显然, φ_{M} 越大, 电流越小. 对正向使用来讲, 由于外加偏压必须使电流达到使用的水平, 所以 φ_{M} 越大, J_0 越小, 需要加的偏压就越大. 换句话说, φ_{M} 直接联系着 SBD 的正向导通电压, φ_{M} 越大, SBD 的导通电压也越大.

利用 J_0 的公式, 还可以通过实验测量 SBD 电流随温度的变化, 反过来测定势垒高度.

3.7.2 SBD 势垒和表面态

前面曾指出, 在金属–半导体接触的交界面, 半导体有大量的表面态, 它们对势垒的形成有极重要的影响. 但是, 为了有步骤地说明这个问题, 先讨论一下没有表面态的情形.

我们仍以 n 型半导体的 SBD 为例. 图 3.82 画出了没有接触前的金属和半导体. 除去它们的费米能级和功函数外, 图中还注明了从半导体导带底到 E_0 能级的能量, 这个能量代表使半导体导带底的电子脱离半导体最少需要给予的能量, 有时称为电子亲和力, 用 χ 表示.

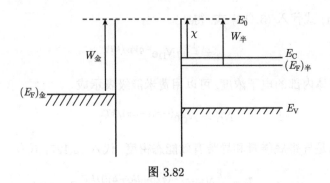

图 3.82

　　由于金属和半导体的功函数一般不同 (即 E_F 高低不同), 在它们形成接触时, 就要发生电荷转移, 造成空间电荷区, 出现接触电势差, 从而使它们的费米能级拉平. 前面曾指出, 金属的一边因载流子浓度极高, 电荷限于极薄的表面层 (厚度为原子的大小), 而半导体的一边则将出现有一定厚度的空间电荷区, 图 3.83 画出了相应的能带图. 为了说明问题方便, 在这张图上我们以夸大的方式具体表示出, 在界面处从金属到半导体的间距 δ(实际上它表达的主要是从金属的表面电荷到半导体表面的平均距离). 这个间距只是一二个原子的距离 (几个埃), 和半导体一边空间电荷区的厚度 (一般为微米的数量级) 相比, 要小几个数量级. 在这样的情况下, 从半导体到金属的电势差 (即接触电势差) 基本上全部降落在半导体的空间电荷区内, 即如图中所示:

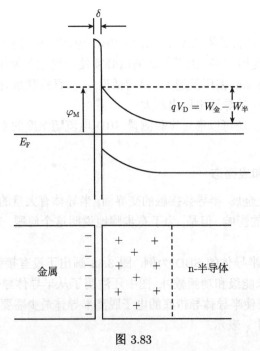

图 3.83

$$qV_0 = W_金 - W_半. \tag{3.128}$$

在间距 δ 内的电势差是微忽其微的, 完全可以不计. 这就是说, 金属–半导体形成了 SBD, 虽然发生了接触电势差, 但从金属表面到半导体表面, 相距极近, 基本没有电势差. 在这里一个电子要从金属的费米能级跳进半导体的导带, 所需的能量和图 3.84 中没有电势差的情况是一样的, 即 $W_金 - \chi$. 当然这个能量也就是 SBD 的势垒高度 φ_M, 这样我们就得到

$$\varphi_M = W_金 - \chi. \tag{3.129}$$

这个结论在图 3.80 上也是极为明显的.

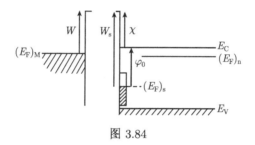

图 3.84

按照上式, 在同一种半导体上 (χ 保持一定的值) 用不同金属制做的 SBD, 其势垒高度应当是直接随着金属的功函数变化的, 但实际测量的结果并不是这样. 表 3.2 列出了一系列不同金属和 n-Si, n-GaAs 做成的 SBD 的势垒高度的测量值, 表中同时也给出了各金属的功函数. 虽然实际的势垒高度往往与具体工艺有关, 不能给出很确定的值 (对硅的 SBD 只给出不同测量结果的范围), 不同来源的金属功函数的数据也有相当的差异. 但是, 很明显, 不同金属的功函数有较大差别, 而对比起

表 3.2

金属	功函数/ eV	φ_M / eV	
		n-Si-SBD	n-GaAs-SBD
Ag	4.97	0.56~0.76	0.88
Al	4.13	0.50~0.77	0.80
Au	5.06	0.78~0.84	0.90
Cr	4.18	0.57~0.59	
Cu	4.87	0.59~0.79	0.82
Mg	3.19	0.36	
Ni	4.5	0.67~0.70	
Pb	4.2	0.40~0.79	
Sn	3.42	0.56~0.70	
Pt	5.3	0.90	0.86

来, 势垒高度的差别却很小, 不符合 (3.129) 式. 特别是, 按以上的分析, 如果

$$W_{\text{金}} < \chi,$$

将不能形成势垒, 换句话说, 这样的金属–半导体接触将不会形成具有单向导电性
的 SBD. 实际并不是这样, 例如, 硅的亲和力为 4.24eV, 铝的功函数 4.13eV 比硅的
亲和力低, 但是铝和 n-Si 构成了目前最广泛采用的 SBD.

在使用各种半导体材料做 SBD 时都发现, 金属功函数对势垒高度影响较小.
这个一度被人们认为十分难以理解的事实终于使人们认识到, 在半导体界面显然存
在着大量的表面态. 当金属和半导体形成接触时, 首先要和半导体的表面态中的电
子达到平衡. 只要表面态足够多, 能态密度足够大, 它们与金属间的这种相互作用
将在很大程度上屏蔽了金属对半导体的影响.

在不考虑表面态时, SBD 的空间电荷区和势垒是由金属和半导体这样两个电
子系统的平衡所决定的. 考虑了表面态以后, 就要涉及金属、表面态和半导体三个
电子系统的相互平衡. 为了说清这个问题, 先设想这三个系统没有相互接触各自处
于电中性的情形, 如图 3.84 所示. 在图中, $(E_{\text{F}})_{\text{M}}$ 是金属的费米能级, $(E_{\text{F}})_{\text{n}}$ 是 n
型半导体内的费米能级, 半导体表面态画在表面处禁带之中, $(E_{\text{F}})_{\text{s}}$ 是表面态处于
电中性状况时的费米能级, $(E_{\text{F}})_{\text{s}}$ 可以看成是填满和空的表面能级的分界线. 也可
以说, 电子填充表面态到电中性时所达到的能级即 $(E_{\text{F}})_{\text{s}}$. 在图中我们分别用 W_{s}
和 ϕ_0 表示从表面态的 $(E_{\text{F}})_{\text{s}}$ 到真空能级 E_0 和导带底的能量. 金属、表面态、半
导体一个系统的费米能级高低不同, 所以是不平衡的, 在形成接触时将产生电子转
移, 造成 SBD 的空间电荷区和势垒, 最后使三个系统的费米能级达到同一水平. 我
们将分两步来分析这个问题. 第一步只考虑金属和表面态间的平衡, 把它们和半导
体内取得平衡的问题放在第二步去考虑.

以图 3.84 所示的情形为例, 由于 $W_{\text{s}} > W$, 半导体表面态的费米能级比金属
低. 当它们形成接触时, 电子将从金属流入半导体表面态, 使金属表面带正电, 半导
体表面态带负电, 它们在间隙 δ 中产生从金属指向半导体的电场, 以及相应的电势
差 ΔV(金属一边为正). 这个过程的作用是, 使金属与半导体表面态的 E_{F} 相互接
近, 以至最后拉平, 因为:

(1) 间隔 δ 中形成的电势差 ΔV 将使金属的能带连同其费米能级相对半导体
下降 $q\Delta V$;

(2) 电子填进半导体表面态, 使表面态的费米能级升高 ΔE_{F}. 原来金属费米
能级比表面态高 $(W_{\text{s}} - W)$, 现在金属的费米能级下降 $q\Delta V$, 表面态费米能级升高
ΔE_{F}. 显然当两者相加适能补偿以上差别, 即

$$q\Delta V + \Delta E_{\text{F}} = W_{\text{s}} - W \tag{3.130}$$

时, 金属和半导体表面态之间就达到了平衡. 图 3.85 中画出了金属和半导体表面态达到平衡时的能带图. 图中费米能级 E_F 以下的虚线表示原来表面态的费米能级 $(E_F)_S$ 的高度, 现在的 E_F 比它升高了 ΔE_F. 我们看到, 从金属费米能级到半导体导带的能量, 即势垒

$$\varphi_M = \varphi_0 - \Delta E_F, \tag{3.131}$$

其中 φ_0 就是从原来表面态费米能级到导带的能量.

和没有表面态的情况相比, 有一点需要特别指出: 对于没有表面态的情形, 我们曾论证过, 由于表面间距 δ 很小, 其中的电势差只占接触电势差的极少部分, 实际上是微乎其微, 完全可以忽略不计的. 有表面态的情形就完全不一样, 在补偿 $W_s - W$ 时 $q\Delta V$ 起主要作用 (实践证明, 正是 $q\Delta V$ 补偿了 $W_s - W$, ΔE_F 是次要的), 那么, 在间隙 δ 中的电势差 ΔV 必将达到 1 伏上下的数量级. 这就是说, 金属和表面态电荷在间隙中产生的电场远远强于没有表面态时的空间电荷区电场. 这反过来又说明, 金属和表面态上单位面积的电荷远大于没有表面态时单位表面的空间电荷. 有了这样的了解, 第二步要考虑的问题就很容易解决了.

第二步的问题就是进一步考虑和半导体内部平衡的问题. 我们仍结合图 3.85 所画的具体情形来考虑这个问题. 由于半导体内部的费米能级 $(E_F)_n$ 高于金属和表面态的费米能级, 显然电子将从半导体流向金属和表面态, 使它们构成一负电荷层, 同时在半导体一边形成有一定厚度的正空间电荷区. 在空间电荷区中的电势差 (半导体一边为正) 使半导体内的能带连同其费米能级一起下降, 最后使金属、表面态、半导体三个系统的费米能级都达同一水平, 如图 3.86 所示. 在这个过程中, 当然金属和表面态中的电荷以及间隙 δ 中的电场都要有相应的变化. 但根据上面所作的分析, 这种变化和原来在这里极强的电荷和电场相比, 是极为微小的, 完全可以忽略. 这就是说, 在金属、表面态一边的情况基本上和上面一样, 因此, SBD 的势垒高度就是前面已得出的 (3.131) 式.

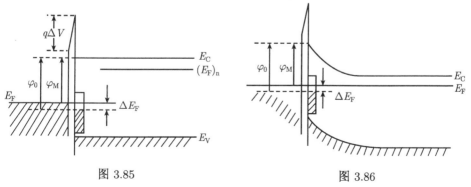

图 3.85   图 3.86

这个结果说明什么呢? 先讨论一下表面态很多、能态密度很大的极端情况, 将

有助于我们了解这个问题. 我们知道, (3.131) 式的 ΔE_F, 是由于在金属和表面态达到平衡的过程中要交换电子, 由此而流进 (或流出) 表面态的电子致使填充水平 (E_F) 发生的变化. 显然, 在有同样多的电子流入 (或流出) 的情况下, 表面态密度越大, E_F 的变化越小. 所以, 对于表面态密度很大的极端情况, 不管和金属交换的电子有多少, 表面态 E_F 的变化都将十分微小, 甚至可以认为 $\Delta E_F \approx 0$, 这时则有

$$\varphi_M \approx \varphi_0. \tag{3.132}$$

也就是说, 在这种情况下, SBD 的势垒高度 φ_M 与金属功函数的大小无关, 完全由表面态的 φ_0 所决定. 我们记得, φ_0 就是从表面态为电中性时的费米能级到导带的能量, 在几种主要的半导体材料中, GaAs 最接近这种情况. 从前面列举的势垒高度的数据中也可以看到, 各种金属和 n-GaAs 制成的 SBD 的势垒高度都接近相同. 在 GaAs 以及包括硅、锗等大部分重要半导体材料中, 都发现 φ_0 约为禁带宽 E_g 的 2/3, 这就是说, 表面态电中性的费米能级是在导带下 2/3 禁带宽处, 或者说是在价带上 1/3 禁带宽处. 在表面态密度较高时, 正是主要由这个费米能级位置来决定 SBD 势垒高度.

当然, 在一般情况下金属功函数对 φ_M 是有影响的. 我们可以这样分析: 令 ΔN 表示每单位面积由金属到表面态的电子数. 如果表面态单位面积的态密度用 σ 表示, 则

$$\Delta N = \sigma \Delta E_F, \quad \text{或} \quad \Delta E_F = \frac{\Delta N}{\sigma}. \tag{3.133}$$

另外, 因为这里金属和表面态单位面积的电荷为 $\pm \Delta N q$, 它们在 δ 内产生的电场强度应等于 $\frac{\Delta N q}{\epsilon_0 \epsilon}$($\epsilon$ 为这里的介电常数), 于是得到电势差

$$\Delta V = \frac{\Delta N q \delta}{\epsilon_0 \epsilon}. \tag{3.134}$$

把 ΔE_F 和 ΔV 代入 (3.130) 式, 有

$$\Delta N \left(\frac{1}{\sigma} + \frac{q^2 \delta}{\epsilon_0 \epsilon} \right) = W_s - W, \tag{3.135}$$

由此求得

$$\Delta N = \frac{1}{\dfrac{1}{\sigma} + \dfrac{q^2 \delta}{\epsilon_0 \epsilon}} (W_s - W), \tag{3.136}$$

所以,

$$\Delta E_F = \frac{\Delta N}{\sigma} = \frac{\dfrac{1}{\sigma}}{\dfrac{1}{\sigma} + \dfrac{q^2 \delta}{\epsilon_0 \epsilon}} (W_s - W). \tag{3.137}$$

将 ΔE_F 代入 (3.131) 式,

$$\varphi_M = \varphi_0 - \Delta E_F = \varphi_0 + \frac{\dfrac{1}{\sigma}}{\dfrac{1}{\sigma} + \dfrac{q^2\delta}{\epsilon_0\epsilon}}(W - W_s). \tag{3.138}$$

上式具体说明了 SBD 的势垒高度是如何随金属功函数 W 变化的. 因为 W 一项的系数

$$\frac{\dfrac{1}{\sigma}}{\dfrac{1}{\sigma} + \dfrac{q^2\delta}{\epsilon_0\epsilon}}$$

是一个分数, φ_M 变化的幅度要比 W 小. 例如, 对 n 型硅的 SBD 的势垒的实验值进行分析表明, 以上系数大约为 1/5, 也就是说, SBD 势垒高度的变化只有金属功函数变化的 1/5. 例如, 两金属功函数相差 1eV, 它们和 n 型硅做成的 SBD, 势垒的高度只相差 1/5eV.

在 pn 结中势垒高度是直接和接触电势差相联系的. 这里应强调指出, 在 SBD 中由于表面态的作用, 从半导体到金属的电势差 (即接触电势差) 只有一部分降落在半导体空间电荷区, 形成半导体一边的势垒, 另一部分则集中降在间隙 δ 之中 (即上面的 ΔV). 因此, 半导体内的势垒高度并不等于接触电势差乘 q. 以图 3.86 的情形为例, 在半导体空间电荷区内电势差的方向 (从半导体向金属方向, 电势下降) 和在间隙 δ 内电势差的方向 (从半导体到金属, 电势上升) 是相反的; 对于这样的情形, 半导体内的电势差和接触电势差的方向甚至可以是相反的. 铝和 n-Si 的 SBD 就属于这种情形.

可能会提出疑问: 为什么在前面考虑外加偏压时, 又认为它全部落在半导体空间电荷区内呢 [如原半导体空间电荷区势垒为 qV_0, 有外加偏压 V 时, 则写为 $q(V_0 - V)$]? 这是因为考虑到半导体表面态在能量上和金属能带完全重合, 所以, 它们之间交换电子特别直接迅速, 即使在有外加电压条件下, 金属和表面态之间仍将保持着原来的平衡状态. 这就是说, 间隙 δ 内的电势差及 φ_M 都保持平衡时的数值不变. 在这样的情况下, 外加偏压的变化当然就都表现在半导体空间电荷区内了.

3.7.3 欧姆接触

实际的金属–半导体接触, 一般都具有较高的表面态密度, 所以, 达到平衡时, 界面处费米能级必然要很接近原来的表面态费米能级 $(E_F)_s$. 而前面已经指出, 对大多数的主要半导体, $(E_F)_s$ 在价带之上约 $1/3E_g$ 处. 图 3.87 表示, $(E_F)_s$ 在这样的位置, 不论 n 型或 p 型半导体都将形成势垒. 图中用 V_s 表示半导体表面相对于内部的电势差, 我们看到, 对 n 型半导体, $-qV_s > 0$, 能带向上弯, 构成对电子的势垒, 对 p 型半导体, $-qV_s < 0$, 能带向下弯, 构成对空穴的势垒.

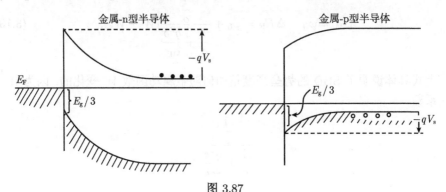

图 3.87

金属和半导体接触, 既然一般都会形成势垒, 那么按照前面讨论的理论, 岂不是都将成为具有单向导电性的 SBD 了吗? 为什么半导体掺杂浓度高时又可以做成欧姆接触呢? 这是因为在半导体掺杂浓度较高的情况下, 电子可以借隧道效应穿过势垒. 图 3.88 形象地划出了隧道穿透和热电子发射的区别. 隧道效应的特点, 是隧道穿透的概率十分强烈地依赖于隧道的长度 l 和高度 h, 当它们缩减到一定程度时, 穿透概率就迅速上升. 由图 3.88 可以看到, 对于金属–半导体接触势垒, 隧道长度就是空间电荷区的宽度, 而后者是和半导体掺杂浓度的平方根成反比的 (单边突变结). 在低掺杂情况下, 空间电荷区较宽, 隧道穿透可以忽略, 这时只有热电子发射电流, 随着掺杂浓度的提高, 空间电荷区逐渐变窄, 势垒逐渐变薄, 进而出现了隧道电流, 并最后超过热电子发射成为电流的主要形式; 随着掺杂浓度的继续提高, 电流将迅速增大, 于是就形成了低阻的欧姆接触.

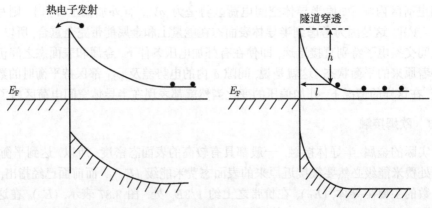

图 3.88

图 3.89 的曲线是通过理论计算所得到的, 金属和硅接触的接触电阻 R_c 与硅掺杂浓度的关系. 接触电阻 R_c 指单位面积金属-半导体接触的微分电阻:

$$\frac{1}{R_c} = \left(\frac{\mathrm{d}J}{\mathrm{d}V}\right)_{V \to 0} \tag{3.139}$$

J 为通过金属-半导体接触的电流密度, V 为外加偏压, 实线表示 n 型硅, 虚线表示 p 型硅, 每一条曲线都是按照一定的势垒高度 φ_M 计算的. φ_M 值注明在曲线上. 图中的点是分别由 PtSi-Si 接触 ($\varphi_M = 0.85\mathrm{eV}$) 和 Al-Si, Mo-Si 接触 ($\varphi_M = 0.6\mathrm{eV}$) 得到的实验测量值, 可以看到, 它们和理论计算结果是非常一致的.

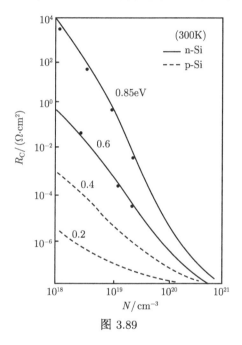

图 3.89

从曲线看到, 接触电阻是由势垒高度和半导体掺杂浓度两个因素决定的. 因此, 半导体掺杂到多高的浓度才能获得良好的欧姆接触, 是和接触势垒的高度有关的. 例如, 由于表面态费米能级 $(E_F)_s$ 距价带比导带近, 所以, p 型比 n 型势垒较低, 因此也更容易做成欧姆接触.

最后应当指出, 这一节主要只是说明为什么金属-半导体接触可以做成低电阻的欧姆接触. 而实际的欧姆接触除了要考虑接触电阻以外, 还要考虑许多工艺上的以及使用要求上的具体问题, 以选择适当的金属电极材料和工艺. 这些重要的实际问题, 这里不可能一一介绍. 表 3.3 给出一组不同导电类型和电阻率的硅和各种金属电极 (包括多层的) 的接触电阻, 接触面积为 $10^{-4}\mathrm{cm}^2$; 括号 (R) 表示已显示出单向导电性的整流接触.

表 3.3

型号		n	n	p	p	p
电阻率/ (Ω·cm)		0.001	0.01	0.002	0.04	0.5
接触电阻/Ω	Al	0.09	6(R)	0.03	1	20
	Al+PtSi	0.02	0.1	0.02	0.7	10
	Pt	0.08	5(R)	0.06	3(R)	80(R)
	Pt+PtSi	0.2	0.4	0.03	1	10
	Ni	0.02	2	0.02	4(R)	100(R)
	Ni+PtSi	0.02	0.3	0.02	2	20
	Cr	0.03	3(R)	0.04	8(R)	200(R)
	Cr+PtSi	0.03	0.2	0.04	1	15
	Ti	0.01	4	0.01		
	Ti+PtSi	0.01	0.2	0.01	0.01	15

第4章 半导体表面

半导体表面问题在半导体生产实践和科学实验中所以重要, 这有两方面的原因: 一、半导体表面的状况可以严重影响半导体器件的性能, 特别是器件的稳定性、可靠性, 因此, 半导体表面的研究对改进器件生产和提高成品的稳定性、可靠性, 都有重要的作用. 二、近年来, 利用半导体表面特有的效应研制出十分重要的新器件, 目前已经大量生产的金属–氧化物–半导体晶体管 (简称 MOS 晶体管) 及其集成电路就是最典型的一种, 在其基础上又发展了电荷耦合器件 (简称 CCD) 等一系列新型器件.

这两方面的核心问题, 都密切涉及在外电场作用下, 半导体表面产生的空间电荷区和所谓反型载流子. 我们在 4.1 将首先讨论这种表面空间电荷区, 以及由反型载流子构成的导电层 —— 反型层. 然后, 在 4.2 节、4.3 节中讨论在半导体上覆盖绝缘层和金属层所构成的 "MIS 电容器", 这种电容器直接反映了半导体表面空间电荷区及反型层的电容效应. 利用 MIS 电容器进行实验测量, 是检测和研究半导体表面状况的一种有力手段. 目前对半导体表面的了解, 很大一部分是通过这种手段取得的. 4.4 节扼要总结目前对硅–二氧化硅表面的基本了解. 4.5 节讨论了 MOS 晶体管的工作原理. 4.6 节初步介绍一些有关电荷耦合器件的物理概念.

4.1 表面空间电荷区及反型层

众所周知, 当一个导体靠近一个带电体时, 在导体表面引起符号相反的感生电荷. 表面感生电荷对半导体表面问题是十分重要的. 这一节要讲的表面空间电荷区和反型层, 实际上都属于半导体表面的感生电荷. 为了在半导体表面产生感生电荷, 常常采用图 4.1 所示的金属–绝缘体–半导体三层结构, 简称为 MIS(如绝缘体采用氧化物则称为 MOS, 硅片上生长薄氧化膜后再覆盖铝电极, 就是最常见的 MOS 结构). 图 4.1 是在 MIS 结构上加电压, 产生感生电荷的四种情况. 我们看到, 在 n 型半导体上加正电压 (a) 和在 p 型半导体上加负电压 (b), 所产生的感生电荷就是被吸引到表面的多数载流子. 这一过程在半导体内引起的变化并不是很显著的, 仅使载流子浓度在表面附近有所增加. 在 n 型半导体上加负电压 (c) 和在 p 型半导体上加正电压 (d), 所产生的感生电荷和 (a)、(b) 相反, 这是由于多数载流子被排斥走, 在表面形成耗尽层的缘故. 和 pn 结的情形一样, 这里的耗尽层也是由电离施主 [图中 (c)] 或电离受主 [图中 (d)] 构成的空间电荷区. 这种在半导体表面感生的耗尽层是我们要讨论的重点. 在前一章中, 我们已经看到, 表面对 pn 结的性能可以发生重要的影响, 就是由于表面出现耗尽层, 从而使表面的复合和产生电流大大加强. 在这一章中, 我们将看到, 半导体表面耗尽层, 也是各种表面效应器件中的一个极重要的环节. 因此, 我们将首先比较详细地讨论在 MIS 结构中, 通过感应形成表面耗尽层的问题, 从而导出一些后面要用到的理论公式.

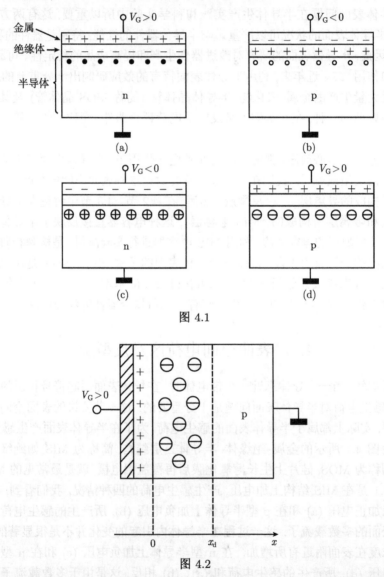

图 4.1

图 4.2

为了具体起见, 我们以 p 型半导体的 MIS 结构为例. 为了形成表面耗尽层, 应在金属电极应加正电压, 使金属表面带正电, 而半导体表面则形成由电离受主构成的负空间电荷区, 如图 4.2 所示. 我们取 x 坐标与表面垂直, 以半导体表面为原点, 并令 x_d 表示耗尽层的边界. 按照以前分析突变结电场的方法, 可以写出空间电荷区中沿 x 方向的电场强度:

$$E(x) = \frac{(x_d - x)N_A q}{\epsilon_0 \epsilon_s}, \tag{4.1}$$

N_A 为受主浓度, ϵ_s 是半导体的介电常数.

我们取半导体内部的电势为 0, 即空间电荷区边界 $x = x_d$ 处的电势为 0. 根据

$$E(x) = -\frac{\mathrm{d}V}{\mathrm{d}x},$$

从 x 到 x_d 对电场积分, 可以求得电势函数如下:

$$V(x_d) - V(x) = \int_x^{x_d} \left(\frac{\mathrm{d}V}{\mathrm{d}x} \right) \mathrm{d}x = - \int_x^{x_d} E(x)\mathrm{d}x. \tag{4.2}$$

代入 (4.1) 式, 并令 $V(x_d) = 0$, 得

$$\begin{aligned} V(x) &= \frac{N_A q}{\epsilon_0 \epsilon_s} \int_x^{x_d} (x_d - x)\mathrm{d}x \\ &= \frac{1}{2} \frac{N_A q (x_d - x)^2}{\epsilon_0 \epsilon_s}. \end{aligned} \tag{4.3}$$

半导体的表面处 (即在 MIS 结构中与绝缘体的交界面处) 的电势是分析表面问题时经常用到的一个物理量, 称为表面势, 常用 V_s 表示. 因为, 在表面处 $x = 0$, 所以, 在电势函数 $V(x)$ 中, 令 $x = 0$ 即变成了表面势的公式:

$$V_s = \frac{1}{2} \frac{N_A q x_d^2}{\epsilon_0 \epsilon_s}. \tag{4.4}$$

在 MIS 结构中, 耗尽层是由金属电极上的电压 V_G 控制的, 有关耗尽层的物理量, 表面势 V_s 和厚度 x_d 都是电压 V_G 的函数. 要具体分析电压对表面耗尽层的控制作用, 就要先求出这些函数关系. 下面我们就从理论上来推导 V_s 和 x_d 与电压 V_G 的函数关系.

因为 V_G 代表从半导体内部到金属电极之间的电势差, 它可以看成是:

(1) 从半导体内到半导体表面的电势差;

(2) 在绝缘层上的电势差,

两者之和. 显然, (1) 就是表面势 V_s. (2) 则可以从单位表面积耗尽层电荷 $-x_d N_A q$ 求出. 因为金属电极上的电荷和它相等相反, 为 $+x_d N_A q$; 它们在绝缘层中产生的电场强度为

$$\frac{x_d N_A q}{\epsilon_0 \epsilon_i},$$

ϵ_i 是绝缘层的介电常数. 用绝缘层厚度 d_i 乘以上电场强度, 就得到绝缘层中的电势差

$$V_i = \frac{x_d N_A q d_i}{\epsilon_0 \epsilon_i} \tag{4.5}$$

不难看出, 此式所表示的, 正是一个以绝缘层为电介质的电容器上的电压. 电容器的单位面积电容为

$$C_i = \frac{\epsilon_0 \epsilon_i}{d_i}. \tag{4.6}$$

以下称 C_i 为绝缘层电容. 把 (4.6) 式代入 (4.5) 式, 则绝缘层上的电压

$$V_i = \frac{x_d N_A q}{C_i}. \tag{4.7}$$

它和表面势 V_s 相加得

$$V_G = V_s + \frac{x_d N_A q}{C_i}. \tag{4.8}$$

为了求出 V_G 与 V_s 之间的函数关系, 我们将 (4.4) 式写成

$$x_d = \left(\frac{2\epsilon_0 \epsilon_s V_s}{N_A q} \right)^{1/2}, \tag{4.9}$$

并代入 (4.8) 式, 得

$$\begin{aligned} V_G &= V_s + \frac{N_A q}{C_i} \left(\frac{2\epsilon_0 \epsilon_s V_s}{N_A q} \right)^{1/2} \\ &= V_s + \left(\frac{2\epsilon_0 \epsilon_s N_A q}{C_i^2} V_s \right)^{1/2}. \end{aligned} \tag{4.10}$$

为了简便起见, 我们引入

$$V_0 = \frac{\epsilon_0 \epsilon_s N_A q}{C_i^2} \tag{4.11}$$

因此式可写为 $V_0 = (\epsilon_s/\epsilon_i)d_i N_A q/C_i$, 所以 V_0 可以解释为耗尽层厚为 $(\epsilon_s/\epsilon_i)d_i$ 时, 在绝缘层上产生的电压值), 则上式变为

$$V_G = V_s + (2V_0)^{1/2} V_s^{1/2}. \tag{4.12}$$

该式可以看做是以 $V_s^{1/2}$ 为未知数的一元二次方程, 按标准方法求解, 得

$$V_s^{1/2} = \frac{1}{2} \left\{ -(2V_0)^{1/2} + \sqrt{2V_0 + 4V_G} \right\}. \tag{4.13}$$

两边乘方得

$$V_s = V_0 + V_G - \sqrt{(V_0^2 + 2V_0 V_G)}. \tag{4.14}$$

如果把 $\sqrt{2V_0}$ 从 (4.13) 式中提到括号的前面, 则有

$$V_s^{1/2} = \frac{\sqrt{2V_0}}{2} \left\{ \sqrt{1 + \frac{2V_G}{V_0}} - 1 \right\}, \tag{4.15}$$

代入 (4.9) 式,

$$x_d = \left(\frac{2\epsilon_0 \epsilon_s V_s}{N_A q} \right)^{1/2},$$

并应用 $V_0 = \epsilon_0 \epsilon_s N_A q / C_i^2$, 即得到 x_d 作为电压 V_G 的函数

$$x_d = \frac{\epsilon_0 \epsilon_s}{C_i} \left\{ \sqrt{1 + \frac{2V_G}{V_0}} - 1 \right\}. \tag{4.16}$$

这一章后面各节将要用到以上有关表面耗尽层的各项结果.

我们知道, 半导体表面耗尽层中电场的方向是把多子排斥到体内, 而把少子扫向表面的. 因为被扫向表面的少子, 在表面可以聚集而成为那里的多子 (见下面的反型层), 所以, 称它们为反型载流子更恰当, 以说明它们是和半导体内的多数载流子型号相反的载流子. 一些表面效应器件都是利用表面反型载流子的器件. 在这样的器件中, 表面耗尽层起着把反型载流子集中在表面, 并与半导体内载流子相隔离的作用.

在这一章所讨论的各种器件中, 反型载流子可以分为以下三种情形:

(1) 表面反型载流子和半导体内部处于平衡状态, 具有共同的费米能级 (下两节所要讲的 MIS 电容器就属于这种情形).

(2) 表面反型载流子和半导体内部之间加有一定的偏压 (MOS 晶体管的反型沟道即工作在这种状态).

(3) 由于控制电极上电压的迅速变化, 反型载流子处在动态变化过程中 (如电荷耦合器件).

这一节我们先讨论第一种情形, 着重说明在什么条件下, 反型载流子将在表面构成一个一般称为反型层的导电层. 我们仍以 p 型半导体的 MIS 为例, 在金属电极上加正电压时, 实际上既有从半导体表面排斥走空穴的作用, 又有吸引电子到半导体表面的作用. 在开始加正电压时, 主要是多子空穴被赶走而形成耗尽层, 同时产生了表面感生电荷, 它是电离受主构成的负空间电荷区, 这时虽然有少子被吸引到表面, 但为数甚少, 没有什么影响. 在这一阶段中, 电压的增加只是使更多空穴被

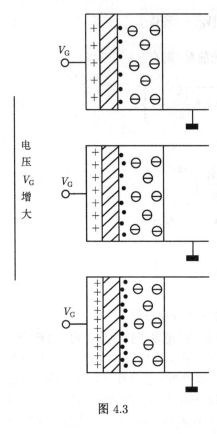

图 4.3

排走, 负空间电荷区加宽. 前面对耗尽层的理论分析, 已具体求出空间电荷区宽度 x_d 随电压 V_G 的变化关系.

　　随着电压的加大, 负空间电荷区逐渐加宽, 同时被吸引到表面的电子也随着增加. 这种表面电子的增加遵循量变到质变的规律, 开始和固定的空间电荷相比, 基本上可以忽略不计 (耗尽层近似), 但是, 当电压 V_G 达到某一 "阈值" 时, 吸引到表面的电子浓度则迅速增大, 在表面处形成一个电子导电层, 称为反型层, 因为其载流子是和半导体体内导电型号相反的. 反型层出现以后, 它就成为感生电荷的主要方面, 再增加电极上的电压, 主要是反型中的电子增加, 由电离受主构成的耗尽层电荷基本上不再增加, 我们把反型层出现后的这种情况形象地表示在图 4.3 中.

　　以上我们定性地描绘了表面空间电荷区随电压的变化, 以及反型层的形成. 下面我们进一步应用能带和费米能级的概念具体导出形成反型层的条件.

　　在图 4.4 中, 我们在空间电荷区的示意图下面画出了相应的能带图. 这里的空间电荷区和能带的情形是和一个单边突变结完全类似的, 只不过正电荷是在表面以外而不是另一边 n 型的电离施主. 我们看到电场是由表面指向 p 型半导体内的, 半导体表面势 $V_s > 0$. 由于在表面电子电势能 $-qV_s < 0$, 所以能带是向下弯的. 图 4.4 以 (a)、(b)、(c) 三个图分别表示 V_G 逐渐增大过程中的三种典型情况. 因为半导体是 p 型的, 所以在右方的半导体内部, 费米能级 E_F 在本征能级 E_i 之下. 图 (a) 是 V_G 较小的情形, 能带在表面只是略为下弯, 其效果是使表面费米能级更接近 E_i, 空穴浓度减少, 电子浓度增加, 但是, 它们和电离杂质的空间电荷相比, 是完全可以忽略不计的. 图 (b) 表示 qV_s 正好增加到等于体内本征能级和费米能级之差 $(E_i - E_F)_{体内}$ 的情形, 这时本征能级在表面处正好降到与 E_F 重合. 通常引入所谓费米势 V_F, 来描述半导体内本征能级和费米能级之差:

$$(E_i - E_F)_{体内} = qV_F. \tag{4.17}$$

所以, 这里讲的情形就是表面势正好等于 V_F 的情形, 即

$$V_s = V_F. \tag{4.18}$$

达到这种情况时, 在表面 E_F 达到 E_i, 表明在表面电子浓度开始要超过空穴浓度; 换一句话说, 在表面将从 p 型转变为 n 型.

这种情况被称为 "弱反型". 然而, 发生弱反型时, 电子浓度仍旧很低, 并不起显著的导电作用; 所以弱反型并没有什么实际意义. 一般把图 (c) 的情形看成是实际形成反型层的标准.

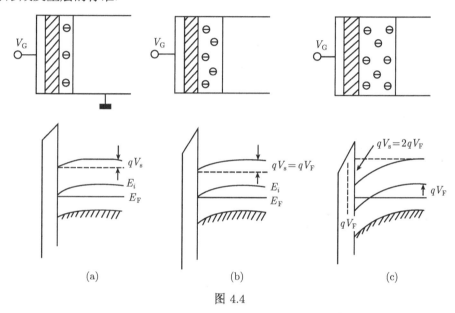

图 4.4

从图 (c) 我们看到, 在半导体内 E_F 在 E_i 以下 qV_F, 在表面 E_F 正好在 E_i 以上 qV_F, 这表明在表面反型载流子 —— 电子的浓度:

$$n = n_i e^{(E_F - E_i)/kT} = n_i e^{qV_F/kT}, \tag{4.19}$$

正好和体内多子 —— 空穴的浓度:

$$p = n_i e^{(E_i - E_F)/kT} = n_i e^{qV_F/kT} \tag{4.20}$$

相等; 换句话说, 在表面 n 和 p 的浓度已正好完全颠倒过来了. 这种情形称为强反型.

从以上分析可知, 发生强反型时, 能带正好下弯 $2qV_F$, 即表现势达到费米势的两倍:

$$V_s = 2V_F. \tag{4.21}$$

使半导体表面发生强反型, 在金属电极上需要加的电压 V_G 称为阈值电压 V_T. 阈值电压计算如下:

根据前面对耗尽层的分析, 耗尽层厚度 x_d 由 (4.9) 式给出. 因为发生强反型时 $V_s = 2V_F$, 所以强反型时的耗尽层厚度 (通常用 X_{dmax} 表示) 是

$$x_{dmax} = \left(\frac{4\epsilon_0 \epsilon_s V_F}{N_A q} \right)^{1/2}, \tag{4.22}$$

乘以空间电荷密度 $-N_A q$, 即求出强反型时单位表面内耗尽层的电荷

$$Q_B = \left(\frac{4\epsilon_0 \epsilon_s V_F}{N_A q} \right)^{1/2} (-N_A q)$$

$$= -(4\epsilon_0 \epsilon_s N_A q V_F)^{1/2}. \tag{4.23}$$

金属电极上的电荷与它相等相反, 即等于正的 Q_B. 它们在绝缘层上产生的电势差 V_i 可以直接用绝缘层电容 C_i 表达:

$$V_i = -Q_B/C_i. \tag{4.24}$$

把它和强反型时的表面势 $V_s = 2V_F$ 相加, 即得到强反型时金属电极上的电压, 即阈值电压

$$V_T = 2V_F - \frac{Q_B}{C_i}. \tag{4.25}$$

将其代入 (4.23) 式,

$$V_T = 2V_F + \frac{1}{C_i}(4\epsilon_0 \epsilon_s N_A q V_F)^{1/2}. \tag{4.26}$$

由此我们看到, 半导体掺杂浓度 N_A 越高, 阈值电压也就越高. 值得注意的是: 这个公式中的 V_F 也是由半导体掺杂浓度决定的. 因为在半导体内, 空穴和受主浓度基本上相等:

$$N_A = p = n_i e^{(E_i - E_F)/kT} = n_i e^{qV_F/kT},$$

由此可以得到

$$V_F = \frac{kT}{q} \ln(N_A/n_i). \tag{4.27}$$

从 (4.26) 式还可看到, 阈值电压与绝缘层电容 $C_i = \epsilon_0 \epsilon_i / d_i$ 有关; 绝缘层越厚, 介电常数越小, 电容 C_i 就越小, 阈值电压 V_T 越大.

电压 V_G 达到阈值 V_T, 表面发生强反型后, 如果再继续提高 V_G, 半导体内感生电荷的变化, 就主要是反型层载流子增加. 这是因为, 一旦发生反型后, 耗尽层和表

面势只要再稍有增加, 使能带稍微进一步弯曲, 表面反型载流子浓度就将急剧增大 (表面能带下弯增加 0.06eV, 载流子浓度就增大 10 倍). 所以, 可以近似认为, 电压 V_G 超过阈值 V_T 后, 耗尽层的电荷 Q_B, 表面势 $V_s = 2V_F$ 基本不再变化, 只有反型层载流子电荷随电压 V_G 增加.

如果用 Q_n 代表单位表面反型层载流子 (电子) 的电荷 (为负电荷), 因为耗尽层电荷保持为 Q_B, 半导体内单位表面的总感生电荷可以写成 $Q_n + Q_B$. 在金属电极上的电荷和它相等相反, 它们在绝缘层上产生的电势差为

$$V_i = -(Q_n + Q_B)/C_i. \tag{4.28}$$

因为表面势保持为 $2V_F$, 和 (4.28) 式相加得到

$$V_G = 2V_F - (Q_n + Q_B)/C_i. \tag{4.29}$$

但是, $2V_F + Q_B/C_i$ 正是阈值电压 V_T, 所以上式既可以写成

$$V_G = V_T - \frac{Q_n}{C_i}, \tag{4.30}$$

也可以表达为

$$Q_n = -C_i(V_G - V_T). \tag{4.31}$$

这个结果对分析反型层问题是很有用的, 它给出了发生强反型后, 反型层载流子电荷和电压的关系.

从以上的分析可以看到, 反型层的载流子是被耗尽层与半导体内部相隔离的. 在图 4.5 中画出了表面反型的能带图.

我们看到, 对表面反型层的电子来说, 一边是绝缘层, 它的导带比半导体高许多, 另一边是弯曲的导带形成一个陡坡, 它代表由空间电荷区电场形成的势垒. 所以, 反型层的电子, 实际上是被限在表面附近能量最低的一个窄狭区域. 因此, 反型层有时也称为沟道. p 型半导体的表面反型层是由电子构成的, 所以称为 n 沟道.

以上的讨论都是针对 p 型半导体的. n 型半导体同样可以形成表面空间电荷区和反型层, 其机理和 p 型半导体是完全相似的, 差别只要电荷、电场、电势符号相反, 两种载流子的地位交换了. 图 4.6 表示出 n 型半导体的 MIS 的空间电荷区、反型层以及强反型的能带图. 我们看到, 对 n 型半导体的情形, 电极加负电压 $V_G < 0$, 耗尽层的空间电荷是带正电的电离施主, 表面反型层是由空穴构成的, 所以也称为 p 沟道. 阈值电压的形式基本上和 p 型相同, 只是符号相反, 可以写成

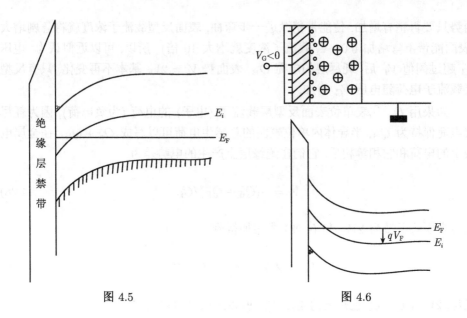

图 4.5   图 4.6

$$V_T = 2V_F - \frac{1}{C_i}(4\epsilon_0\epsilon_s N_D q |V_F|)^{1/2} \tag{4.32}$$

其中 N_D 表示施主浓度. 费米势

$$V_F = \frac{1}{q}(E_i - E_F),$$

如图 4.6 所示, 具有负值:

$$V_F = \frac{1}{q}(E_i - E_F) = -\left(\frac{kT}{q}\right)\ln\frac{N_D}{n_i}. \tag{4.33}$$

4.2   MIS 电容器 —— 理想 $C(V)$ 特性

MIS 结构实际上构成一个电容器, 金属层和半导体是它的两个极板. 4.1 节讨论过, 伴随金属电极上电压的变化, 在半导体表面形成空间电荷区及反型层, 这一过程实质上就是这样一个电容器的充电过程. 该电容器就称为 MIS 电容器. 由于 MIS 电容器里面包含一个空间电荷区的充放电, 所以它和一般电容器不同, 而和 pn 结相似, 它的电容不是恒定的, 对 MIS 电容器进行测量, 都是在一定的直流偏压 V 之上叠加一个微小的交变电压讯号, 测量相应的充放电电流, 这样测出的是在偏压 V 的微分电容:

$$C(V) = \frac{\mathrm{d}Q}{\mathrm{d}V}.$$

在不同的直流偏压下测得的微分电容是不同的. 换句话说, 微分电容是偏压 V 的函数, 这个函数关系称为 MIS 电容器的电容–电压特性, 简称 $C(V)$ 特性. 这一节我们将根据半导体空间电荷区和反型层形成的机理, 从理论上对 MIS 电容器的 $C(V)$ 特性进行分析. 通过实验测定 $C(V)$ 反过来又可以直接检验空间电荷区及反型层形成的机理. 但是, 更重要的是 $C(V)$ 特性的测量和理论分析的对比, 为研究半导体表面提供了一个有力的手段.

前一节讨论 MIS 结构时, 没有考虑金属电极和半导体之间存在的接触电势差, 也没有考虑实际半导体表面通常存在的复杂的电荷情况. 这一节讨论 $C(V)$ 特性仍旧采取同样的前提, 所以导出的 $C(V)$ 特性, 是一种简化了的理想情况, 称为理想 $C(V)$ 特性. 正是实测和理想 $C(V)$ 特性的差别, 为我们揭示出实际半导体表面的具体状况. 下一节将重点说明这个问题.

以下为了简便起见, 讨论 MIS 电容器的 $C(V)$ 特性时, 都以单位表面积的电容为准. 具体仍以 p 型半导体为例. $C(V)$ 特性可以按偏压不同, 区分成以下有质的区别的三段.

4.2.1　负偏压 $V<0$

金属电极上加负的偏压, 将在半导体表面感生正电荷. 在 p 型半导体中, 多子就是带正电的空穴, 所以感生的正电荷就是被吸引到表面的空穴. 这种堆积在表面的空穴称为 "积累层". 积累层与耗尽层的特点完全不同. 由于多子被赶走而形成的耗尽层, 其电荷密度受到限制, 不可能超过电离杂质的电荷, 所以增加电荷主要靠增大耗尽层厚度, 来形成一个空间电荷区. 积累层中多子积累的浓度并不存在什么上限. 图 4.7 中积累层的能带图表明, 只要能带在表面略微上弯, 空穴浓度就大量增加, 所以积累层的电荷像反型层那样, 十分集中于表面. 因此, 在负的偏压下, MIS 电容器的正负电荷集中在绝缘层的两个表面, 情况和一个平行板电容器完全相似. 所以, 它的电容可以和平行板电容器一样, 写成

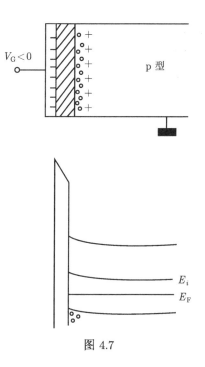

图 4.7

$$C_i = \frac{\epsilon_i \epsilon_0}{d_i}. \tag{4.34}$$

和 4.1 节一样, ϵ_i、d_i 分别表示绝缘层的介电常数和厚度, C_i 即绝缘层电容.

以上的分析说明, 在负偏压下 $C(V)$ 反映的是表面积累层的电容效应. 因为积累层集中在表面, 所以电容基本上就是绝缘层电容 C_i, 它并不随电压变化.

4.2.2 正电压, 低于阈值 V_T

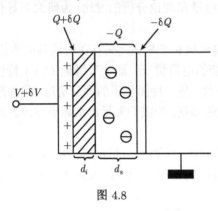

图 4.8

在低于阈值的正电压下, p 型半导体表面电荷就是耗尽层的空间电荷 —— 电离受主. 在这种情况下, 在电压 V 改变 δV 时, 金属和半导体表面电荷分别改变 $\pm\delta Q$. 这里应注意的特点是: 半导体表面电荷的变化 $-\delta Q$, 是靠空间电荷区边缘的扩展, 如图 4.8 所示. 从图上可以看到, 充的正、负电荷 $(+\delta Q$ 和 $-\delta Q)$, 分别在 $d_i + d_\mathrm{s}$ 双层介质的两边 (一层是厚度为 d_i 的绝缘层, 介电常数 ϵ_i, 一层是厚度为 d_s 的半导体耗尽层, 介电常数 ϵ_s) 相应的

δV, 也就是从 $+\delta Q$ 到 $-\delta Q$ 贯穿两层介质的电场线所造成的电势差, 即

$$\delta V = d_i \left(\frac{\delta Q}{\epsilon_0 \epsilon_i} \right) + d_\mathrm{s} \left(\frac{\delta Q}{\epsilon_0 \epsilon_\mathrm{s}} \right) = \left(\frac{d_i}{\epsilon_0 \epsilon_i} + \frac{d_\mathrm{s}}{\epsilon_0 \epsilon_\mathrm{s}} \right) \delta Q. \tag{4.35}$$

于是得到微分电容

$$C(V) = \frac{\delta Q}{\delta V} = \frac{1}{\dfrac{d_i}{\epsilon_0 \epsilon_i} + \dfrac{d_\mathrm{s}}{\epsilon_0 \epsilon_\mathrm{s}}}. \tag{4.36}$$

从这个结果来看, 这个电容可以看成是两个电容串联的结果, 一个是绝缘层电容

$$C_i = \frac{\epsilon_0 \epsilon_i}{d_i}$$

另一个是半导体耗尽层电容

$$C_\mathrm{s} = \frac{\epsilon_0 \epsilon_\mathrm{s}}{d_\mathrm{s}}. \tag{4.37}$$

(4.36) 式表示的微分电容, 就是这两个电容的串联电容公式:

$$C(V) = \frac{1}{\dfrac{1}{C_i} + \dfrac{1}{C_\mathrm{s}}} = \frac{C_i C_\mathrm{s}}{C_\mathrm{s} + C_i}. \tag{4.38}$$

应用前节求出的耗尽层厚度和电压的关系 (4.16) 式, 可以写成

$$d_\mathrm{s} = \frac{\epsilon_0 \epsilon_\mathrm{s}}{C_i} \left(\sqrt{1 + 2V/V_0} - 1 \right), \tag{4.39}$$

代入 (4.37) 式求出 C_s 后, 再代入 (4.38) 式, 经化简得到

$$C(V) = \frac{C_i}{\sqrt{1 + 2V/V_0}}. \tag{4.40}$$

所以, 在这一段, 电容随电压的增大而减小.

4.2.3 正电压, 超过阈值

当电压超过阈值 $(V > V_T)$ 反型层出现后, MIS 电容器的充电再一次发生质的变化. 前面已经指出, 反型层一旦形成, 电压再增大, 耗尽层的空间电荷区基本不再改变. 这时若电压 V 再作微小变化 δV, 只引起反型层中电荷的变化. 而反型层电荷是集中在半导体表面的. 所以, 电荷的变化 $\pm\delta Q$ 再一次集中在绝缘层的两个表面, 如图 4.9 所示, δV 就是它们在绝缘层中产生的电势差. 所以, 微分电容再一次和平行板电容器一样, 就等于绝缘层电容.

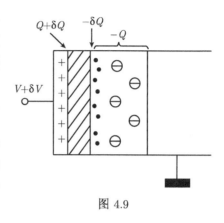

图 4.9

图 4.10 的实践, 是对两个不同掺杂浓度的 p 型半导体的 MOS 电容器, 根据仔细的理论计算得到的理想 $C(V)$ 特性, 氧化层的厚度取为 1000Å. 曲线中所给出的是 $C(V)$ 和氧化层电容 C_i 的比值 $(C(V)/C_i)$, 常称为归一化电容. 在曲线上可以明显区分出上面所分析的三段: 在曲线上, 对于负电压, 归一化电容 $C(V)/C_i$ 接近于 1, 也就是说 $C(V)$ 近似等于氧化层电容. 这就是上面分板的积累层的电容. 对于正的电压, 电容下降到一个极小值, 电容随电压下降的一段就是上面分析的耗尽层电容效应, 电容经过极小值迅速上升到归一化电容趋于 1, 反映了反型层的形成. 从曲线上可以看出, 掺杂越低, 发生这个转变的电压也越低, 这就是前节已指出的, 掺杂越低阈值电压越低.

从图上还可看到, 对 0 偏压和低的负偏压, 归一化电容并不等于 1, 而是小于 1. 这实际上是表示积累层也有一定厚度, 所以电容并不完全等于绝缘层电容, 而是要小一些. 这个问题需要着重加以说明. 因为在实际的 MIS 电容器的测量分析中, 有时候要用以上的理想 $C(V)$ 特性在 0 偏压下的电容值作为一个参考标准. 它被称为平带电容, 用 C_{FB} 表示 (平带是指这里的 0 偏压下, 能带直到表面都是平直的, 下节将看到, 这种平带情况在分析工作中是一个重要的参考标准). 平带电容和绝缘层电容之比 C_{FB}/C_i, 称为规一化平带电容. 规一化平带电容可以根据下列公式计算:

$$\frac{C_{FB}}{C_i} = \frac{1}{1 + \dfrac{\epsilon_i L_D}{\epsilon_s d_i}}, \tag{4.41}$$

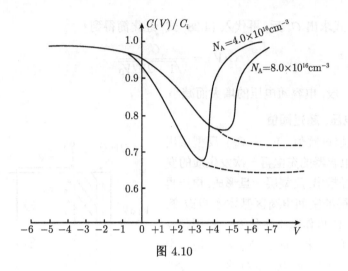

图 4.10

其中

$$L_{\mathrm{D}} = \left(\frac{kT\epsilon_0\epsilon_\mathrm{s}}{N_\mathrm{A}q^2} \right)^{1/2}, \tag{4.42}$$

基本上代表着积累层的厚度. L_{D} 为屏蔽长度, 称为德拜长度. 这是因为积累层起着屏蔽外电场的作用 (外电场的电场线终止在积累层的电荷上, 而不得深入半导体内). 所以, 积累层有一定厚度, 就是表明外电场的屏蔽是在表面内一段距离内完成的, 由 L_{D} 表示. 我们从 (4.42) 式看到, 掺杂浓度 N_{A} 越低, 屏蔽长度 L_{D} 就越大, 使平带电容偏离 C_i 也越多. 图 4.11 以曲线的形式给出了硅覆盖二氧化硅的 MOS 电容器, 在各种掺杂和氧化层厚度条件下的归一化平带电容.

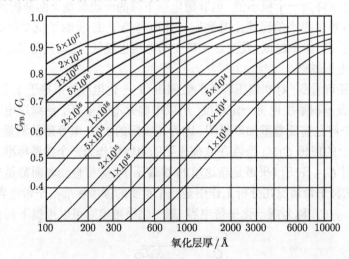

图 4.11

实际测量得到的 $C(V)$ 特性证明, 它和所用的交变测量讯号的频率有关. 一般情况下, 只有在 $10\sim100\mathrm{Hz}$ 以下的低频测量, $C(V)$ 特性才全部反映出以上分析的积累层、耗尽层、反型层的三段特征. 图 4.12 描绘了用不同频率测量的 $C(V)$ 特性. 只有 $10\mathrm{Hz}$ 的低频测量, 才明显反映出在高的正电压下出现反型层的特点. 在 $1000\mathrm{Hz}$ 以上的 "高频" 测量中, 只能看到积累层和耗尽层两段的特征, 在更大的正电压下, 并不出现反型层 $C(V)$ 重新接近 C_i 的特点, 相反, $C(V)$ 却达到一个恒定的最低值.

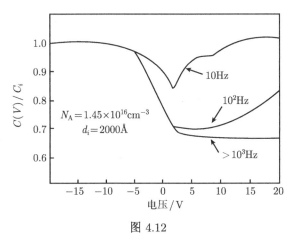

图 4.12

"高频" 测量的这种现象, 反映出反型层中电子的变化已经跟不上迅速变化的电压讯号. 我们知道, 这里的反型层是一个 n 型层, 它和半导体的 p 区之间隔着一个耗尽层的空间电荷区, 和一般的 pn 结完全相似. 反型层中电荷的变化必须依靠通过这样一个结的正向或反向电流. 在硅的 pn 结中, 这种微小电压下的正反向电流, 主要是空间电荷区中的复合或产生电流. 也就是说, 原来的理想 $C(V)$ 特性中, 反映反型层充放电的一段是有条件的, 即必须有足够时间通过产生或复合来实现这种电荷变化. 仔细的分析表明, 所需要的时间比寿命高几个数量级. 上面看到, 只有 $10\sim100\mathrm{Hz}$ 以下的测量频率才能达到这种要求. 对于高频测量, 反型层中的电荷来不及发生变化, 所以电压的变化仍旧是依靠耗尽层边缘的移动, 也就是说, 对于高频测量来说, 当电压大于阈值 V_{T}, 已经有了反型层后, 所测得的仍是反映耗尽层的电容效应:

$$C(V) = \frac{C_i C_{\mathrm{s}}}{C_i + C_{\mathrm{s}}}, \tag{4.43}$$

其中 C_{s} 是耗尽层电容. 但是, 这里的耗尽层厚度 X_{d} 已不再随直流偏压变化, 而是基本保持由 (4.22) 式表示的, 发生强反型时的 "最大厚度" X_{dmax}. 正是由于这个原因, 前面才看到, 在大的正电压下高频测量的 $C(V)$ 是一个恒定的最低值. 图 4.10

中, 用虚线表示的就是理论计算的高频 $C(V)$ 特性.

附　录

具有反型层的 MIS 电容器的充放电

我们考虑 p 型半导体的 MIS 电容器, 其上加有直流偏压

$$V > V_{\mathrm{T}},$$

并用微小的交变电压 $v(t)$ 进行测量. 在直流偏压下, 反型层和半导体内部是相互平衡的, 具有共同的费米能级. 在交变电压 $v(t)$ 作用下, 破坏了原来的平衡, 使反型层和耗尽层电荷发生变化. 我们将用 $-q_1(t)$ 表示反型层载流子电荷的变化, 用 $-q_2(t)$ 表示耗尽层电荷的变化 (都指单位表面). 我们把它们形象地标注在图 4.13 中. 当然, $v(t)$ 也就是 $q_1(t)$ 和 $q_2(t)$ 在 MIS 上产生的电压. 根据它们在绝缘层和耗尽层中的电场线, 很容易求得

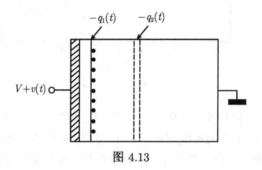

图 4.13

$$v(t) = \frac{1}{C_i}(q_1(t) + q_2(t)) + \frac{1}{C_{\mathrm{B}}} q_2(t), \tag{4.44}$$

其中

$$C_{\mathrm{B}} = \frac{\epsilon_0 \epsilon_{\mathrm{s}}}{X_{d\mathrm{max}}}, \tag{4.45}$$

可以称为耗尽层电容. $X_{d\mathrm{max}}$ 是由 (4.43) 式决定的, 发生强反型后耗尽层的厚度, 它不随偏压变化, 具有恒定值.

从 (4.44) 式可以看到, 在交变电压作用下, 如果只有反型层电荷变化 $-q_1(t)$, 那么

$$v(t) = \frac{1}{C_i} q_1(t), \tag{4.46}$$

即电容为 C_i; 如果只有耗尽层电荷变化 $-q_2(t)$, 那么,

$$v(t) = \left(\frac{1}{C_i} + \frac{1}{C_{\mathrm{B}}}\right) q_2(t), \tag{4.47}$$

即电容为绝缘层和耗尽层的串联电容. 这两种情形就是前文指出的低频和高频测量的情形. 但是, 区分高频和低频的标准是什么? 一般频率下又是怎样的情况? 要解答这些问题, 就必须具体研究反型层的充电过程.

已经反型的 MIS 电容中, n 型的反型层是由耗尽层和 p 型半导体相隔开的, 和 pn 结的情形完全相似. 反型层的充放电, 即 $q_1(t)$ 的变化必须依靠通过耗尽层的电流. 这个电流是怎么发生的呢? 原来在直流偏压下, n 型反型层和 p 型半导体是相互平衡的, 它们之间存在电势差 $V_s = 2V_F$, 相当于平衡 pn 结的接触电势差. 在交变电压 $v(t)$ 作用下, 耗尽层电荷的变化 $-q_2(t)$, 显然要在耗尽层上产生一个附加的电势差 (表面相对于半导体内)

$$v'(t) = q_2(t)/C_B, \tag{4.48}$$

从而破坏了原来的平衡. 这里 $v'(t)$ 的作用和 pn 结上外加偏压的作用是完全相似的, 因此将产生一股通过耗尽层的电流. 正是这股电流决定着反型层的充放电; 具体讲, 如果以 $j(v')$ 表示在电压 $v'(t)$ 作用下, 从半导体到表面的电流密度, 则

$$\frac{\mathrm{d}}{\mathrm{d}t}[-q_1(t)] = j(v'). \tag{4.49}$$

下面具体求 $j(v')$. 因为交变电压 $v(t)$ 可以看成是一个微小的增量, 由它引起的 $q_1(t), q_2(t)$, $v'(t)$ 等也都可以看作是微小增量. 所以 $j(v')$ 就是在这样微小电压下的电流. 这个电流的性质和 pn 结电流是完全相似的, 而我们知道, 对硅 pn 结来说, 在微小电压下的电流主要是空间电荷区中的复合 (产生) 电流. 因此, 对硅制的 MIS 电容器, $j(v')$ 主要就是表面耗尽层中的复合 (产生) 电流; 可以通过在耗尽层中对复合率积分写出电流密度

$$j(v') = q \int_0^{d_s} \left\{ \frac{(np - n_i^2)}{\tau_p(n + n_1) + \tau_n(p + p_1)} \right\} \mathrm{d}x. \tag{4.50}$$

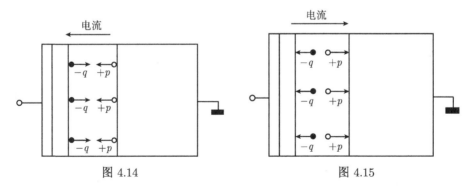

图 4.14 　　　　　　　　　　　　　　图 4.15

积分代表在耗尽层中每秒复合的电子–空穴对的数目 (单位表面), 如图 4.14 所示. 每复合一个电子–空穴对相当于一个电荷 q 从内部到表面, 所以, (4.50) 式乘以 q 就代表从半导体内部到表面的电流密度. 假如发生的是电子–空穴产生, 而不是电子–空穴复合, 那么, 复合率和积分都将是负值的. 如图 4.15 所示, 一个电子–空穴对的产生, 代表一个电荷 q 从表面到半导体内, 这正好应由负值的电流表示.

为了简化计算, 仍和以前分析 pn 结的复合 (产生) 电流时一样, 取 $\tau_{\mathrm{p}} = \tau_{\mathrm{n}} = \tau_0, n_1 = p_1 = n_i$, 则电流表达式 (4.50) 简化为

$$j(v') = \frac{q}{\tau_0} \int_0^{d_\mathrm{s}} \left(\frac{np - n_i^2}{n + p + 2n_i} \right) \mathrm{d}x. \tag{4.51}$$

在平衡时, 由于复合率的分子 $np - n_i^2 = 0$, 所以积分为 0, 为了求电压 $v'(t)$ 作用下积分的值, 下面我们把 $v'(t)$ 看成是微小增量. 这样, n 和 p 只是略微偏离平衡, 主要是影响分子 $(np - n_i^2)$, 使它不再为 0, 对于分母的影响完全可以忽略.

先考虑积分中的分子, 因为电压 $v'(t)$ 使表面和体内的能带连同相应的费米能级相对移动 $-qv'(t)$, 如果用 $(E_\mathrm{F})_\mathrm{n}$ 和 $(E_\mathrm{F})_P$ 分别代表反型层的电子和半导体内空穴的费米能级, 那么

$$(E_\mathrm{F})_\mathrm{n} - (E_\mathrm{F})_\mathrm{p} = -qv'(t). \tag{4.52}$$

在耗尽层中, 电子和空穴的准费米能级可以近似认为是水平的, 分别等于 $(E_\mathrm{F})_\mathrm{n}$ 和 $(E_\mathrm{F})_\mathrm{p}$, 则

$$n = n_i \mathrm{e}^{[(E_\mathrm{F})_\mathrm{n} - E_i(x)]/kT}; \tag{4.53}$$

$$p = n_i \mathrm{e}^{[E_i(x) - (E_\mathrm{F})_\mathrm{p}]/kT}. \tag{4.54}$$

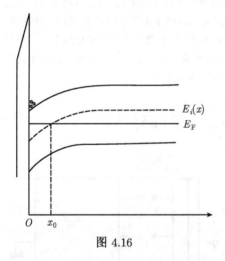

图 4.16

由此得到积分中的分子:

$$np - n_i^2 = n_i^2 \mathrm{e}^{-qv'(t)/kT} - n_i^2$$
$$\approx n_i^2 (-qv'(t)/kT). \tag{4.55}$$

这里只保留了一级的微小增量. 把 (4.55) 式代入电流积分 (4.51) 式内的分子, 同时分母中的 $n + p$ 可以近似取平衡时的值:

$$n + p = n_i (\mathrm{e}^{[E_\mathrm{F} - E_i(x)]/kT} + \mathrm{e}^{[E_i(x) - E_\mathrm{F}]/kT})$$
$$= 2n_i \cosh(E_\mathrm{F} - E_i(x))/kT \tag{4.56}$$

(E_F 为平衡时的费米能级, 参见图 4.16). 这样就得到

$$j(v') = \frac{-n_i q^2 v'(t)}{2(kT)\tau_0} \int_0^{d_\mathrm{s}} \frac{\mathrm{d}x}{\cosh[E_\mathrm{F} - E_i(x)]/kT + 1}$$
$$= \frac{-n_i q^2 v'(t)}{4(kT)\tau_0} \int_0^{d_\mathrm{s}} \frac{\mathrm{d}x}{\cosh^2 \left[\frac{1}{2} \left(\frac{E_\mathrm{F} - E_i(x)}{kT} \right) \right]}. \tag{4.57}$$

图 4.16 画出了直流偏压下平衡的能带图. 我们看到, 在 $x = x_0$ 处

$$E_\mathrm{F} - E_i(x) = 0,$$

在这一点, 以上积分号内的函数为一极大值, 在这点的两旁, 函数基本上按

$$e^{-|E_F - E_i(x)|/kT},$$

迅速减小, 所以积分中主要起作用的只是紧靠 x_0 左右的区域. 在这样窄的区域中, 电场强度近似为常数 E_0, 相应的电势按 $-E_0 x$ 变化, 所以

$$E_F - E_i(x) = -qE_0(x - x_0), \tag{4.58}$$

代入 (4.57) 式积分, 得

$$j = \frac{-n_i q^2 v'(t)}{4(kT)\tau_0} \int_0^{d_s} \frac{\mathrm{d}x}{\cosh^2 \left[\dfrac{qE_0}{2kT}(x - x_0) \right]}. \tag{4.59}$$

令

$$\xi = \frac{qE_0}{2kT}(x - x_0),$$

则 (4.59) 式可以写成

$$j = \frac{-n_i q v'(t)}{2E_0 \tau_0} \int_{-\infty}^{\infty} \frac{\mathrm{d}\xi}{\cosh^2 \xi} = \frac{-n_i q v'(t)}{E_0 \tau_0}. \tag{4.60}$$

根据上述积分号内函数的特点, 这里把积分限取为 $\pm\infty$ 显然对结果并没有什么影响.

把 (4.60) 式代入 (4.49) 式即得到反型层电荷的变化率

$$-\frac{\mathrm{d}q_1(t)}{\mathrm{d}t} = -\frac{n_i q v'(t)}{E_0 \tau_0}. \tag{4.61}$$

由 (4.48) 式可以得到电压 $v'(t)$ 和耗尽层电荷变化 $q_2(t)$ 的关系为: $v'(t) = q_2(t)/C_B$, 所以,

$$\frac{\mathrm{d}q_1(t)}{\mathrm{d}t} = \frac{n_i q}{C_B E_0} \frac{1}{\tau_0} q_2(t). \tag{4.62}$$

下面将看到, (4.62) 式右边的系数的倒数

$$\tau' = \left(\frac{C_B E_0}{n_i q} \right) \tau_0, \tag{4.63}$$

实际上是一个描述反型层充放电的时间常数. 所以我们引入字母 τ' 来表示这个常数, 于是 (4.62) 式可以写为

$$\frac{\mathrm{d}q_1(t)}{\mathrm{d}t} = \frac{1}{\tau'} q_2(t). \tag{4.64}$$

这个公式和 (4.44) 式表示的电荷–电压关系结合起来, 就可以完全解决 MIS 电容器在交变电压下的充放电问题.

因为交变电压在金属电极上引起的电荷 (单位面积) 显然是

$$q(t) = q_1(t) + q_2(t), \tag{4.65}$$

通过电路的充放电电流即等于它的微商 $\mathrm{d}q/\mathrm{d}t$. 为了讨论充放电的问题, 我们应求出 $v(t)$ 和 $q(t)$ 之间的变化关系. 为此, 我们把 (4.64) 和 (4.44) 式中的 $q_2(t)$, 利用 $q(t) = q_1(t) + q_2(t)$ 的关系消去, 即变成

$$v(t) = \left(\frac{1}{C_i} + \frac{1}{C_B} \right) q(t) - \frac{1}{C_B} q_1(t), \tag{4.66}$$

$$\frac{\mathrm{d}q_1(t)}{\mathrm{d}t} = -\frac{1}{\tau'}q_1(t) + \frac{1}{\tau'}q(t). \tag{4.67}$$

我们可以进一步对 (4.67) 式积分, 然后消去 $q_1(t)$, 即得到 $v(t)$ 和 $q(t)$ 之间的一般关系式. 但是, 对于分析 MIS 电容的测量问题, 更直接的是讨论正弦电压 $v(t)$ 下的解. 用复数表示, 令

$$v(t) = v_0 \mathrm{e}^{\mathrm{i}\omega t}, \quad q(t) = q_0 \mathrm{e}^{\mathrm{i}\omega t}, \quad q_1(t) = q_1 \mathrm{e}^{\mathrm{i}\omega t},$$

代入 (4.66) 和 (4.67) 式, 得到

$$v_0 = \left(\frac{1}{C_i} + \frac{1}{C_\mathrm{B}}\right)q_0 - \frac{1}{C_\mathrm{B}}q_1, \tag{4.68}$$

$$\mathrm{i}\omega q_1 = -\frac{1}{\tau'}q_1 + \frac{1}{\tau'}q_0. \tag{4.69}$$

消去 q_1, 我们得到

$$v_0 = \left(\frac{1}{C_i} + \frac{1}{C_\mathrm{B}}\right)q_0 - \frac{1}{C_\mathrm{B}}\left(\frac{1}{1+\mathrm{i}\omega\tau'}\right)q_0. \tag{4.70}$$

也可以写成

$$v(t) = \left\{\left(\frac{1}{C_i} + \frac{1}{C_\mathrm{B}}\right) - \frac{1}{C_\mathrm{B}}\left(\frac{1}{1+\mathrm{i}\omega\tau'}\right)\right\}q(t). \tag{4.71}$$

从这个结果我们看到, 如果测量频率很低, 即

$$\omega\tau' \ll 1,$$

则

$$v(t) \equiv \frac{1}{C_i}q(t). \tag{4.72}$$

这就是前面讲的低频测量的情形, 有效电容就是绝缘层电容 C_i, 相反, 如果测量频率较高, 即

$$\omega\tau' \gg 1,$$

则

$$v(t) \equiv \left(\frac{1}{C_i} + \frac{1}{C_\mathrm{B}}\right)q(t). \tag{4.73}$$

这就是前面讲的高频测量的情形, 有效电容等于绝缘层和耗尽层的串联电容.

由以上分析可以看出, 低频和高频的区分是以时间常数

$$\tau' = \frac{C_\mathrm{B}E_0}{n_i q}\tau_0 \tag{4.74}$$

为标准的. 式中 E_0 实际上就是能带正好下弯 V_F 处的电场强度 (参见图 4.16). 根据第一节对耗尽层的分析, 很容易求出

$$E_0 = \frac{1}{\epsilon_0\epsilon_\mathrm{s}}(2\epsilon_0\epsilon_\mathrm{s}N_\mathrm{A}qV_\mathrm{F})^{1/2}, \tag{4.75}$$

而

$$C_\mathrm{B} = \frac{\epsilon_0\epsilon_\mathrm{s}}{d_\mathrm{s}} = \epsilon_0\epsilon_\mathrm{s}\left(\frac{N_\mathrm{A}q}{4\epsilon_0\epsilon_\mathrm{s}V_\mathrm{F}}\right)^{1/2}. \tag{4.76}$$

把 (4.75) 和 (4.76) 式代入 (4.74) 式, 得到

$$\tau' = \frac{1}{\sqrt{2}}\left(\frac{N_A}{n_i}\right)\tau_0. \tag{4.77}$$

从这里看到, 时间常数与半导体掺杂浓度有关, 掺杂浓度越高, 时间常数越大. 显然, 一般情况下, 时间常数要比寿命高许多数量级.

4.3 实际 MIS 电容器的 $C(V)$ 特性及应用

前节讨论的理想 MIS 的 $C(V)$ 特性和实际测量得到的 $C(V)$ 特性是不一样的. 这是因为在理想的 MIS 电容器中, 我们假设半导体表面的电场完全是由外加电压造成的, 而实际的 MIS 电容器并不是这样. 在实际的 MIS 电容器的绝缘层中往往存在各种电荷, 在半导体和绝缘层交界面附近存在界面态, 以及由于金属和半导体功函数不同而产生的接触电势差等, 所有这些因素都将在半导体表面引起相应的电场, 并影响 $C(V)$ 特性. 正因为如此, 实际测量的 MIS 电容器的 $C(V)$ 特性, 与理想的 $C(V)$ 特性进行比较, 就可以获得有关绝缘层电荷, 表面态等一系列重要的数据.

4.3.1 功函数及其影响

MIS 电容器的半导体和金属电极一般具有不同的功函数, 致使它们之间存在一定的接触电势差. 因此它直接影响半导体表面的空间电荷区和能带状况. 以 p 型硅和铝电极的 MOS 电容器为例. 铝的功函数比 p 型硅的功函数小, 因此, 铝的费米能级比 p 型硅高, 如图 4.17 所示. 把金属电极和 p 型硅短路相连时, 电子将从铝流向 p 型硅, 使硅表面形成负空间电荷区, 铝电极带正电, 从而形成接触电势差, 使两边费米能级取得同一水平, 如图 4.18 的能带图所示.

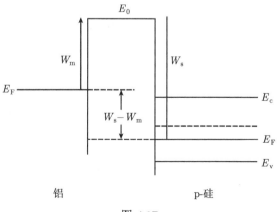

图 4.17

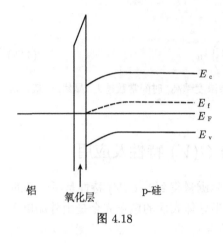

铝   氧化层   p-硅

图 4.18

对于一般情况, 我们分别用 W_m 和 W_s 代表金属和半导体的功函数, 并定义接触电势差 V_{ms} 为半导体电势 V_0 和金属电势 V_m 之差:

$$V_{ms} = V_0 - V_m. \tag{4.78}$$

V_{ms} 和功函数是直接相联系的. $W_s - W_m$ 代表原来金属费米能级比半导体费米能级高多少 (参见图 4.17); $-q(V_0 - V_m)$ 则表示由于发生接触电势差使半导体的能带相对金属抬高了多少, 后者应当正好补偿原来费米能级之差, 所以

$$-q(V_0 - V_m) = W_s - W_m, \tag{4.79}$$

由此得到接触电势差

$$V_{ms} = \frac{W_m - W_s}{q}. \tag{4.80}$$

从以上的讨论可以看到, 由于功函数的影响, 在对 MIS 电容器所加电压为 0 的时候, 半导体表面已经存在空间电荷区, 并使能带在表面发生弯曲. 在 MIS 的金属电极上加适当的电压 V_{FB} 可以使表面空间电荷区消除, 能带恢复平直. 这个电压值 V_{FB} 称为平带电压, 在这里, 显然

$$V_{FB} = V_{ms}, \tag{4.81}$$

即平带电压就等于接触电势差. 因为按定义 V_{ms} 代表半导体相对于金属的电势差, 若在金属电极上加同样的电压, 则正好可以把前者抵消.

由于存在接触电势差的原因, 实际加在 MIS 电容器上的偏压 V_G, 可以看成是由 $(V_G - V_{FB})$ 和 V_{FB} 两部分组成的, 后者只起抵消接触电势差的作用, 余下的 $(V_G - V_{FB})$ 才相当于理想 $C(V)$ 中电压 V 的作用. $(V_G - V_{FB})$ 可以称为有效的偏压. 举例来说, 理想 $C(V)$ 特性中, V 为 0 时, 电容等于平带电容 C_{FB}, 而考虑到接触电势差时, 实际上是当有效偏压为 0, 即

$$(V_G - V_{FB}) = 0$$

时, 电容为 C_{FB}. 换句话说, 就是当电压

$$V_G = V_{FB} \tag{4.82}$$

时, 电容才是 C_{FB}. 这实际上是表明, 接触电势差的存在使理想 $C(V)$ 特性的图线, 沿水平方向移动 V_{FB}, 如图 4.19 所示. 图中 (a) 表示理想的 $C(V)$ 特性, (b) 表示 $V_{\mathrm{FB}} > 0$ 的情形, (c) 表示 $V_{\mathrm{FB}} < 0$ 的情形.

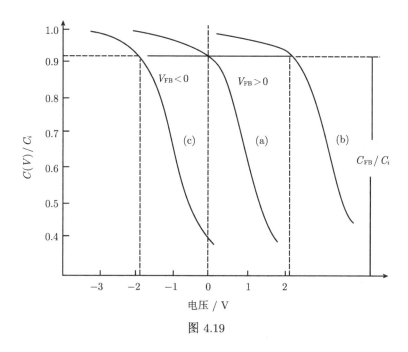

图 4.19

接触电势差还直接影响半导体表面发生反型的阈值电压. 在 4.1 节不考虑接触电势差时, 我们曾得到电压

$$V_{\mathrm{G}} = 2V_{\mathrm{F}} - \frac{Q_{\mathrm{B}}}{C_i}$$

时, 半导体表面反型. 考虑到接触电势差存在时, V_{G} 应由有效偏压 $V_{\mathrm{G}} - V_{\mathrm{FB}}$ 代替, 因此反型条件为

$$V_{\mathrm{G}} - V_{\mathrm{FB}} = 2V_{\mathrm{F}} - \frac{Q_{\mathrm{B}}}{C_i}. \tag{4.83}$$

由此求出的 V_{G}, 就是考虑到接触电势差影响后的阈值电压:

$$V_{\mathrm{T}} = V_{\mathrm{FB}} + 2V_{\mathrm{F}} - \frac{Q_{\mathrm{B}}}{C_i} \tag{4.84}$$

图 4.20 给出了实验测定的 Al–Si 和 Au–Si 的接触电势差和半导体掺杂浓度的关系. 利用图中给的数据就可以在实际中估算由于接触电势差引起的平带电压值.

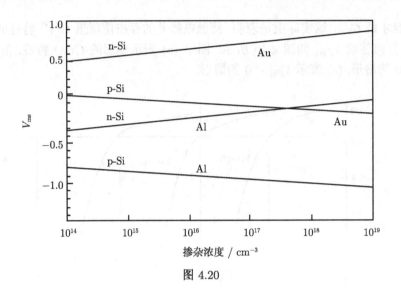

图 4.20

4.3.2　绝缘层中的电荷的影响

在实际 MIS 结构的绝缘层中, 往往存在正电荷, 这些正电荷也要影响 $C(V)$ 特性, 为了便于了解, 我们先设想正电荷都集中在绝缘层和半导体交界面附近, 面密度为 Q_{fc}(即单位表面积的电荷量, 单位为 C/cm^2). 先不考虑接触电势差, 单独考查这种正电荷的影响. 这种正电荷的存在将在半导体表面感生负电荷 (在 p 型半导体为耗尽层, 在 n 型半导体为积累层), 其作用就好像在电极上加有正电压一样. 正电荷对半导体的这种影响, 也可以通过在电极上加适当偏压的办法予以消除. 实际上只要加一负偏压, 使金属表面形成负电荷, 其面密度为 $-Q_{fc}$, 那么, 就将恰好把正电荷 Q_{fc} 的全部电场线都吸引过来, 而不再有电场线进入半导体, 能带就将恢复平直状况. 因为, 这时半导体内已没有电场, 整个电压就是 $\pm Q_{fc}$ 在绝缘层内产生的电势差 $-\dfrac{Q_{fc}}{C_i}$. 换句话说, 绝缘层中正电荷的影响同样可以归结为一个平带电压的问题, 消除正电荷影响的平带电压值为

$$V_{FB} = -\frac{Q_{fc}}{C_i}. \tag{4.85}$$

这就是说, 绝缘层中电荷对 $C(V)$ 特性的影响也是使 $C(V)$ 特性沿电压轴移动 V_{FB}, V_{FB} 值如上式. 值得指出, 虽然 p 型半导体和 n 型半导体的 MIS 理想 $C(V)$ 特性曲线是左右相反的, 前者在正偏压下反型, 后者在负偏压下反型, 但是, 绝缘层电荷引起的平移是一样的, 对正的绝缘层电荷, 都是向左移动 (即平移 $V_{FB} < 0$), 如图 4.21 所示.

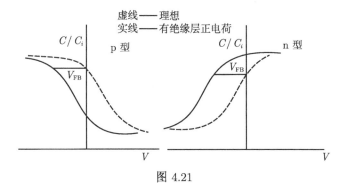

图 4.21

如果同时计入接触电势差和绝缘层正电荷的影响, 平带电压

$$V_{FB} = V_{ms} - \frac{Q_{fc}}{C_i}, \tag{4.86}$$

相应的阈值电压

$$V_T = V_{FB} - \frac{Q_B}{C_i} + 2V_F$$

$$= V_{ms} - \frac{Q_{fc}}{C_i} - \frac{Q_B}{C_i} + 2V_F, \tag{4.87}$$

例题 掺受主浓度 $N_A = 1.0 \times 10^{16} \mathrm{cm}^{-3}$ 的 p 型硅的 MOS 电容器, 氧化层厚 d_i=1000 Å, 电极金属是铝, 测得 $C(V)$ 曲线如图 4.22 所示, 求在硅–二氧化硅界面的正电荷密度.

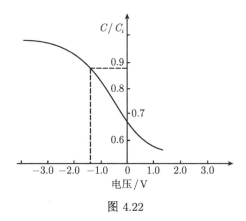

图 4.22

由图 4.11 所给的曲线查出, $N_A = 1.0 \times 10^{16} \mathrm{cm}^{-3}$, d_i=1000 Å 的 MOS 电容器的规一化平带电容为

$$C_{FB}/C_i = 0.88.$$

在图 4.22 的测量曲线上纵坐标 C/C_i 等于 0.88 时, 电压 V_G 为 -1.4V, 表明平带电压为

$$V_{FB} = -1.4 \text{ V}.$$

从图 4.20 查出, 铝与受主浓度 $N_A = 10^{16}\text{cm}^{-3}$ 的 p 型硅的接触电势差 $V_{ma} \approx -0.9$V. 将 V_{FB} 和 V_{ms} 值代入 (4.86) 式, 求得

$$\frac{Q_{fc}}{C_i} = 1.4 \text{ V} - 0.9 \text{ V} = 0.5 \text{ V},$$

从 $\epsilon_0 = (3.6\pi \times 10^{11})^{-1}, \epsilon_i = 3.8, d_i = 1000$ Å 可以算出氧化层电容

$$C_i = \frac{\epsilon_0 \epsilon_i}{d_i} = 3.4 \times 10^{-8} \text{ F/cm}^2,$$

由此得到

$$Q_{fc} = 0.5 \times 3.4 \times 10^{-8} = 1.7 \times 10^{-8} \text{ (C/cm}^2).$$

一般正离子为带电 $+q$ 的一价离子, 用 $q = 1.6 \times 10^{-19}$ 库仑除 Q_{fc} 就得到单位面积的正离子数:

$$\frac{Q_{fc}}{q} = \frac{1.7 \times 10^{-8}}{1.6 \times 10^{-19}} = 1.06 \times 10^{11}\text{cm}^{-2}.$$

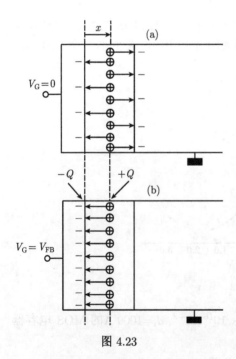

图 4.23

在以上的讨论中, 我们认为绝缘层中的正电荷都集中在金属与半导体的交界面附近. 在覆盖硅的二氧化硅中, 电荷分成两种, 一种是固定在 Si–SiO$_2$ 界面附近的固定正电荷, 另一种是所谓可动离子, 它们可以分布在绝缘层的各个位置, 而且可以在适当温度条件下, 在电场作用下移动. 处在绝缘层中间的可动离子同样要在半导体表面引起感生电荷, 从而影响 $C(V)$ 特性; 和以上的区别是它们的位置并不只限制在交界面附近, 而是可以在绝缘层中的任何地方. 为了容易了解起见, 我们设想可动电荷集中在距金属为 x 的一层中, 而电荷密度为 Q. 它们将在金属和半导体表面感生负电荷, 如图 4.23(a) 所示. 它们对半导体的影响同样可以通过加一定的平带电压予以消除 [图 4.23(b)]. 这时金属表面形成负电荷 $-Q$, 数量上和可动正电荷 Q 相等, 因而把

后者的电场线全部引到金属一边而不再进入半导体. 相应的平带电压也就是 $\pm Q$ 在厚度为 x 的一层绝缘体内产生的电热差:

$$V_{\mathrm{FB}} = \left(-\frac{Q}{\epsilon_0 \epsilon_i}\right) x,$$

或写成

$$V_{\mathrm{FB}} = -\left(\frac{x}{d_i}\right)\frac{Q}{C_i}.$$

以上这个结果最重要的一点, 是说明可动电荷的影响与它们的位置有很大的关系. x 越小, 也就是可动离子越接近金属电极, 它们引起的平带电压越小, $C(V)$ 的移动和对阈值电压的影响越小. 如果可动离子集中到金属电极和绝缘层的交界面, x 将等于 0, 它们将不再影响 $C(V)$ 或阈值电压.

正是根据以上的道理, 我们可以利用 $C(V)$ 特性的测量, 按照以下的办法估算出绝缘层中可动的和固定的电荷.

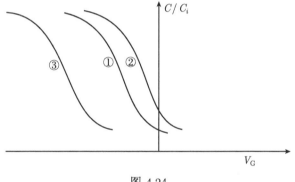

图 4.24

一般情况下, 覆盖硅的二氧化硅层中的可动离子是碱金属离子, 往往主要是钠离子, 它们在稍高的温度下就很容易因受到电场作用而移动. 所以, 为了测量这样的可动离子, 通常对 MIS 电容器进行所谓温度–偏压处理 (简称 B–T 处理), 即加热到约 200°C, 加 10V 的正或负偏压, 保持约 10min, 然后降温, 再除去偏压, 准备测量, 如果金属电极所加偏压为正就称正 B–T 处理, 如果金属电极所加偏压为负就称负 B–T 处理, 一般测量步聚是先测量未作 B–T 处理的样品的 $C(V)$ 特性, 如图 4.24 中曲线 ①. 然后进行负 B–T 处理, 其作用是把可动正电荷拉到金属电极附近, 这时可动电荷对 $C(V)$ 特性的影响基本上已被消除, 只剩下固定电荷的作用. 在图 4.24 中, 曲线 ② 表示经负 B–T 处理后测得的 $C(V)$ 特性. 最后进行正 B–T 处理, 把可动正电荷全赶到绝缘层和半导体的交界面, 经正 B–T 处理后的 $C(V)$ 特性在图 4.24 中由曲线 ③ 表示.

曲线②只有在绝缘层和半导体界面处的固定电荷起作用, 所以采用前面例题的方法就可以由其平带电压值估算出固定电荷密度. 可动电荷的密度可以从曲线②和③的平带电压之差估算. 由于曲线②只有固定电荷 Q_{fc} 起作用, 由 (4.86) 式平带电压可以写成

$$V_{\mathrm{FB}}^{(2)} = V_{\mathrm{ms}} - \frac{Q_{\mathrm{fc}}}{C_i}. \tag{4.88}$$

曲线③则增加了可动电荷 Q 的作用, 但它们也处在绝缘层和半导体的交界面, 所以起着和固定电荷完全相似的作用, 相应的平带电压应当是

$$V_{\mathrm{FB}}^{(3)} = V_{\mathrm{ms}} - \frac{(Q_{\mathrm{fc}} + Q)}{C_i}. \tag{4.89}$$

因此, 曲线②和③的平带电压之差

$$V_{\mathrm{FB}}^{(2)} - V_{\mathrm{FB}}^{(3)} = \frac{Q}{C_i}. \tag{4.90}$$

这就是说, 从曲线上定出曲线②、③的平带电压, 就可以根据上式求出 Q, 除以电子电荷 q, 就得到单位表面积内的可动离子数.

综上所述可知, 绝缘层中的电荷对半导体器件显然可以有很大的影响. 它们直接影响着 MOS 器件中的阈值电压, 而阈值电压是 MOS 器件最基本的一个参数, 可动离子在绝缘层中移动能够改变半导体表面的状况, 所以对各种半导体器件和稳定性都可以发生严重的影响. 因此, 在器件生产中采取有效措施, 尽量减少绝缘层中的电荷, 并利用 $C(V)$ 测试对绝缘层中电荷状况进行监视是十分重要的.

4.3.3　表面态

实际 MIS 结构中, 在绝缘层和半导体界面处总是存在着一些电子能级, 称为表面态或界面态. 它们和体内的杂质能级相似, 能量是处在禁带中的, 但是, 既可以集中在某些确定的能量, 也可以分散在各种能量上, 像能带那样形成连续分布的能级.

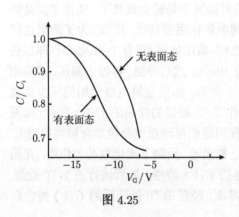

图 4.25

表面态可以由于放出或接收电子而带电, 所以也可以构成一种位于绝缘层和半导体界面的电荷. 但是, 表面态和以上讲的可动和固定电荷不同, 表面态的电荷是可以变化的. 由于这个原因, 表面态的存在不但能使 $C(V)$ 特性曲线移动, 而且能使 $C(V)$ 曲线改变形状. 图 4.25 示意地表示出, 由于表面态存在, 致使 $C(V)$ 曲线变形的情形, 为了对这个问题有更具体的认识, 我们具体分析一个特别简单的例子.

我们设想 p 型半导体的表面能级集中在某一个能量, 而且是受主型的, 即没有电子时是电中性的, 接受电子后带负电荷 $-q$. 在平带的情况它们在费米能级之上, 如图 4.26 所示, 但是, 在外加偏压超过阈值而发生反型时, 表面态能级和表面的能带一样下降 $2qV_{\mathrm{F}}$, 而跑到费米能级 E_{F} 以下, 如图 4.27 所示. 原来表面能级在 E_{F} 之上, 所以基本上没有电子, 是电中性的, 因此对 $C(V)$ 特性没有影响, 但是, 当表面能级降到 E_{F} 以下时, 它们将被电子填充, 成为负的电荷. 从前面的讨论知道, 这种负的表面电荷的作用是使 $C(V)$ 特性曲线沿电压轴向右移动. 所以, 上述表面能级由电中性转变为负的表面电荷, 就会造成具有图 4.28 中 $abb'c'$ 形式的 $C(V)$ 特性. abc 表示正常的 $C(V)$ 特性, $bb'c'$ 一段是由于表面态在到达 b 点时很快被填充, 变为负表面电荷, 使 bc 段向右移到 $b'c'$. 如果表面能级不是集中在某一个能量, 而是连续分布的, $C(V)$ 特性的变形就不是出现一个台阶, 而是在各个电压都有微小的向右移动, 使 $C(V)$ 特性的下降坡被拖长.

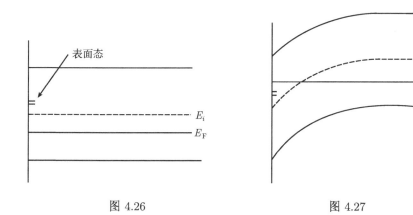

图 4.26   图 4.27

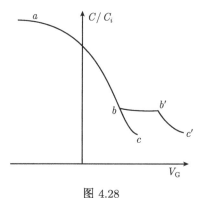

图 4.28

4.4　硅–二氧化硅系统的性质

金属–二氧化硅–硅系统, 是近年来研究最多的 MIS 结构. 这是因为基于二氧化硅的掩闭作用和纯化作用而发展起来的硅平面工艺技术, 是目前最主要的半导体器件工艺制造技术. 在这里二氧化硅–硅系统成了半导体器件结构的基本组成部分. 而另外一些介质膜, 例如: 氮化硅、磷硅玻璃、氧化铝等, 目前还主要是用来做双层介质膜, 盖在二氧化硅膜上面, 或者盖在整个器件管芯之上, 以便更好地起到表面纯化作用. 硅–二氧化硅系统中的电荷要影响 MOS 器件的阈值电压、pn 结的击穿电压和反向电流、晶体三极管小电流下的电流放大系数等, 特别是影响到器件长期使用的稳定性和可靠性. 因此, 在这一节, 我们着重介绍一下硅–二氧化硅系统的性质.

近十几年来对硅–二氧化硅系统的研究取得了很大的进展, 特别是在如何控制好硅–二氧化硅系统的性质上, 积累了很多有价值的经验, 促进了半导体器件工艺技术的发展. 但是也还有一些问题是不十分清楚的, 对有些问题不同的人可能有不同的看法.

硅–二氧化硅系统的特性和其中带电情况密切相关, 主要的带电形式有: 固定的表面电荷 Q_{fc}, 可动的杂质离子 Q_0, 表面态 N_{ss} 等, 如图 4.29 所示. 下面我们就分别加以讨论.

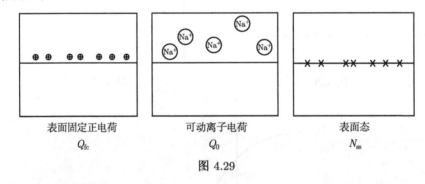

表面固定正电荷　　　　　　　可动离子电荷　　　　　　　　表面态

Q_{fc}　　　　　　　　　　　　Q_0　　　　　　　　　　　N_{ss}

图 4.29

4.4.1　可动的离子电荷

氧化层中的可动离子是影响器件稳定性的主要原因. 二氧化硅中的可动离子是碱金属离子 Na^+, K^+, Li^+ 以及氢离子 H^+, 它们都带正电荷. 由于在工艺过程中以钠离子沾污的可能性最大, 因此在实际的二氧化硅中最主要的可动离子是 Na^+ 离子.

4.3 节已经指出, 用所谓温度–偏压处理, 可以测定可动钠离子的含量、图 4.30 中的曲线①和②, 分别表示经正温偏压和负温偏压处理后 (温度 200°C 电场 ±10^6

V/cm, 时间 10min) 测得的 C-V 曲线. 由曲线①和②的平带电压差 ΔV_{FB}, 可以求出可动正电荷的面密度为

$$\frac{Q_0}{C_i} = \Delta V_{FB},$$

而可动正离子面密度为

$$N_0 = \frac{\Delta V_{FB} \cdot C_i}{q}.$$

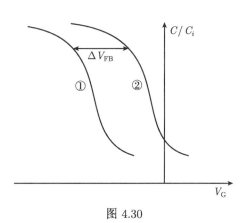

图 4.30

正温偏压处理后 C-V 曲线向左平移; 负温偏压处理后 C-V 曲线向右平移. 这些实验事实证明, 二氧化硅中有可动正电荷, 这些正电荷在适当的温度和适当的电场下能够在二氧化硅中运动. 故意用 Na^+ 污染或用放射化学分析等方法, 可以进一步证明, 可动正电荷主要就是钠离子 Na^+.

在半导体器件的生产过程中, 造成 Na^+ 沾污的来源很多, 使用的原材料、化学试剂和器皿, 空气中的灰尘、人的呼吸和皮肤上的汗等都含有 Na^+, 有可能使片子沾污. 特别是石英管和石英管内壁沾污的 Na^+, 常不易被清洗干净, 而且有人证明 Na^+ 很容易通过石英, 因此石英管外部的 Na^+ 沾污, 在高温氧化、扩散的过程中可以扩散进石英管, 而使片子沾污. 采用人工合成的高质量石英制成的双层石英管, 中间通以一定的惰性气体, 同时在高温氧化前用 HCl 气清洗石英管内壁, 对减少 Na^+ 沾污是十分有效的. 用钨丝加热蒸发铝金属电极时, 也很容易引起钠离子沾污, 改用电子束蒸发, 对于减少钠离子沾污也是很有效的. 尽管钠离子沾污的来源很多, 但是我们只要注意环境卫生、严格操作规程, 在工作中精益求精, 控制住钠离子的沾污是完全可能的.

针对二氧化硅中钠离子的沾污, 找到了一些行之有效的纯化工艺措施, 目前最主要的措施是磷硅玻璃纯化和 HCl 氧化. 在二氧化硅外面形成一层磷硅玻璃 (即富含 P_2O_5 的 SiO_2 层), 这层磷硅玻璃可以起到俘获或者说提取钠离子的作用, 这

是因为钠在磷硅玻璃中的溶解度比在 SiO₂ 中要大. 但是也应注意, 磷硅玻璃在外电场作用下, 会发生极化现象, 这种极化现象也会在半导体表面感应电荷, 从而影响到半导体器件的稳定性. 因此, 磷硅玻璃中磷的含量不宜过高, 厚度也要恰当, 使得既能起到提取钠离子的作用, 同时极化效应的影响又很小. 有试验表明, 磷硅玻璃层的厚度占总厚度的 1/5 左右, 效果比较好. 所谓 HCl 氧化, 就是指在高温氧化的过程中, 同时通入少量 HCl 气体. HCl 中的 Cl 离子有使钠离子中性化的作用. 由于 HCl 气体有腐蚀性和对人的身体有害, 有人用三氯乙烯代替 HCl 也得到了同样的效果.

为了避免在器件管芯制造好以后, 再受到 Na⁺ 钠离子的沾污, 往往在二氧化硅膜上, 或者在整个管芯上再淀积一层介质膜, 例如: 氮化硅、磷硅玻璃、氧化铝等, Na⁺ 在这些介质膜中移动较为困难. 用它们把二氧化硅膜保护起来, 可以防止钠离子的进一步沾污.

4.4.2　二氧化硅–硅界面附近的固定正电荷

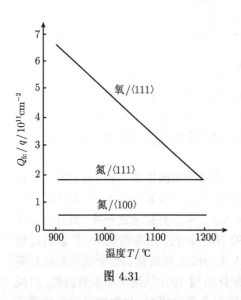

图 4.31

在热生长的二氧化硅中, 靠近硅界面附近有固定的表面电荷, 它们是正电荷. 大约分布在 SiO₂–Si 界面附近 20 Å 的范围内. 与可动的离子电荷不同, 这些电荷在通常的外电场作用下不移动, 它们的带电状况也不随硅表面势的变化而改变. 固定正电荷的面密度数值在 $10^{10} \sim 10^{12} \mathrm{cm}^{-2}$. 其具体数值与氧化、退火条件有关, 值得强调的是, 它们的数值与氧化过程的中间条件无关, 主要是与最终的氧化和退火条件有关. 具体来说, 就是与退火的温度、退火时的周围气氛等有关. 在同样的退火条件下, 固定正电荷面密度还与晶向有关: $Q_{fc}(111) > Q_{fc}(110) > Q_{fc}(100)$. 上述关系可以定性的用图 4.31 中的曲线表示,

有人称其为氧化三角形. 图中给出了氧化温度以及氮气中退火温度与表面固定电荷之间的关系.

一般认为这些固定的表面电荷是在硅–二氧化硅界面附近存在过量硅离子, 这些硅离子等着与扩散通过氧化层的氧发生反应. 硅片的表面氧化, 是分两步来完成的: 一是氧原子扩散通过已经生成的二氧化硅层到达硅–二氧化硅界面; 二是在界面处硅与氧起化学反应形成新的二氧化硅层. 前者氧在二氧化硅中的扩散速度与温度以及二氧化硅本身的性质 (例如, 其中是否含有磷、硼杂质) 等有关; 后者氧在硅片表面的化学反应速度与温度以及硅片表面的性质 (例如, 晶向、硅片是否高掺杂) 有关. 当氧化温度较低时, 反应速度较小, 这是所谓反应限制的情况, 在这种情况下硅-二氧化硅界面处过量的硅离子较多; 而当氧化温度升高时, 反应速度增大, 而扩散速度的增加相对来说比较缓慢, 有可能达到所谓扩散限制的情况, 在这种情况下硅-二氧化硅界面处过量硅离子较少, 即表面固定正电荷较少.

在氮气或含有少量氧的氮气氛中退火, 可以使原来较高的 Q_{fc} 降低, 一般退火温度为 900~1200°C, 退火时间为 15~20min. 如果在高温下长时间的退火, 有可能随着时间的增加, Q_{fc} 又逐渐增大. 氧化和退火以后, 冷却过程的快慢, 也要影响固定表面电荷 Q_{fc}, 冷却时间应尽量的短.

4.4.3 表面态

表面态就是指硅与二氧化硅交界面处存在的电子能级或叫电子状态, 它们可以与硅体内交换电子, 使它们有时带电, 有时不带电. 凡是当表面能级上占有电子时呈中性, 而不占有电子时呈带正电状态的表面态, 称为施主态; 相反, 当表面能级上不占有电子时, 呈中性状态, 而占有电子时呈带负电状态的表面态, 称为受主态.

对于表面态的研究开始的最早, 早在平面工艺技术发展以前, 人们就发现在常温下暴露于空气中的锗和硅, 在表面上会生成一层十几埃到几十埃厚的天然氧化层. 当时对这样的锗、硅表面研究结果表明, 存在有两种表面电子状态; 一种是在氧化层与半导体交界面处可以很快与体内交换电子, 称为 "快态"; 一种是在氧化层的外表面, 体内的电子要经过氧化层才能达到外表面, 因此这些表面状态与体内交换电子, 需要经过几分钟到几十分钟的弛豫时间, 称为 "慢态". 现在, 由于硅表面热氧化层很厚, 这种外表面的电子状态 (即慢态) 的作用变得很不重要了. 因此, 现在人们关心的表面态, 就是原来的 "快态".

表面态产生的原因, 一般认为与硅表面的 "悬挂键"、界面处的杂质、界面处的缺陷等有关. 所谓 "悬挂键" 就是指硅表面处原子的不饱和键, 如图 4.32 所示. 体内的每个硅原子周围有四对共价键, 而表面处的硅原子的上方没有其他硅原子, 就形成了一些不饱和的 "悬挂键", 在 "悬挂键" 上只有一个电子. 这种 "悬挂键" 可以与硅体内交换电子, 既可以得到电子, 也可以放出电子, 而成为带电的表面状态. 如果认为表面上每一个硅原子都有一个 "悬挂键", 都对

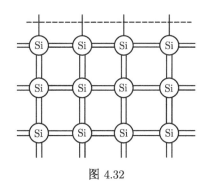

图 4.32

应一个表面态, 那么, 表面态的面密度就应与表面硅原子的面密度具有相同的数量

级, 因此, 表面态面密度应有 10^{15}cm^{-2} 左右. 而实际的硅-二氧化硅界面的表面态面密度只有 $10^{10} \sim 10^{12}\text{cm}^{-2}$. 一般认为, 硅片表面生长有氧化层时, 硅表面的悬挂键由于与氧结合而大大减少, 如图 4.33 所示意.

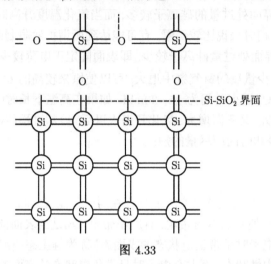

图 4.33

表面态密度与硅片的晶向有关, 这一特点与界面附近固体表面电荷类似. 表面态面密度 $N_{\text{ss}}(111) > N_{\text{ss}}(110) > N_{\text{ss}}(100)$. 正是由于在 (100) 面固定表面电荷与表面态数目都比较少, 所以一般 MOS 晶体管都选择 (100) 面. 在实践中发现, 表面态面密度 N_{ss} 往往和表面固定正电荷密度 Q_{fc} 之间有密切关联, 即 Q_{fc} 越大, N_{ss} 也就越大. 图 4.34 中给出了一组典型的实验结果. 图中标记的不同符号的实验点, 对应于不同晶向, 和不同的衬底掺杂浓度.

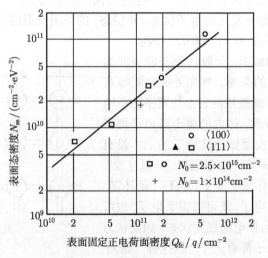

图 4.34

表面态能级如同体内的杂质能级一样, 是分布在硅禁带范围内的, 如图 4.35 所示. 图中纵坐标表示能量高低, 两条水平线分别为硅的导带底和价带顶. 横坐标表示表面态密度.

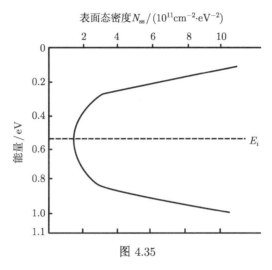

图 4.35

表面态对器件的影响是很重要的. 表面态可以带电使表面势变化, 影响器件性能. 更重要的是表面态可以起复合中心的作用, 使晶体管小电流下的电流放大系数下降, 使 pn 结反向漏电电流增大. 特别是在表面出现耗尽层时, 它可以使表面复合中心的作用变得特别有效, 就好像 pn 结空间电荷区中的复合中心一样. 在实际的半导体器件中, 往往表面复合的作用比体内复合更大. 因此, 尽量减少表面态是很重要的, 一种行之有效的办法, 就是在 400°C 左右, 在氮气-氢气的气氛中进行退火, 称为氮氢烘焙, 它可以使表面态数目大大减少, 这被认为是由于氢与 "悬挂键" 作用. 同时湿氧氧化的表面态密度比干氧氧化要少, 这是因为在湿氧氧化时, 水汽可以分解出氢, 而使表面态减少. 用 HCl 氧化也可以减少表面态密度.

表面态密度还与氧化前硅片表面的状况有关, 例如, 抛光硅片表面的损伤层以及杂质沾污, 都会影响表面态密度. 因此, 氧化前可以用腐蚀液把表面轻轻腐蚀掉一层, 并认真做好片子的清洗工作.

4.5 MOS 场效应晶体管

MOS 场效应晶体管 (简称 MOS 管) 是一种利用半导体表面效应的器件. 由于它工艺较简单, 易实现集成化, 因此在大规模集成电路中得到了广泛应用.

MOS 管的剖面结构如图 4.36 所示. 图中 (a) 为 n 沟 MOS 管, 在 p 型硅基片上, 有两个 n$^+$ 扩散区, 其中一个叫源, 用 S 表示; 一个叫漏, 用 D 表示. 源区和漏区除用杂质扩散法外, 也可以用离子注入法获得. 在源和漏之间的 p 型硅上, 有一层厚度约为 1000Å 的二氧化硅层, 叫栅氧化层, 二氧化硅层上有一层金属铝, 厚度约 1 微米, 叫铝栅. 若用多晶硅代替铝, 则叫硅栅, 栅用 G 表示. 当外加栅压为 0 时, 源区和漏区被中间的 p 型区隔开, 源和漏之间相当于两个背靠背的 pn 结. 因此, 在这种情况下, 即使源和漏之间加一定的电压, 也没有明显的电流, 只有微量的 pn 结反向电流. 但当栅极加适当的正电压 $V_G > 0$ 时, 根据前几节的分析, p 型 Si 表面有可能出现反型层 (即 n 型层), 它可以把源区和漏区沟通, 形成导电沟道. 如果这时再在源和漏之间加一定的电压, 就会有明显的电流流过, 这就是 n 沟 MOS 管的最简单的工作原理. 若衬底为 n 型, 源、漏为 p^+ 扩散区, 当栅极加适当的负电压 $V_G < 0$ 时, 硅表面形成 p 型反型层, 使源漏沟通, 这种管子叫 p 沟 MOS 管, 如图 4.36(b) 所示. n 沟道 MOS 管沟道中导电的载流子是电子; p 沟道 MOS 管沟道中导电的载流子是空穴.

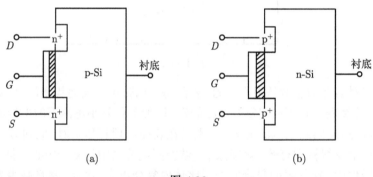

图 4.36

到底加多大的栅压才能形成表面沟道呢? 这个问题在前几节已有所讨论, 只是没有和 MOS 管明显地联系起来. 开始出现强反型就是开始形成沟道, 根据 (4.21) 式, 开始形成沟道的条件就是表面势

$$V_s = 2V_F$$

V_F 为硅衬底的费米势. 对于 n 沟 MOS 管, 衬底为 p 型硅, V_F 为正; 对于 p 沟 MOS 管, 衬底为 N 型硅, V_F 为负. 这时相应的栅压叫阈值电压, 理想情况 (忽略功函数差以及氧化层中的正电荷效应) 的阈值电压同 (4.25) 式, $V_T = 2V_F - \dfrac{Q_B}{C_i}$. 对于 n 沟道 MOS 管, Q_B 为负, 对于 p 沟道 MOS 管, Q_B 为正, 计算公式同 (4.23) 式.

如果计入功函数差及氧化层中电荷的影响可以引入平带电压 V_{FB} 来描述.

$$V_{FB} = V_{ms} - \frac{Q_{fc}}{C_i}$$

其中 V_{ms} 为栅极与硅衬底之间的接触电势差, Q_{fc} 为氧化层中电荷的面密度, 通常

为正电荷 $Q_{fc} > 0$, 而且假定在二氧化硅与硅交界面附近. 这时, 使硅表面开始强反型时的栅压 V_T 由 (4.87) 式有

$$V_T = V_{FB} + 2V_F - \frac{Q_B}{C_i} = V_{ms} - \frac{Q_{fc}}{C_i} - \frac{Q_B}{C_i} + 2V_F,$$

称为阈值电压, 有时也称开启电压.

4.5.1 MOS 晶体管的电流-电压关系

下面我们以 n 沟道为例讨论 MOS 管的基本特性, 即电流-电压关系. 当栅压 $V_G = V_T$ 时, 表面开始形成反型层. 随着 V_G 的增大, 反型层中的电子数量逐渐增加, 而正是这些反型层中的电子形成了沟道电流. 反型层中积累的电子电荷正比于 $V_G - V_T$, 在本章第一节中曾求得其表达式 (4.31) 式,

$$Q_n = -C_i(V_G - V_T)$$

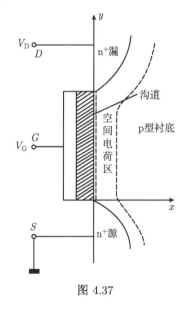

图 4.37

其中 Q_n 为单位表面反型层中载流子的电荷, 用反型层中电子浓度 $n(x)$ 表示, 则有

$$Q_n = -q \int_0^{x_c} n(x)\mathrm{d}x, \qquad (4.91)$$

x_c 为反型层厚度, 在这里定义垂直于表面、向体内的方向为 x 的正方向 (图 4.37). 把 (4.91) 式代入 (4.31) 式有

$$q \int_0^{x_c} n(x)\mathrm{d}x = C_i(V_G - V_T). \qquad (4.92)$$

当存在反型沟道时, 沟道把源区和漏区沟通起来. 这时在源、漏间加电压, 就可以有电流流过. 对于 n 沟道器件, 通常源与衬底均接地, 漏接正电压, 这时就有电子自源向漏流动, 电流的方向是自漏指向源.

MOS 晶体管与 MOS 电容相比较, 有一点是不一样的, 就是当 MOS 晶体管沟道中有电流流过时, 沿沟道方向 (图 4.37 中的 y 方向) 产生电压降 V; 而 MOS 电容沿 y 方向没有电势的变化, 但它们有统一的表面势. 设源接地, 漏极加正电压 V_D, 近似地看, 自源至漏, 有一均匀的电压上升, 即从零增至 V_D[图 4.38(a)], 其结果是使 n 型沟道的能带连同其费米能级 E_F, 沿 y 方向, 随着电压的变化发生倾斜 [图 4.38(b)]. 因为 p 型衬底是接地的, 因此 n 型沟道与衬底之间电势不同, 即相当于 n 型沟道与 p 型衬底间的 pn 结处于反向偏置, 沟道与衬底之间不再有统一的费米能

级, 而是沟道区的电子准费米能级 $(E_F)_n$ 比衬底空穴准费米能级 $(E_F)_p$ 低 $qV(y)$. 这一点我们必须注意. 这个处于反偏的 pn 结, 有一股反向电流, 一般称为泄漏电流, 在下面的分析中我们忽略了泄漏电流.

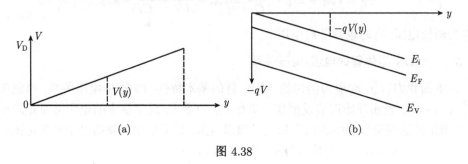

图 4.38

在前几节我们分析平衡的 MOS 系统时, 表面开始强反型的条件为 $V_s = 2V_F$, 那时整个 MOS 系统有统一的费米能级 [图 4.39(a)]. 现在由于是非平衡情况, 沟道中的电子准费米能级比衬底空穴准费米能级低 $qV(y)$, 这时表面开始强反型的条件变为 $V_s = 2V_F + V(y)$[图 4.39(b)]. 可以粗略地认为这时的阈值电压由 V_T 变为 $V_T + V(y)$. 因此, 仅当 $V = V_T + V(y)$ 时, 表面才开始形成沟道, 在 $V_G > V_T + V(y)$ 时表面沟道积累电子, 这时表示反型层中积累的电荷量的 (4.31) 式改为

$$Q_n = -C_i[V_G - V_T - V(y)], \tag{4.93}$$

同时, (4.92) 式改为

$$q \int_0^{x_c} n(x)\mathrm{d}x = C_i[V_G - V_T - V(y)]. \tag{4.94}$$

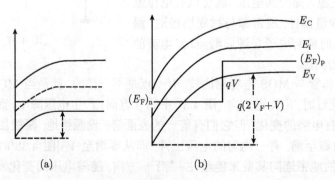

图 4.39

因为沿沟道从源到漏, $V(y)$ 的值越来越大, 所以沟道宽度 x_c 越来越小, 沟道中单位面积载流子电荷数 Q_n 也越来越小.

沟道中导电的情况是不均匀导电情况, 电流密度分布是不均匀的, 应由微分形式的欧姆定律来表示:

$$j(x,y) = \sigma(x,y)E_y = n(x,y)q\mu_n E_y, \tag{4.95}$$

其中 $n(x,y)$ 表示电子浓度, μ_n 为沟道中的电子迁移率, E_y 为沿沟道方向 (y 方向) 的电场强度, 并且认为电流密度是沿 y 方向的.

在这个基础上, 我们就可以具体分析, 通过沟道的电流 (又叫漏电流 I_D) 与栅压 V_G 及漏压 V_D 的关系, 即 MOS 晶体管的电流-电压关系.

把 (4.95) 式对沟道的横截面积分, 就可以得到总的漏电流 I_D. 可以认为电流密度沿沟道宽度方向是均匀的, 所以只要乘上沟道宽度 W 即可,

$$I_D = W\int_0^{x_c} j(x,y)\mathrm{d}x = W\int_0^{x_c} q\mu_n n(x,y)E_y\mathrm{d}x. \tag{4.96}$$

由于 $E_y = -\dfrac{\mathrm{d}V(y)}{\mathrm{d}y}$, 所以

$$I_D = -W\cdot q\int_0^{x_c} n(x,y)\mu_n\frac{\mathrm{d}V(y)}{\mathrm{d}y}\mathrm{d}x. \tag{4.97}$$

简化假设沟道中电子的迁移率 μ_n 为常数, 及 $\dfrac{\mathrm{d}V(y)}{\mathrm{d}y}$ 与 x 无关, 把它们移到 (4.97) 式的积分号以外, 有

$$I_D = -W q\mu_n\frac{\mathrm{d}V(y)}{\mathrm{d}y}\int_0^{x_c} n(x,y)\mathrm{d}x. \tag{4.98}$$

利用 (4.94) 式, 得到

$$I_D = -W\mu_n C_i[V_G - V_T - V(y)]\frac{\mathrm{d}V(y)}{\mathrm{d}y}. \tag{4.99}$$

为了得到 I_D 与漏压的关系, 我们沿 y 方向对整个沟道进行积分

$$\int_0^L I_D\mathrm{d}y = -W\mu_n C_i\int_0^L [V_G - V_T - V(y)]\frac{\mathrm{d}V(y)}{\mathrm{d}y}\cdot\mathrm{d}y. \tag{4.100}$$

在稳定情况下, 沟道中漏电流 I_D 为常数, 所以

$$I_D\cdot L = -W\mu_n C_i\int_0^{V_D} [V_G - V_T - V]\mathrm{d}V$$

$$= -W\mu_{\mathrm{n}}C_i\left[(V_{\mathrm{G}} - V_{\mathrm{T}})V_{\mathrm{D}} - \frac{1}{2}V_{\mathrm{D}}^2\right], \tag{4.101}$$

$$I_{\mathrm{D}} = -\frac{W\mu_{\mathrm{n}}C_i}{L}\left[(V_{\mathrm{G}} - V_{\mathrm{T}})V_{\mathrm{D}} - \frac{1}{2}V_{\mathrm{D}}^2\right]. \tag{4.102}$$

这个式子就是 MOS 晶体管的电流-电压关系. 负号表示电流方向由漏指向源 (即 $-y$ 方向). 其中 L 为沟道长度, 它等于光刻掩膜的沟道长度 L', 减去 2 倍源、漏扩散结深 x_j(图 4.40).

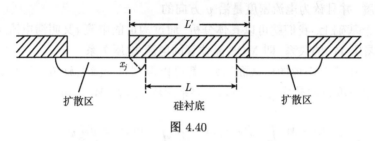

图 4.40

　　(4.102) 式表示的 MOS 晶体管电流-电压关系, 是一种简化计算的近似结果. 如果我们仔细分析一下就会发现, 由于 n 型沟道区与 p 型衬底之间准费米能级相差 qV, 使得开始强反型的条件由 $V_{\mathrm{s}} = 2V_{\mathrm{F}}$ 变为 $V_{\mathrm{s}} = 2V_{\mathrm{F}} + V(y)$, 这时沟道区与衬底间的耗尽层厚度不再是平衡情况的 (4.22) 式, 而应是

$$x_{\mathrm{d}} = \left[\frac{2\epsilon_0\epsilon_{\mathrm{F}}(2V_{\mathrm{F}} + V)}{qN_{\mathrm{A}}}\right]^{1/2}. \tag{4.103}$$

耗尽层厚度的加宽, 意味着空间电荷区电荷量增加, 即 (4.23) 式应变为

$$Q_{\mathrm{B}} = -[2\epsilon_0\epsilon_{\mathrm{s}}qN_{\mathrm{A}}(2V_{\mathrm{F}} + V)]^{1/2}, \tag{4.104}$$

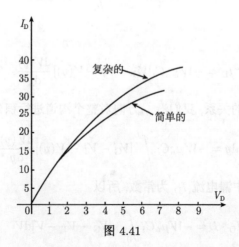

图 4.41

考虑到这一点, 就可以得到较为精确的结果:

$$I_D = -\frac{W}{L}\mu_n C_i \left\{ (V_G - V_{FB} - 2V_F)V_D - \frac{1}{2}V_D^2 \right.$$
$$\left. -\frac{2}{3}\frac{(2\epsilon_0\epsilon_s qN_A)^{1/2}}{C_i}[(V_0 + 2V_F)^{3/2} - (2V_F)^{3/2}] \right\}. \qquad (4.105)$$

图 4.41 结合一例给出了简单与复杂结果的比较, 由图可以看出, 在 V_D 比较小时, 二者差别不大, 通常利用简化的结果即可.

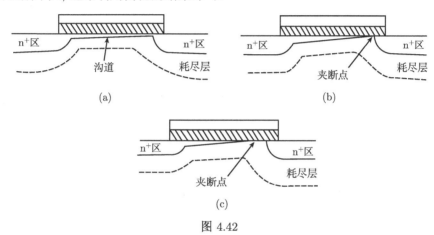

图 4.42

在图 4.42 中我们画出了不同 V_D 时沟道导电的情形, (a) 是 V_D 较小时的导电情形. 这时沿沟道电势变化较小, 即 y 方向电场强度较小, 整个沟道的厚度变化不大, 漏电流 I_D 与漏电压成正比, 称为线性区. 随着 V_D 的逐渐增大, 与线性关系的偏离也越来越大, 当到达一定值 $V_D = V_G - V_T$ 时, 使得在漏极附近不再形成反型层, 这时我们说沟道在漏极附近被夹断 [图 (b)]. 所谓被夹断是指这里电子的数目很少, 成为一个高阻区. 但是, 在夹断点与漏之间, 沿 y 方向有较强的电场, 可以把从沟道流过来的电子拉向漏极, 这种情况类似于 npn 晶体管集电结空间电荷区的作用. 沟道被夹断以后, 再增加 V_D, 增加的电压主要降落在夹断点到漏之间的高阻区, 这时漏极电流 I_D 基本上不随漏电压增加, 称为饱和电流. 图 4.43 给出了某一 MOS 场效应晶体管电流-电压关系. 图中标出了线性区和饱和区, 虚线表示开始饱和, 这时有

$$V_D = V_G - V_T. \qquad (4.106)$$

代入电流-电压关系式, 得到饱和电流

$$I_{Ds} = -\frac{W}{L}\frac{\mu_n C_i}{2}(V_G - V_T)^2. \qquad (4.107)$$

实际上, 当 $V_D > V_G - V_T$ 以后, 由于夹断点微微向源区移动, 有效沟道长度随着 V_D 的增加略有减小, 漏电流 I_D 仍随着漏电压 V_D 的增加而略有增加.

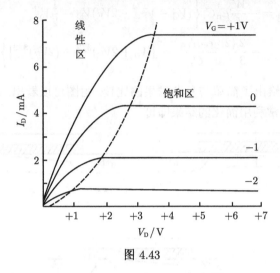

图 4.43

4.5.2　阈值电压和 K 因子

在 MOS 管的电流-电压关系中, 主要有两个参数: 一个是阈值电压 V_T, 另一个是

$$K = \frac{\mu_n C_i}{2} \frac{W}{L} \qquad (4.108)$$

称为 K 因子. 这两个参数对于 MOS 晶体管的特性是很重要的. 在设计 MOS 晶体管或 MOS 电路时, 考虑是否采用新的工艺, 很大程度上取决于 V_T 和 K 的要求. 下面我们分别做些讨论.

首先我们根据 (4.87) 式分别估算一个 n 沟 MOS 晶体管和 p 沟 MOS 晶体管的阈值电压. 一方面可以对影响 V_T 的各方面因素有一初步的了解, 另一方面可以提出进一步改进的措施, 其中第一项 V_{ms} 表示栅极与衬底间功函数之差. 对于 A1 栅情况, 只要知道衬底掺杂浓度, 就可以由图 4.20 中查出; 对于硅栅情况, 多晶硅中费米能级位置, 由其中的掺杂浓度决定, 而多晶硅的掺杂是在源区和漏区扩散时同时进行的, 所以只要知道了多晶硅和衬底掺杂浓度, 仿照 pn 结接触电势差的方法, 就可以估算出来. 其中第二项表示氧化层中正电荷的作用, 氧化层中正电荷的面密度与工艺状况关系很大, 在估算中我们取适中的数值.

例如硅栅 n 沟 MOS 晶体管, p 型衬底掺杂浓度 $N_A = 1.5 \times 10^{15} \mathrm{cm}^{-3}$, 栅氧化层厚度 $d_i = 1000\text{Å}$, 氧化层中正电荷面密度 $\dfrac{Q_{fc}}{q} = 10^{11} \mathrm{cm}^{-2}$, 多晶硅中扩磷浓度

$N_D \approx 5 \times 10^{18} \text{cm}^{-3}$. 根据这些数据可以算出:

$$V_{ms} = -\frac{kT}{q} \ln \frac{N_D \cdot N_A}{n_i^2} = -0.82 \text{ V},$$

$$C_i = \frac{\epsilon_i \epsilon_0}{d_i} = 3.4 \times 10^{-8} \text{ F/cm}^2,$$

$$2V_F = 2\frac{kT}{q}\ln\frac{N_A}{n_i} = 0.60 \text{ V},$$

$$\theta_B = -\sqrt{4\epsilon_0 \epsilon_s q N_A \cdot V_F} = -1.72 \times 10^{-8} \text{ C/cm}^2,$$

所以,

$$V_T = -0.80 - \frac{1.6 \times 10^{-19} \times 10^{11}}{3.4 \times 10^{-8}} + \frac{1.72 \times 10^{-8}}{3.4 \times 10^{-8}} + 0.60$$

$$= -0.82 - 0.47 + 0.51 + 0.60$$

$$= -0.18 \text{ (V)}.$$

同理, 对于铝栅 p 沟道 MOS 晶体管的阈值电压也可以做类似的估算. 设 n 型衬底掺杂浓度 $N_D = 1.5 \times 10^{15}\text{cm}^{-3}$. 由图 4.20 查出

$$V_{ms} = -0.30 \text{ V},$$

借用上面的数据得到

$$V_T = -0.30 - 0.47 - 0.51 - 0.60 = -1.88 \text{ (V)}.$$

从上面的结果可以看出: 对于 n 沟道 MOS 晶体管, 本来应在栅压为正偏压时, 才能使 p 型硅表面反型而形成 n 型沟道; 估算出的阈值电压为负值, 表明由于功函数以及氧化层中正电荷的作用, 在不加栅压时 p 型硅衬底表面已经反型 (由估算中可以看到, 功函数及氧化层中正电荷的作用, 产生了平带电压 $V_{FB} = -1.27$ V, 即相当于栅压为 $+1.27$ V). 这种在不加偏压时已形成表面沟道的 MOS 晶体管, 叫耗尽型 MOS 晶体管, 而零栅压时没有沟道的 MOS 晶体管, 叫增强型 MOS 晶体管. 显然, 由于在二氧化硅中有正电荷, 使得 p 沟道器件容易做成增强型, 而 n 沟道器件容易做成耗尽型. 但一般集成电路中的 MOS 管需要是增强型的, 因此增强型 n 沟道 MOS 集成电路在制作上就较为困难, 应当尽量减少栅氧化层中的正电荷才行. 对于 p 沟道器件, 减少栅氧化层中的正电荷, 可以使 V_T 的数值适当减小.

除了阈值电压以外, 还有所谓 "厚膜开启电压" 问题. 因为在集成电路中, 各个单管之间是用厚度为 $1.0\sim1.5$ μm 的二氧化硅膜分隔开的, 而内部联线 (多晶硅条及铝条) 又在二氧化硅上走过, 在这些内部联线上要加 $15\sim20$V 的电压. 因此, 在它下面的硅表面也有可能感生出反型沟道 (图 4.44). 通常把这种沟道叫寄生沟道. 开始产生寄生沟道的电压叫厚膜开启电压, 用 V_{TF} 表示, 寄生沟道出现以后, 电路

就不能正常工作了. 为了防止这一现象, 需要使厚膜开启电压大于内部联线上的电压. 通常 n 沟道 MOS 集成电路的 V_{TF} 应大于 25~30 V.

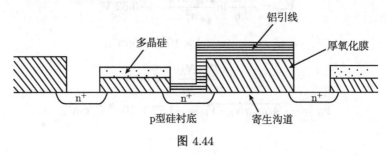

图 4.44

如果我们仍选用前面估算阈值电压 V_{T} 时的典型数据, 只是把栅氧化层厚度换成厚膜氧化层的厚度 $d_i = 10000\text{Å}$, 这样估算得到的厚膜开启电压 V_{TF}, 显然比较低, 是不符合要求的.

因此, 为了把 n 沟道 MOS 晶体管做成增强型器件 $(V_{\mathrm{T}} > 0)$; 为了提高厚膜开启电压 V_{TF}, 还需要进一步采取一些措施. 最主要的办法有二, 一是场区掺杂; 二是衬底加偏压. 所谓场区掺杂, 是在除了栅、源、漏区以外的区域进行掺杂, 提高这些区域硅片衬底的掺杂浓度. 对于 n 沟道器件就是掺硼, 掺杂的方式可以用掩闭扩散的方法, 也可以用离子注入的办法. 由于场区掺杂提高了厚氧化层下面硅衬底的杂质浓度, 从而增大了费米势 V_{F} 和耗尽层中的电荷量 Q_{B}, 因此使厚膜开启电压 V_{TF} 变大. 但是场区掺杂浓度不能太高, 否则就要影响漏区的击穿电压. 图 4.45 示意地画出了有场区掺杂的 n 沟道 MOS 晶体管的剖面图.

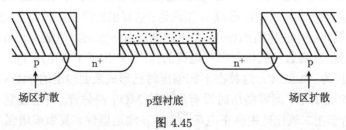

图 4.45

我们仍用前面估算阈值电压时的例子, 但考虑到增加场区掺杂后, 厚氧化层下的掺杂浓度变为 $N_{\mathrm{A}} \approx 5 \times 10^{15} \mathrm{cm}^{-3}$. 这时

$$2V_{\mathrm{F}} = 2\frac{kT}{q}\ln\frac{N_{\mathrm{A}}}{n_i} = 0.66 \text{ V},$$

$$Q_{\mathrm{B}} = -\sqrt{4\epsilon_0 \cdot \epsilon_s N_{\mathrm{A}} q V_{\mathrm{F}}} = -3.46 \times 10^{-8} \text{ C/cm}^2,$$

$$V_{\mathrm{ms}} = \frac{kT}{q}\ln\frac{N_{\mathrm{D}}N_{\mathrm{A}}}{n_i^2} = -0.84 \text{ V}.$$

因这时氧化层厚度增大为 $d_i = 10000\text{Å}$, 使 C_i 减小为

$$C_i = 3.4 \times 10^{-9} \text{ F/cm}^2,$$

所以

$$V_{\text{TF}} = -0.84 - 4.7 + 10.2 + 0.66 = 5.32 \text{ (V)}.$$

由此可以看出, 用场区掺杂增大 Q_B 的方法, 很有效地提高了 V_{TF}.

下面我们讨论衬底加偏压对 V_T 及 V_{TF} 的影响. 在前面的讨论中, 我们假定源区与衬底共同接地. 所谓衬底加偏压是指源接地而衬底外接电压 V_{Bs}, 如图 4.46 所示. 对于 n 沟道器件衬底接负偏压, 对于 p 沟道器件衬底接正偏压, 以保证源区-沟道-漏区与衬底之间的 pn 结处于反向. 当衬底加反向偏压以后, 即使在 V_D 为零的情形, 源区-沟道-漏区与衬底之间也没有统一的费米能级, 源区-沟道-漏区的准费米能级与衬底准费米能级相差 $|qV_{\text{Bs}}|$. 因此,

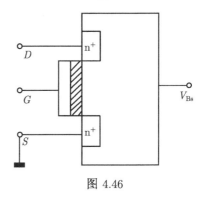

图 4.46

衬底加反偏的结果, 是使沟道与衬底间的空间电荷区宽度、空间电荷量 Q_B 增大, 从而使阈值电压发生变化.

$$\Delta Q_\text{B} = Q_\text{B}(V_{\text{Bs}}) - Q_\text{B} \quad (V_{\text{Bs}} = 0), \tag{4.109}$$

$$\Delta V_\text{T} = -\frac{\Delta Q_\text{B}}{C_i}. \tag{4.110}$$

对于 n 沟道器件, Q_B 为电离受主电荷, 是负电荷, 因此 ΔV_T 为正. 也就是说, 衬底加负偏压的结果, 使 n 沟道器件的阈值电压由负值向正值过渡 (即由耗尽型向增强型过程), 或者由较小的正值向更高的正值变化. 对于 p 沟道器件, Q_B 为电离施主电荷, 是正电荷, 因此 ΔV_T 为负, 也就是说, 衬底加正偏压使 p 沟道器件的阈值电压绝对值增大. 我们还可以看出, 氧化层电容越小, ΔV_T 数值越大, 这就使得厚膜开启电压 V_{TF} 的变化大于 V_T 的变化. 衬底加偏压以提高 V_T 和 V_{TF} 的办法, 对于 n 沟道 MOS 集成电路特别有效, 因而广泛被采用.

如果我们把沟道区与衬底间的 pn 结看成单边突变结, 以 n 沟道为例, 有

$$Q_\text{B}(V_{\text{Bs}}) = -[2\epsilon_0\epsilon_s q N_\text{A}(|V_{\text{Bs}}| + 2V_\text{F})]^{1/2}, \tag{4.111}$$

$$Q_\text{B}(V_{\text{Bs}} = 0) = -[4\epsilon_0\epsilon_s q N_\text{A} V_\text{F}]^{1/2}, \tag{4.112}$$

$$\Delta V_\text{T} = -\frac{\Delta Q_\text{B}}{C_i} = \frac{(2\epsilon_0\epsilon_s q N_\text{A})^{1/2}}{C_i}[(|V_{\text{Bs}}| + 2V_\text{F})^{1/2}$$

$$- (2V_{\mathrm{F}})^{1/2}]. \tag{4.113}$$

如果取 $V_{\mathrm{Bs}} = -5\mathrm{V}$, 其他仍取前面例子的数据, 则有阈值电压变化

$$\Delta V_{\mathrm{T}} = \frac{\left(2 \times 11.7 \times \dfrac{1}{36\pi} \times 10^{-11} \times 1.6 \times 10^{-19} \times 1.5 \times 10^{15}\right)^{1/2}}{3.4 \times 10^{-8}}$$
$$\times [(5 + 0.60)^{1/2} - (0.60)^{1/2}] = 1.02 \ (\mathrm{V}),$$

厚膜开启电压的变化

$$\Delta V_{\mathrm{TF}} = \frac{\left(2 \times 11.7 \times \dfrac{1}{36\pi} \times 10^{-11} \times 1.6 \times 10^{-19} \times 1.5 \times 10^{15}\right)^{1/2}}{3.4 \times 10^{-8}}$$
$$\times [(5 + 0.66)^{1/2} - (0.66)^{1/2}] = 19.38 \ (\mathrm{V}).$$

因此, 衬底加 $-5\mathrm{V}$ 偏压以后, 上例中的 n 沟道 MOS 集成电路的阈值电压 V_{T} 和厚膜开启电压 V_{TF} 分别为

$$V_{\mathrm{T}} = -0.18 \ \mathrm{V} + 1.02 \ \mathrm{V} = 0.84 \ \mathrm{V},$$
$$V_{\mathrm{TF}} = 5.32 \ \mathrm{V} + 19.38 \ \mathrm{V} = 24.7 \ \mathrm{V}.$$

上面这种对衬底加偏压作用的简单估算, 对于几何尺寸比较大的 MOS 晶体管符合的比较好. 对于短沟道器件, 阈值电压的变化还与沟道长度及源、漏结深等有关, 故短沟道器件阈值电压的变化小于用简单的理论计算得到的结果.

下面我们讨论一下 $K = \dfrac{W}{2L}\mu C_i$ 因子. 对于 MOS 晶体管来说, 有一个很重要的参数——跨导. 在一定的漏极电压 V_{D} 下, 当栅压 V_{G} 有一微小变化 ΔV_{G} 时, 相应的漏电流 I_{D} 也有一微小变化 ΔI_{D}, 所谓跨导即 ΔI_{D} 与 ΔV_{G} 之比,

$$G = \left(\frac{\partial I_{\mathrm{D}}}{\partial V_{\mathrm{G}}}\right)_{V_{\mathrm{D}}}. \tag{4.114}$$

MOS 晶体管中的跨导 G 就好似晶体三极管中的电流放大系数 β. 根据 (4.102) 式, 在线性区

$$G = \left(\frac{\partial I_{\mathrm{D}}}{\partial V_{\mathrm{G}}}\right)_{V_{\mathrm{D}}} = -\frac{W}{L}\mu_{\mathrm{n}}C_i V_{\mathrm{D}}. \tag{4.115}$$

根据 (4.107) 式, 在饱和区

$$G = \left(\frac{\partial I_{\mathrm{D}}}{\partial V_{\mathrm{G}}}\right)_{V_{\mathrm{D}}} = -\frac{W}{L}\mu_{\mathrm{n}}C_i(V_{\mathrm{G}} - V_{\mathrm{T}}). \tag{4.116}$$

可见跨导 G 除与漏压 V_D、栅压 V_G 及阈值电压 V_T 有关外, 还与 K 因子有关. 增大 K 因子, 除可以增大跨导外, 还可以提高晶体管的高频特性. 下面来具体讨论 K 因子与哪些因素有关.

增大栅极的宽长比 $\dfrac{W}{L}$, 可以增大 K 因子. 但 L 过小, 既会引起源漏穿通, 同时还要受到光刻、制版精度的限制. W 太大, 会增加整个电路的图形面积. 在 MOS 集成电路中, 由于不同单管在电路中起的作用不同, 它们的跨导之间要满足一定的比例关系. 这种比例关系就靠选择不同的宽长比 W/L 来实现.

为了提高 K 因子, 希望沟道中载流子的迁移率大些, 这里所说的迁移率, 是载流子在极薄的反型层 (如 50Å) 中运动的迁移率, 它与体内迁移率不同. 一方面, 由于有附加的表面散射, 而且经过氧化以后的硅表面层中杂质和缺陷往往比体内多, 因而使表面迁移率小于体内迁移率, 比较理想的情况是表面迁移率为体内的一半, 室温下硅材料的典型数值是

$$\mu_{\mathrm{n}} = 600 \ \mathrm{cm}^2/(\mathrm{V} \cdot \mathrm{s}),$$
$$\mu_{\mathrm{p}} = 190 \ \mathrm{cm}^2/(\mathrm{V} \cdot \mathrm{s}).$$

另一方面, 由于载流子被限制在极薄的薄层中运动, 近似可以看成是在二维平面中运动, 而不是像在体内那样, 可以在空间三个方向上任意运动, 这就使得表面迁移率表现为各向异性. 表面迁移率与表面晶向有关. 对于 n 沟道器件, 〈100〉面大于 〈111〉面; 对于 p 沟道器件, 〈111〉面大于 〈100〉面. 因为表面电子迁移率比表面空穴迁移率大三倍左右, 因而 n 沟道 MOS 晶体管比 p 沟道 MOS 晶体管的 K 因子大, 高频特性好. 同时选择恰当的晶向, 在工艺中尽量减少表面缺陷, 也可以提高 K 因子.

提高 K 因子的另一个途径是增大栅极单位面积电容 C_i. 减少二氧化硅层的厚度可以增大 C_i, 但是如果二氧化硅层太薄, 在工艺中栅氧化层针孔出现的机率就会增加, 影响到器件的成品率. 一般选取在 1000~1500Å, 现在经常采用的一种办法是用双介质层, 如在二氧化硅层上面覆盖一层氮化硅, 因为氮化硅的介电常数 ε 比较大, 约为 7, 高介电常数可以提高 C_i, 但不能用氮化硅完全取代二氧化硅作为栅电极下的介质. 这是因为在氮化硅与硅界面有较多的界面态, 可以俘获电荷, 造成阈值电压的漂移. 一般是先热生长 100~200Å厚的二氧化硅层, 再在二氧化硅上淀积约 500Å厚的氮化硅, 构成双层介质层.

在这一节的最后, 我们介绍一下如何测量 MOS 管的 V_T 和 K. 根据 (4.107) 式表示的饱和时的电流-电压关系有

$$I_{\mathrm{Ds}} = -\frac{\mu_{\mathrm{n}} C_i}{2} \frac{W}{L} (V_G - V_T)^2 = K(V_G - V_T)^2. \tag{4.117}$$

由此可以看出, I_{Ds} 是随 V_G 的平方变化的, 常常称为平方律关系. 如果我们把栅、

漏短接在一起 (图 4.47), 就能保证 MOS 管工作在饱和区. 改变栅压 (即漏压), 测量 I_{Ds}, 将 (4.118) 式两边开方有

$$\sqrt{|I_{Ds}|} = \sqrt{K}(V_G - V_T). \tag{4.118}$$

由 (4.119) 式可知, $\sqrt{|I_{Ds}|}$-V_G 曲线的斜率为 $\sqrt{K}$, 电压值的截距为 V_T, 如图 4.48 所示. 实际测量的 $\sqrt{|I_{Ds}|}$-V_G 曲线, 在小电流范围与直线规律有些偏离 (图 4.48). 这是因为上面得到的电流-电压关系是强反型近似, 即认为只有当表面强反型时才有电流, 而实际上在接近强反型时也会有沟道电流, 沟道电流是逐渐增大的. 这部分在 $V_G < V_T$ 时还存在的小电流, 一般来说影响不大, 可以不计, 可是在分析某些集成电路的寄生效应时, 它是起作用的. 根据 $\sqrt{|I_{Ds}|}$-V_G 求阈值电压的办法, 取其直线段的延长线与 V_G 坐标轴相交的截距, 就是阈值电压 V_T. 在实际生产中, 测量阈值电压的方法, 往往是在某一固定漏电流值 I_D(一般为 $1\mu A$), 测量这时的 V_G 值, 做为阈值电压. 这种方法简单、快, 但是要注意这样测出的 V_T, 往往比真实的 V_T(即表面开始强反型) 要大一些, 而且 W/L 值越小这种差别越大.

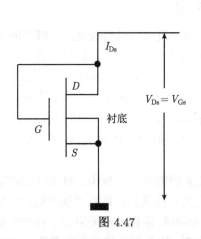
图 4.47

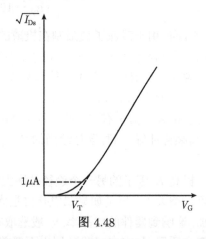
图 4.48

4.6　电荷耦合器件

电荷耦合器件 (简称为 CCD 器件) 是从 1970 年发展起来的一种新型半导体器件. 由于它结构简单、可以应用的范围很广, 因而成为近年来受到普遍重视的一种半导体器件. 在这里我们介绍一下与电荷耦合器件有关的物理概念.

在分析 pn 结反向特性时, 曾指出在耗尽层空间电荷区中, 电子-空穴对的产生率可以近似写成 $\dfrac{n_i}{2\tau}$. 如果 p 型硅衬底中受主杂质浓度为 N_A, 可以近似认为上述过渡过程的弛豫时间为 $\dfrac{2\tau N_A}{n_i}$, 通常这个弛豫时间可达数秒以上.

在深耗尽状态中, 栅极的正电压排斥 p 型硅衬底中的空穴, 而使半导体表面形成负的空间电荷区, 其中负电荷就是电离受主杂质, 空间电荷区为耗尽层. 这时的耗尽层厚度不再受热平衡时的最大厚度 [见 (4.22) 式] 的限制, 而直接由栅压 V_G 的大小来决定; 这时的表面势 V_s 也不再受形成反型层的条件 $V_s = 2V_F$ 的限制, 而直接由栅压 V_G 的大小来决定. 因为这时表面势 $V_s > 2V_F$, 所以我们称为深耗尽状态. 图 4.49 分别画出了当 $V_G > V_T$ 时, 热平衡状态和深耗尽状态下的空间电荷区和表面能带的弯曲情况, 以示比较.

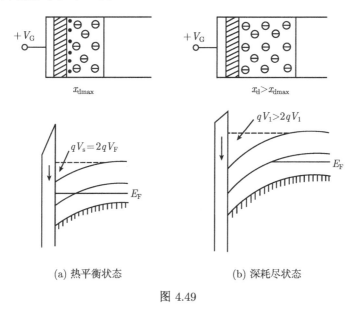

(a) 热平衡状态　　　　(b) 深耗尽状态

图 4.49

下面我们具体讨论在深耗尽状态下表面势 V_s 是如何随栅压 V_G 变化的.

由于在深耗尽状态时, 表面的空间电荷就是电离杂质电荷, 和在本章第一节讨论的耗尽层情况是一样的, 因此在耗尽层情况下得到的表面势 V_s 随栅压 V_G 变化的 (4.14) 式可以直接推广应用到深耗尽状态. 由于 (4.14) 式是在理想情况下得到的, 没有计入功函数差及氧化层中电荷的影响. 在本章第三节中讨论过, 功函数差及氧化层中电荷的影响, 只是相当于平带电压发生变化. 因栅压 V_G 中的一部分用来补偿平带电压的变化, 可以引入有效栅压 $V_G - V_{FB}$. 用有效栅压 $V_G - V_{FB}$ 代替 V_G, 就可以得到实际的表面势 V_s 与栅压 V_G 的关系:

$$V_s = V_G - V_{FB} + V_0 - [V_0^2 + 2V_0(V_G - V_{FB})]^{1/2}. \tag{4.119}$$

为了对深耗尽状态表面势的大小能有具体的了解, 举例做一次估算. 设 p 型硅衬底受主浓度 $N_A = 5 \times 10^{14} \mathrm{cm}^{-3}$, 氧化层厚度 $d_i = 1500 \text{Å}$, 栅极金属材料为铝, 氧化层

中正电荷面密度 $Q_{\text{fc}} = 10^{12}/\text{cm}^{-2} \times q$. 查图 4.20 可得

$$V_{\text{ms}} = -0.8 \text{ V},$$

而从 $\epsilon_0 = (36\pi \times 10^{11})^{-1} \text{F/cm}$, $\epsilon_i = 3.8$, $d_i = 1500\text{Å}$, 可以算出氧化层电容

$$C_i = \frac{\epsilon_0 \epsilon_i}{d_i} = 2.3 \times 10^{-8} \text{ F/cm}^2,$$

由此可得

$$\frac{Q_{\text{fc}}}{C_i} = \frac{10^{12} \times 1.6 \times 10^{-19}}{2.3 \times 10^{-8}} = 0.7 \text{ V},$$

平带电压

$$V_{\text{FB}} = V_{\text{ms}} - \frac{Q_{\text{fc}}}{C_i} = -1.5 \text{ V}.$$

由 (4.11) 式可知

$$V_0 = \frac{qN_{\text{A}}\epsilon_s\epsilon_0}{C_i^2}, \tag{4.120}$$

其中 ϵ_s 为半导体的介电常数, 对硅取 $\epsilon_s = 11.7$. 代入后有

$$V_0 = 0.16 \text{ V}.$$

如果栅压 $V_{\text{G}} = 16$ V, 代入 (4.120) 式可以估算出表面势,

$$\begin{aligned}
V_{\text{s}} &= V_{\text{G}} - V_{\text{FB}} + V_0 - [V_0^2 + 2V_0(V_{\text{G}} - V_{\text{FB}})]^{1/2} \\
&= 16 + 1.5 + 0.16 - [(0.16)^2 + 2(0.16)] \\
&\quad \times (16 + 1.5)]^{1/2} \approx 15 \text{ (V)}.
\end{aligned}$$

显然 $V_{\text{s}} \gg 2V_{\text{F}}$, 所以是深耗尽状态. 如果注意到通常 V_0 都是比较小的, 在 V_0 远远小于 V_{G} 的情况下, (4.119) 式可以简化为

$$V_{\text{s}} \approx V_{\text{G}} - V_{\text{FB}} + 2^{\frac{1}{2}} V_0^{1/2} (V_{\text{G}} - V_{\text{FB}})^{1/2}. \tag{4.121}$$

　　表面形成的这种深耗尽状态, 有时称为表面势阱. 因为, 如果我们认为衬底电势为 0, 半导体表面处的电势即为表面势 V_{s}, 深耗尽状态时表面势 V_{s} 特别大, 意味着这时表面处电子的静电势能 $-qV_{\text{s}}$ 特别低, 因此可以说形成了电子势阱, 即表面势阱, 势阱的深度为 qV_{s}. 一般用图 4.50 中所画的虚线表示表面势阱. 在图 4.50 中栅极电压 $B_{\text{G2}} > V_{\text{G1}}$, 因而第二栅极下的表面势大, 表面势阱深, 图中虚线同时表示了这两方面的情况.

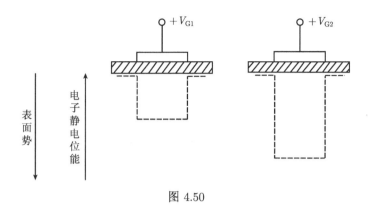

图 4.50

正是由于深耗尽状态电子的静电势能特别低, 形成了电子的势阱, 那些代表信息的电子电荷才有可能存储在深耗尽状态的电子势阱之中.

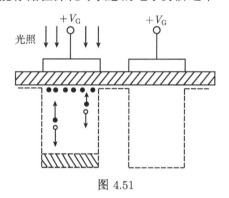

图 4.51

在 CCD 器件的工作过程中, 有时我们需要在表面势阱中存入一些电子, 这些电子是在外界作用下产生的, 例如光注入或 pn 结正向注入. 在 CCD 器件中这些电子就是表示信息的电荷. 图 4.51 示意地表示了光注入的情况, 器件受光照射以后, 光为半导体吸收, 产生电子-空穴对, 这时少子——电子被吸引到较深的势阱中, 光越强, 产生的电子-空穴越多, 势阱中集电的电子数也越多; 光越弱, 产生的电子-空穴对越少, 势阱中集电的电子数也越少. 因此势阱中电子电荷的多少, 反映了光的强弱, 进而可以反映像的明暗程度, 这样就实现了光的信息与电的信息之间的转换.

当表面势阱中存储了信息电荷时, 就会使表面势减小, 或者说电子势阱的深度减小了. 正是由于存储了信息电荷以后会使势阱深度减小, 因而对势阱中能存储的最大电荷量提出了限制. 下面我们结合实例来进行讨论. 因为信息电荷 $Q_{信息}$(即电子电荷), 实际上存在于半导体表面处 (表面处电子静电势能最低), $Q_{信息}$ 的作用是使氧化层上的电压降增加 $\dfrac{Q_{信息}}{A \cdot C_i}$, C_i 为单位面积氧化层电容, A 为栅电极的面积.

从而使半导体表面势减小 ΔV_{s},

$$\Delta V_{\mathrm{s}} \approx \frac{Q_{信息}}{AC_i}. \tag{4.122}$$

如果氧化层的厚度 $d_i = 1000\mathring{A}$, 则 $C_i \approx 3 \times 10^{-8}\mathrm{F/cm^2}$, 这时当单位面积的信息电荷量 $Q_{信息}/A \approx 3 \times 10^{-7}\mathrm{C/cm^2}$, 表面势变化 $\Delta V_{\mathrm{s}} \approx 10$ V. 存储信息电荷以后表面势的变化 ΔV_{s}, 必须小于深耗尽状态原有的表面势, 否则信息电荷就会溢出势阱. 图 4.52 中示意地表示出存储电荷前后, 表面势阱深度的变化.

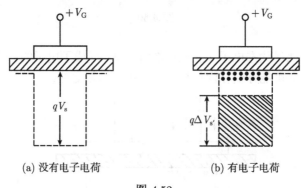

(a) 没有电子电荷   (b) 有电子电荷

图 4.52

在把 CCD 器件用于数字电路的存储器时, 习惯上把有少子 (电子) 电荷的状态称为逻辑 "1", 把没有少子 (电子) 电荷的状态称为逻辑 "0".

上面我们都是以 p 型衬底为例. n 型衬底的情况也完全类似. 只不过这时栅极电压应为负值, 形成的深耗尽状态是空穴的势阱罢了.

4.6.1 信息电荷的传输

CCD 器件实际上是很多 MOS 结构的阵列. 图 4.53 中所示的三相 CCD 就是一种典型的情况. 阵列中的 MOS 结构分成三组, 每组的栅极分别连接在一起, 加有三个不同的时钟电压 ϕ_1, ϕ_2, ϕ_3. 图 4.53(a) 示意画出了断面图; (b) 示意画出了俯视图, (d) 给出了三相时钟 ϕ_1, ϕ_2, ϕ_3 之间的变化关系. 在时刻 t_1, 第一相时钟 ϕ_1 处于高电压, 其他二相 ϕ_2, ϕ_3 为低电压, 这时在第一组电极下形成深势阱, 信息电荷存储在第一组电极下面 [图 (c)]. 在时刻 t_2, ϕ_1 电压减小, 而 ϕ_2 处的电压升高, 在第一组电极下的势阱减小, 而在第二组电极下形成深势阱, 信息电荷就要由第一组电极的下面移向第二组电极的下面转移. 直到 t_3, ϕ_2 为高电压, 而 ϕ_1, ϕ_3 为低电压, 信息电荷全部转移到第二组电极下面, 我们称信息电荷传输了一位. 如果三相时钟如图 4.53(d) 所示的那样, 有规则的、周期地变化, 信息电荷则不断向右转移, 实现信息电荷的传输.

对于 CCD 器件, 最重要的是信息传输的效率. 当信息电荷从一个电极转移到邻近的电极时, 由于种种原因或多或少总有一部分损失. 设原有信息电荷量为 Q_0, 转移到相邻的另一个电极下的电荷量为 Q_1, 其比值

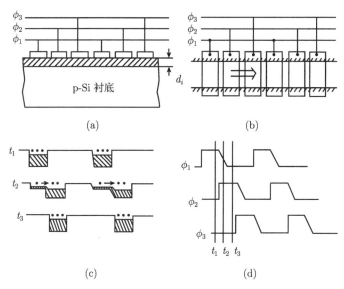

图 4.53

$$\eta = \frac{Q_1}{Q_0} \qquad (4.123)$$

叫传输效率. $\eta < 1$, 但要求 η 应十分接近于 1. 转移过程留下的 (或称为损失掉的) 电荷量 Q' 与 Q_0 之比:

$$\epsilon = \frac{Q'}{Q_0} \qquad (4.124)$$

叫失真率. 显然

$$\eta + \epsilon = 1. \qquad (4.125)$$

当信息电荷转移过 N 个电极之后, 总的传输效率应为 η^N, 即转移 N 次以后的信息电荷量 Q_N 与原来的信息电荷量 Q_0 之比:

$$\frac{Q_N}{Q_0} = \eta^N = (1-\epsilon)^N, \qquad (4.126)$$

对于 ϵ 很小的情况

$$\frac{Q_N}{Q_0} = (1-\epsilon)^N \approx \mathrm{e}^{-\epsilon N}. \qquad (4.127)$$

因为实际的 CCD 器件, 往往需要经过大于 1000 次的转移 (即 N>1000), 为了保证经过 N 次转移以后的总传输效率仍在 90% 以上, 失真率 ϵ 必须达到 $10^{-4} \sim 10^{-5}$.

　　下面我们讨论影响传输效率的各个因素:

　　第一, 信息电荷从一个电极转移到邻近电极, 这个转移过程需要一定的时间, 或者说是有一个弛豫时间. 如果时钟频率选择不当, 例如时钟频率选择的太高, 信息电荷就会因来不及转移而留在原来电极下面, 从而使转移效率降低. 当然, 时钟频率也不是越低越好, 因为 CCD 器件利用的表面深耗尽状态是非平衡状态, 如果时钟频率太低, 深耗尽状态就要向平衡态过渡, 同样会使信息电荷量发生变化.

　　由于电荷转移的弛豫时间会影响转移效率, 下面我们简单、定性地讨论一下弛豫时间的大小, 以及应如何选择恰当的时钟频率. 电荷在电极之间转移, 不外是通过漂移运动和扩散运动两种. 如果信息电荷是电子, 则电流密度 J 可以写成

$$J = q\left(n\mu_n E + D_n \frac{\mathrm{d}n}{\mathrm{d}x}\right). \tag{4.128}$$

第一项, 表示在电场作用下电荷的漂移运动. 这里的电场包括两部分: 一部分是由信息电荷本身的相互作用所产生的, 称为自感应电场 E_s; 一部分是由邻近栅极上的电压产生的, 称为边缘电场 E_f. (4.128) 式中的后面一项, 表示由于电荷分布不均匀而引起的扩散运动. 仔细分析表明, 信息电荷间相互作用的自感应电场, 在转移的开始阶段是起主要作用的, 随着电荷的转移, 电荷数量越来越少, 自感应电场的作用也就越来越小. 因此尽管绝大部分 (例如 99%) 信息电荷的转移是靠自感应场的作用, 但它并不决定最终电荷转移的弛豫时间, 而决定弛豫时间的是扩散运动和边缘场的作用.

　　我们知道, 扩散运动是载流子无规则势运动的结果. 一般来说, 由于无规则热运动, 载流子经过时间 t 以后的平均位移

$$l = \sqrt{Dt}, \tag{4.129}$$

D 为载流子的扩散系数. 我们可以根据这个结果来估算靠扩散运动, 在电极间转移需要时间 τ_D, 我们称 τ_D 为扩散弛豫时间. 如果电极长度为 L, 则根据上述扩散位移与扩散时间的关系, 可以近似认为

$$\tau_D = \frac{L^2}{D}.$$

更加仔细的分析指出:

$$\tau_D = \frac{L^2}{2.5D}. \tag{4.130}$$

也就是说, 如果只考虑扩散运动, 原来电极下的信息电荷量随时间呈指数衰减:

$$Q(t) = Q_0 \mathrm{e}^{-t/\tau_D}, \tag{4.131}$$

其中 $\tau_D = \dfrac{L^2}{2.5D}$. 如果电极长度 $L = 10\ \mu\mathrm{m}$, $D = 10\ \mathrm{cm}^2/\mathrm{s}$ 则可估算出 $\tau_D =$

4×10^{-8} s. 如果我们要求失真率 $\epsilon < 10^{-4}$. 由于 $10^{-4} \approx e^{-10}$, 即要求时钟变化的周期 T 满足

$$e^{-T/\tau_D} \leqslant e^{-10}, \tag{4.132}$$

从而有

$$T \geqslant 10\tau_D = 4 \times 10^{-7} \text{ s},$$

时钟频率 (以两相 CCD 为例)

$$f = \frac{1}{2T} = \frac{1}{2 \times 4 \times 10^{-7} \text{ s}} = 1.3 \times 10^6 \text{ Hz}$$
$$= 1.3 \text{ MHz.}$$

也就是说, 选择的时钟频率不能高于 1.3MHz.

所谓边缘场的作用, 就是指邻近电极加的栅压形成的电场, 对信息电荷转移所起的作用. 在电荷转移时, 邻近电极的正栅压对信息电荷有吸引作用, 因而边缘场的作用是加速电荷的转移. 认真分析边缘场的作用数学上比较繁琐. 图 4.54 表示失真率随转移时间的增加而减小, 比较计入和不计入边缘场的两条曲线可以看出, 由于边缘场加速了电荷的转移, 而使失真率随着时间的增加而下降的更快了. 这就意味着对于相同的时钟频率, 由于有边缘场的作用, 可以使失真率更小. 或者说, 由于有边缘场的作用, 在要求有相同失真率的情况下, 时钟频率可以选择的更高些. 所谓边缘场, 实际上是因为 MOS 电容栅极正电荷所发出的电场线, 并不是都局限在栅极极板之下, 而是有一部分超出电极极板的边缘而扩展开来. 显然, 如果氧化层厚度越大、半导体表面耗尽层宽度越宽 (如对于衬底掺杂浓度较低的情况), 都会使上述电场线的扩展更加显著, 从而增大边缘场的作用. 当然增加邻近电极的栅压值, 减小电极间距和电极长度, 也可以增加边缘场的作用. 对于栅极长 $L = 10$ μm、栅电压 $V_G = 10$ V、氧化层厚度 $d_i = 1000$Å、衬底掺杂浓度约为 $N_A = 10^{15}$ cm^{-3} 的典型情况, 由于有边缘场的作用, 时钟频率可以提高到 $10 \sim 15$MHz.

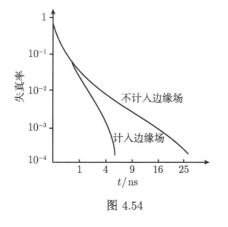

图 4.54

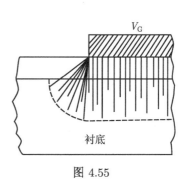

图 4.55

　　第二, 上面我们讨论的结论, 实际上只适用于在相邻两个电极之间没有位垒的情况, 也就是说, 只要时钟频率选择的恰当, 原则上信息电荷是可以完全转移到相邻电极下面的势阱中去的. 如果两个相邻电极之间有势垒存在, 那时时钟频率选择的即使再低, 信息电荷也不能完全传输过去, 如图 4.56 所示. 图中 (a) 表示没有位垒的情况, (b) 表示有位垒的情况. 这个极间位垒造成的信息失真率是不依赖于时钟频率的. 因此我们必须从器件的结构设计上考虑, 想法尽量减小以至消除极间的位垒. 如果相邻电极之间的间距 (如图 4.56 中的 g) 较大 (例如 $g > 3\ \mu m$), 就会出现极间位垒. 现在较多采取交叠栅结构, 以使两个电极间间距很小, 从而较好的解决了电极间势垒的影响. 另外, 电极间的位垒还与信息电荷量有关, 其实, 极间位垒往往是在信息电荷转移的最后阶段产生的, 因为已经转移到邻近栅极下的电荷, 产生一种阻力, 这种阻力促使形成极间位垒. 因此, 信息电荷量太大, 极间位垒造成的电荷损失就有可能增大.

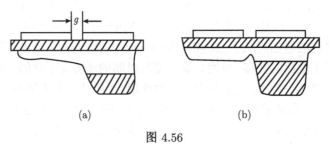

(a)　　　　　　　　　　　　　　　　(b)

图 4.56

　　第三, 我们知道, 信息电荷是沿硅和二氧化硅界面运动的, 由于硅和二氧化硅界面处存在有表面态, 这些表面态上是否占有电子, 是与表面处的电子数目有关的. 如果在信息电荷进入势阱之前, 这些表面态是空着的, 信息电子进入势阱之后, 就会有一部分电子电荷被表面态所俘获, 而在信息电荷移入下一个电极下面的势阱时, 这些被俘获的电子可能从表面态中发射出来, 其中一部分能跟得上信息电荷的转移而移入下一个电极, 而有些却要落在后面, 这些落在后面的电荷就构成了损失, 造成信息的失真. 减少这种影响的办法, 除了采取一些工艺措施尽量减少表面态以外, 还可以利用所谓 "胖零" 的工作模式. 即不管有无信息电荷, 都让半导体表面存在一定的背景电荷. 例如背景电荷量为信息电荷量的 10%, 使表面态基本上被填满. 因为这时既使是 "零" 信息, 也有一定的信息电荷量, 故称为 "胖零" 工作模式, 采用了 "胖零" 工作模式后, 由于表面态造成的失真率可以降低到 10^{-6} 以下.

　　最后介绍一下埋沟 CCD 器件. 所谓埋沟 CCD 器件, 就是在衬底上利用离子注入技术掺入杂质, 使表面形成一层导电类型与衬底相反的薄层, 如在 p 型硅衬底上, 离子注入磷而形成 n 型薄层. 离子注入的典型数值, 如剂量为 $10^{12}\ cm^{-2}$, 厚度为 1μm. 然后再做成 CCD 器件工作所需要的 MOS 阵列. 这层导电类型与衬底相反的薄层的存在, 使得无论是电荷的存储还是电荷的转移, 都远离硅与二氧化硅的界面而进入半导体的体内. 因此, 通常又把前面讨论的工作方式称为表面 CCD 器件. 下面我们仍以 p 型衬底为例 (图 4.57), 做些简单的讨论. 在 n 型薄层的两端做上 n$^+$ 型的源区和漏区, 在 n$^+$ 区加以足够的正偏压, 即相当于让 n 型薄层与 p 型衬底间的 pn 结处于反向, 从而使 n 型薄层处于完全耗尽的状态. 如果假设 n 型层中杂质是均匀分布的, 利用简化的一维耗尽层近似, 可以分析电场分布和电势分布. 我们先不去考虑栅极电压的影响, 而且认为氧化层中没有电荷. 显然这时最大电场在 n 型层与 p 型衬底的交界面处, 其数值为

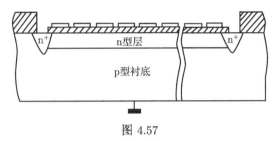

图 4.57

$$E_{\mathrm{M}} = \frac{N_{\mathrm{Ds}}q}{\epsilon_{\mathrm{s}}\epsilon_0}, \tag{4.133}$$

N_{Ds} 为单位面积注入剂量, 而在表面处的电势最高, 如果 p 型衬底单位为零, 表面势 V_{sD} 即为 $E(x)$ 函数下三角形的面积. 知道了 p 型衬底的掺杂浓度 N_{A}, 表面势 V_{sD} 是可以估算的.

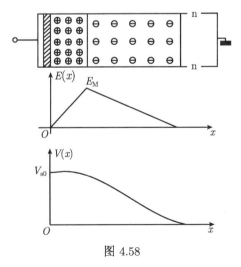

图 4.58

当栅极加正电压 V_G 时, 只要 V_G 小于 V_{sD}, 栅极上就应有负电荷. 这时 n 型层中的正电荷发出的电场线, 将一部分落在栅极上, 其余部分落在 p 型衬底上, 从而使电场函数变成图 4.59 的形成. 图中的 x_1 就是分界面, x_1 左侧电场线的方向指向栅极, 右侧电场线的方向指向 p 型衬底. 在 x_1 处电场为 0 时电势的变化, 也示意地表示在图 4.59 中. 电势的极大值位于 x_1 处, V_m 值等于 $E(x)$ 函数下三角形 x_1ab 的面积. 表面处的电势 V_s 等于三角形 x_1ab 的面积, 减去三角形 x_1cd 的面积, 而栅极电压 V_G 还要再减去氧化层中的电势变化.

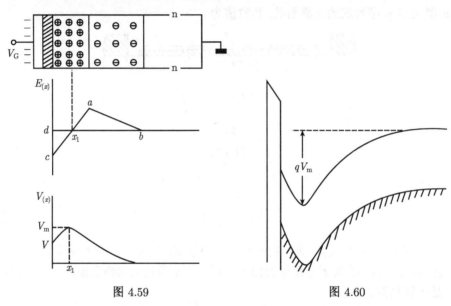

图 4.59   图 4.60

这时相应的能带图的变化如图 4.60 所示. 能带的极小值移开了硅表面而进入体内. 这时如果有信息电荷——电子, 它将存储在 x_1 附近, 而不是在半导体表面. 同时我们可以看到, 如果正栅压 V_G 越小, n 型层中正电荷发出的电场线, 将会有更多的部分指向栅极, 也就是说 x_1 变大, 这时电势极大值 V_m 要减小, 电子势阱深度 qV_m 也要减小, 因而和表面 CCD 一样, 可以通过控制各相时钟电压的变化, 使信息电荷在各电极间转移, 这时转移的沟道不是在表面而是在体内.

埋沟 CCD 器件与表面 CCD 器件相比较, 显著的优点有: ①避免了表面态俘获效应的影响; ②由于转移沟道在体内, 可以使边缘电场的作用增大; ③载流子体内迁移率比表面迁移率大; 这些都可以提高转移效率, 提高器件工作的时钟频率, 埋沟 CCD 器件的时钟频率可以达到 130MHz. 埋沟 CCD 的主要缺点是, 由于信息电荷移入体内, 使有效 MOS 电容变小了, 从而使信息电荷的容量减小, 一般来说电荷容量比表面沟道要减小一个数量级.

第 5 章　晶格和缺陷

　　固体材料按其原子结构分为晶体和非晶体. 晶体的基本特点是原子作高度规则的排列, 称为晶格. 晶体材料可以是 "单晶", 也可以是 "多晶". 当前半导体生产和科研主要使用的是单晶材料. 单晶是指结构最完整的晶体材料, 要求在整块材料中原子都按照一个统一的晶格排列. 图 5.1 为形象描绘单晶、多晶和非晶体原子排列的简图.

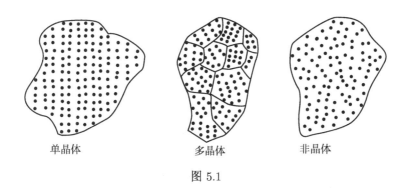

| 单晶体 | 多晶体 | 非晶体 |

图 5.1

　　单晶是结构最完整的材料. 但是, 在实际中绝对的完整是不存在的, 完整总是相对的, 不完整则是绝对的. 最好的单晶中也总会有少量的原子位置错乱, 不按晶格排列, 构成晶格缺陷.

　　晶格缺陷是多种多样的. 晶格中缺掉个别原子的地方叫做 "空位", 挤到晶格空隙中去的原子叫做 "间隙原子", 它们统称为 "点缺陷". 位错是晶体中最常见的一种缺陷, 在位错中有整串的错乱原子连结成线, 所以称为 "线缺陷". 晶格中还可以发生延伸在一个面上的所谓 "面缺陷", 在硅、锗、III-V 族化合物等单晶材料中, 主要的面缺陷叫做 "层错". 半导体单晶材料, 在拉制过程中, 特别是在制造器件的高温工艺中, 还很容易发生各种形式的杂质沉淀物, 它们最容易在晶格缺陷所在处形成; 实践证明, 杂质沉淀物对器件性能危害特别严重.

　　那种认为可以制备完美无缺的单晶, 把缺陷一劳永逸地从半导体生产中完全排除出去的看法, 是一种不切实际的看法. 生产实践和科学实验表明, 从单晶生长到器件制造的全过程, 往往是一个空位、位错、层错等缺陷产生、运动和相互作用的复杂变化过程. 虽然努力克服有害的缺陷是十分重要的, 但是, 并不是一切缺陷都对半导体器件有害. 固然有的缺陷只要少量存在就可以使器件失效, 然而有很多证据表明, 有时缺陷虽然较多, 但并不发生什么显著的影响.

5.1 晶 格

晶格指的是晶体中原子的规则排列. 虽然眼睛不能看到晶体中的原子, 但是原子的规则排列往往在晶体的一些几何特征上明显地反映出来. 实际上人们最初正是从大量采用矿物晶体的实践中, 观察到天然晶体外形的几何规则性, 从理论上推断晶体是由原子做规则的晶格排列所构成的. 后来这种晶格的理论完全被 X 射线的实验所证实.

5.1.1   硅 (锗) 单晶中反映晶格结构的一些几何特征

在硅、锗等单晶上有一些常见的几何特征, 实际上反映了单晶内原子的晶格排列. 我们将首先列举一下这些在实践中常见的单晶特征. 这样做的目的是希望在下面一开始就能把讲解晶格的理论知识和单晶材料的实际密切联系起来.

1. 单晶生长的方向性和棱线

我们知道, 实际使用的单晶材料都是按照一定的方向生长的. 单晶生长的这种方向性直接来自晶格结构. 例如, 目前生产中最常用的两种硅单晶就是按所谓 [111] 和 [100] 方向生长的. 下面学习了晶格的基本概念后就会知道, [111] 和 [100] 各代表晶格排列中的一个特定的方向.

表现单晶方向性的一个最明显的几何特征就是单晶锭的棱线. 以硅单晶为例, 一般单晶锭几乎都是圆柱形的, 但是沿锭的方向可以看到几条对称的棱线. 在 [111] 单晶上是三条棱线, 在 [100] 单晶上是四条棱线. 下面将看到, 单晶上的棱线和晶格是密切联系的, 所以, 可根据棱线确定晶格的方向.

2. 位错腐蚀坑的形状和方向

单晶片上观察位错的腐蚀坑具有明显的几何特征. 例如, [111] 单晶片上的腐蚀坑是等边三角形, 而在 [100] 单晶片上适当腐蚀, 可以得到正方形腐蚀坑. 腐蚀坑不仅有确定的几何形状, 而且在片子上的方向也是完全确定的. 图 5.2 和图 5.3 分

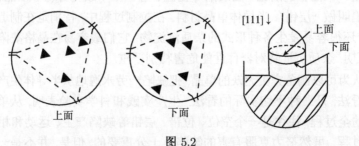

图 5.2

别画出了 [111] 和 [100] 硅单晶片上的位错腐蚀坑. 单晶片边缘上用几个双道来表示单晶的棱线位置. 从两图上都看到, 腐蚀坑的方向和单晶棱的位置有明显的联系. (对 [111] 晶体, 还要注意区分硅片的上面和下面, 如图 5.2 所示). 腐蚀坑和单晶棱之间的联系, 正好表明它们都是反映同一个晶格的两项几何特征.

3. 单晶的划片方向

在图 5.2 和 5.3 中, [111] 和 [100] 硅单晶片的图上都画出几条虚线. 它们代表所谓划片的方向, 如果平行于这些方向划片, 片子可以很顺利地沿划线脆裂, 并得到光直的边缘, 与沿其他方向划片的效果截然不同. 我们看到, 这些表示划片方向的虚线都是连接棱线的一些直线.

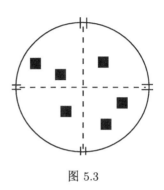

图 5.3

这些特征怎样反映了原子的晶格排列, 将在下面逐步说明.

5.1.2 金刚石晶格和周期性、对称性

不同的晶体材料有各种各样的不同晶格结构. 然而目前最主要的半导体材料, 包括硅、锗、III-V 族化合物以及一些 II-VI 族化合物, 都具有所谓金刚石晶格或和它极相似的闪锌矿晶格. 下面着重介绍什么是金刚石晶格, 并结合这种晶格结构, 说明晶格的两个基本属性, 即周期性和对称性.

我们知道, 碳和硅、锗一样, 都是元素周期表中 IVB 族的元素, 每个原子最外层是 4 个价电子. 这几种元素都可以通过每个原子的 4 个价电子与 4 个相邻的原子形成共价键, 从而结合成完全相似的晶格. 以这种方式结合起来的碳就是金刚石晶体, 所以, 这种晶格就称为金刚石晶格. 图 5.4 是用于说明金刚石晶格的立体模型图, 其中小球代表原子的位置, 细杆代表共价键. 从图上可以清楚看到, 共价键如何把原子连接起来, 构成一个有规则的, 空间的网格结构. 这个网格结构就是晶格, 原子所占据的网格交叉点叫做格点.

仅仅看到一个晶格的模型, 并不等于我们理解了它. 我们必须进一步去掌握贯串于晶格中的规律.

晶格的具体形式是多种多样的, 但是, 一切晶格都有一个共同特点, 即具有周期性. 我们说, 晶格是原子的规则排列, 这里所谓 “规则”, 首先是指晶格的周期性. 晶格的周期性就是说, 晶体可以看成是以完全相同的平行六面体 (参见图 5.5) 为单元堆砌而成的. 我们先用所有晶格中最简单的一种, 即简单立方晶格来说明这一点. 简单立方晶格是由沿三个垂直方向等距排列的格点组成的, 如图 5.6 所示. 它沿 x 轴、y 轴、z 轴三个垂直方向每隔距离 a 有一个格点. 在图上可以明显看到晶格的周

期性: 整个晶格可以看成是由边长为 a 的小立方体 (即平行六面体单元) 堆砌成的. 把晶格的这种基本特征称作周期性, 是指整个晶格就是立方单元沿着 x 轴、y 轴、z 轴按照 "周期" a 的不断重复. 这种周期重复的六面体单元称为晶胞, 图 5.6 右边的小立方体单元就是一个简单立方晶格的晶胞. 一个晶格中虽然有千千万万的格点, 但是, 其结构只是晶胞的不断重复, 所以, 讨论晶格问题时往往可以取其晶胞作为代表.

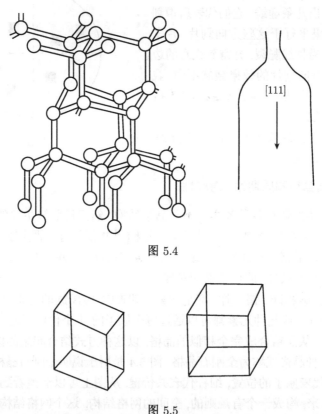

图 5.4

图 5.5

　　金刚石晶格的周期性表现在哪里呢? 它的晶胞又是怎样的呢? 从图 5.4 的晶格模型可以看出, 虽然原子间结合的形式是完全相似的, 不断重复的, 但是, 怎么由晶胞构成这样一个晶格是不明显的. 实际上, 对金刚石晶格一般选定的晶胞也是正立方形的, 只是晶胞中有更多的原子, 如图 5.7 所示. 这就是说, 金刚石晶格就是由这样的立方单元沿上下、左右、前后三个垂直方向重复排列构成的. 图 5.4 和图 5.7 都是金刚石晶格的模型, 它们看上去不同, 主要是因为晶格方向不同. 在这两张图右边, 形象地注明了 [111] 和 [100] 两种单晶方向, 以此说明图 5.4 的模型代表晶体沿 [111] 方向原子排列的模型, 而图 5.7 的模型则代表晶体沿 [100] 方向原子排列的模型. 仔细地观察比较可以看出, 两者的晶格结构完全一样, 只是方向不同. 从立方晶胞的模型可以清楚看到, 原子之间的共价键共有四个不同的方向, 它们分别平行于立方的四个对角线. 图 5.4 中垂直的共价键的方向, 即 [111] 晶体生长的方向, 就是对应着立方晶胞的一个对角线的方向. 我们在图 5.8 中再一次画出按 [111] 晶体方向的晶格模型, 只是角度与图 5.4 略有不同, 原子数目稍有增加; 在这张图上我们用虚线把立方晶胞直接勾画出来.

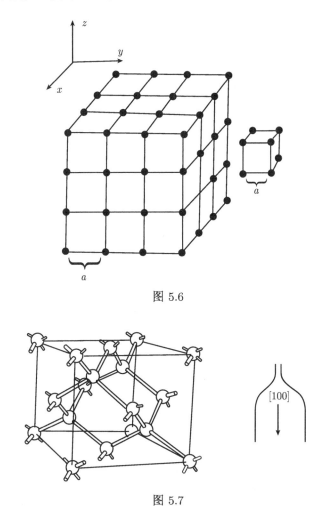

图 5.6

图 5.7

晶格的另一个基本属性是对称性. 每一种晶格都表现出一定的对称性. 不同类型的晶格具有不同的对称性. 金刚石晶格具有正立方形的晶胞, 也具有类似于一个正立方体的对称性. 正立方体有较多方面的对称性, 这里只讲两方面:

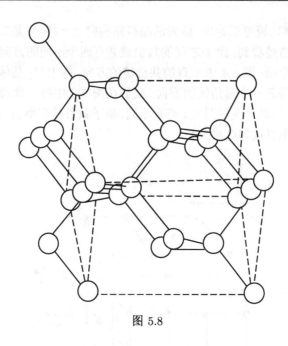

图 5.8

1. 四方对称

如图 5.9 所示, x 轴、y 轴、z 轴代表三个立方边的方向. 我们沿着这几个轴看上去, 立方体具有明显的四方对称性. 这种直观的四方对称, 用确切的语言可以这样描述: 绕轴转动 1/4 周 (转角为 $\pi/2$), 立方体完全复原. 这样一个轴就称为四度对称轴. 所以, 我们说平行立方三个边的 x 轴、y 轴、z 轴都是立方体的四度对称轴.

和一个立方体相似, 金刚石晶格也有三个相互垂直的四度对称轴, 它们分别平行于立方晶胞的三个边. 从图 5.7 可以看到, [100] 单晶就是沿着立方晶胞的一个边生长的. 所以, [100] 单晶的生长方向就是一个四度对称轴. 换一句话说, 环绕单晶轴方向, 单晶具有四方对称. [100] 单晶具有四条对称的棱线, 腐蚀坑具有四方形状等, 都反映了金刚石晶格的这种对称性.

2. 三方对称

如果以图 5.10 立方体的一个对角线 OA 为轴转动三分之一周 (转角为 $2\pi/3$), 显然, AD 边将转到 AF, AF 边将转到 AB, AB 边将转到 AD ······ 整个立方体将完全复原. OA 就称为立方体的一个三度对称轴, 它实际上是表示绕这个轴有三方的对称性. 很明显, 从立方的中心到八个顶角的对角线, 都是立方体的三度对称轴. 金刚石晶格具有和立方体完全相似的三度对称轴, 它们分别平行于立方晶胞的各对角线. 前面讲过, [111] 单晶实际上是沿着立方晶胞的一个对角线方向生长的 (参见图 5.8). 所以, [111] 单晶的轴就是一个三度对称轴. [111] 单晶具有三条对称的棱线, 腐蚀坑为等边三角形等, 都反映了这种三方的对称性.

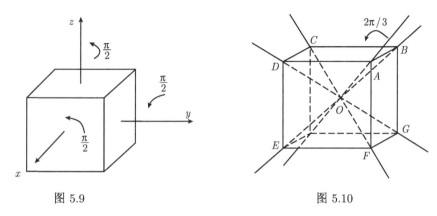

图 5.9　　　　　　　　　　　　　　　　　图 5.10

5.1.3　晶向和晶向指数

晶体的一个基本特点是具有方向性, 沿晶格的不同方向晶体性质不同. 下面介绍怎样区别和标志晶格中的不同方向.

我们都有这样的经验, 插得很整齐的稻秧从各种不同的角度看, 它们都笔直成行. 由于同样的道理, 晶格中的格点在各个不同的方向, 都是严格按照平行直线排列. 图 5.11 是一个平面图, 它形象地描绘了规则排列的格点, 沿两个不同的方向 (实线和虚线) 都按平行直线成行排列. 当然, 晶格中的格点并不是在一个平面上, 而是规则地排列在立体空间中, 在空间它们同样沿空间各不同方向按平行直线排列. 晶格中形一个平行排列的直线方向称为一个晶向. 晶体中的不同方向就是利用晶向来区分的. 而每一个晶向又是用写在方括号内的一组数目如 [100]、[110]、[111]······来标志的. 标志晶向的这组数目称为晶向指数. 例如, [111] 单晶和 [100] 单晶就是指晶体是沿这两个晶向生长的.

那么晶向指数又是怎样确定的呢? 下面我们以立方晶体为例来说明这个问题.

金刚石晶格具有正立方形的晶胞, 所以金刚石晶格和简单立方晶格一样, 都是沿着三个相互垂直的方向, 按同一个周期 "a" 而不断重复的. 因此, 金刚石晶格的晶向和简单立方晶格的晶向是完全相对应的, 晶向指数的确定也和简单立方晶格一样.

确定晶向指数首先要根据晶格结构规定一个坐标系. 对于立方晶格, 规定坐标轴平行于立方的三个边, 所以, 三个轴互相垂直, 分别称为 x 轴、y 轴、z 轴, 构成一个直角坐标系, 如图 5.12 所示. 有了坐标系, 空间任何一个点, 如图中的 P 点, 都可以用 (x, y, z) 三个坐标来确定其位置.

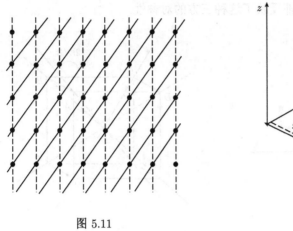

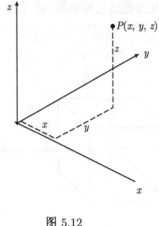

图 5.11   图 5.12

　　为了确定晶向指数, 可以取晶格中任意格点作为坐标的原点. 在确定某一晶向的指数时, 只要通过原点做沿该晶向的直线, 然后从原点出发沿着直线找到第一个格点的坐标 (x, y, z), 分别除以 a, 就得到晶向指数, 一般写在方括号内.

　　我们在图 5.13 中表示出立方晶胞的一个立方边 (OA), 一个面对角线 (OB) 和一个体对角线 (OC). 这几个方向是立方晶格中最常用到的几个晶向. 我们将以这几个典型晶向为例, 具体说明确定晶向指数的方法.

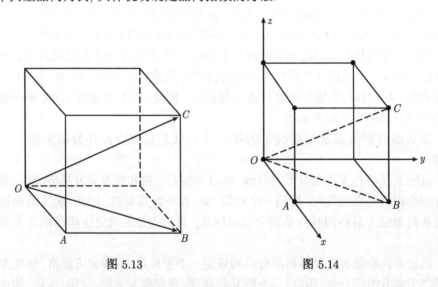

图 5.13   图 5.14

　　为了确定这几个晶向的指数, 我们画出坐标原点处的一个立方晶胞 (图 5.14), 其中 O 就是选为坐标原点的格点. 显然, x 轴就是一个立方边的方向. 这个晶向的指数很容易确定. 从原点出发沿这晶向第一个格点就在图上 A 点. 从原点到这个

格点只要沿 x 轴走距离 a, 所以 A 的坐标为

$$x = a, \quad y = 0, \quad z = 0.$$

分别除以 a 就得到晶向指数 [100].

图 5.14 中 OB 是一个面对角线. 从原点出发, 沿这个晶向第一个格点就是 B 点. 从 O 出发沿 x 轴走 OA 一段等于 a, 再沿 y 轴走 AB 一段也等于 a, 就达到 B 点, 所以 B 的坐标

$$x = a, \quad y = a, \quad z = 0.$$

分别除以 a 得到这个面对角线的晶向指数为 [110].

OC 是一个体对角线, 沿这个晶向第一个格点为 C, 从原点出发沿 x 轴走距离 a 到 A, 再沿 y 轴走距离 a 到 B, 再沿 z 轴走距离 a 就达到 C. 所以 C 点的坐标

$$x = a, \quad y = a, \quad z = a.$$

分别除以 a, 得到这个体对角线的晶向指数 [111].

当然. 立方边, 面对角线, 体对角线都不止一个. 其他的晶向指数确定的方法和以上是一样的, 然而要涉及负值的指数. 为此, 我们再取另一体对角线为例, 予以说明.

图 5.15 中除去表示出已讨论的 [111] 对角线 OC 外, 还表示出另一条体对角线 OC'. 现在我们看后者的晶向指数是怎样的. 如图中箭头所示, 从原点 O 到 C' 要分别沿 x 轴、y 轴、z 轴走 OA、AB'、$B'C'$ 三段. 这三段距离都是 a, 但是沿 y 轴的一段 AB' 是朝着负 y 方向走的, 相应的坐标应取负值, 于是得到 C' 坐标

$$x = a, \quad y = -a, \quad z = a.$$

分别除以 a, 写出晶向指数为 $[1\bar{1}1]$, 按惯例负值的指数是用头顶上加一横来表示的.

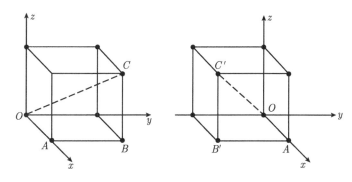

图 5.15

其他立方边, 面对角线和体对角线的晶向指数不再一一讨论, 只综合说明如下:

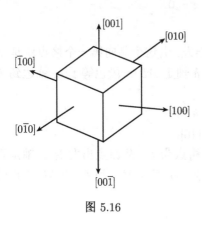

图 5.16

显然 x 轴、y 轴、z 轴都代表立方边的方向, 每个轴又可以区分正、负两个方向, 所以, 立方边一共有 6 个不同的晶向, 如图 5.16 所示. 由于晶格的对称性, 这 6 个晶向并没有什么区别, 晶体在这些方向上的性质是完全相同的. 统称这样等效的晶向时, 习惯的标志方法是用尖括号取代方括号, 写成 $\langle 100 \rangle$.

沿立方体对角线的晶向共有 8 个, 如图 5.17 所示. 它们显然是等效的, 统称这样的晶向时, 写成 $\langle 111 \rangle$.

面对角线的晶向共有 12 个, 如图 5.18 所示. 在这张图上, 每一对方向相反的晶向, 只注明其中一个的晶向指数. 只要改变符号就得到另一个晶向的指数. 统称面对角线的等效晶向时, 写做 $\langle 110 \rangle$.

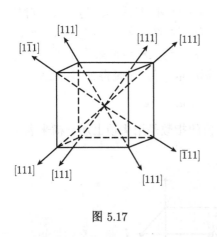

图 5.17

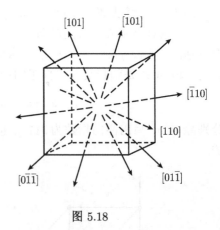

图 5.18

5.1.4   晶面

晶格中的格点不仅按照平行直线排列成行, 而且还排列成一层层的平行平面. 这种由格点组成的平面称为晶面. 一个晶格里的格点可以在各不同方向上组成晶面. 我们在图 5.19 上形象地画出了几组不同的晶面. 为了便于辨认, 图中只画出少数几个格点. 下面着重说明, 不同的晶面是怎么用 "晶面指数"(又称密勒指数) 标志和区分的.

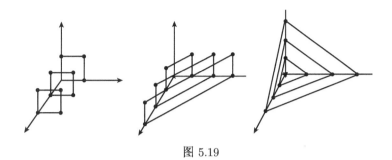

图 5.19

金刚石晶格的晶面和简单立方晶格的晶面是完全相对应的, 所以金刚石晶格的晶面指数就是按简单立方晶格确定的. 确定晶面指数和确定晶向指数采用相同的坐标系. 确定晶面指数的具体步骤如下:

(1) 在坐标系中画出晶面, 找出晶面在三个坐标轴上的截距 p、q、r, 如图 5.20 所示.

(2) 把各截距用 a 除, 即以晶格边长 a 为单位表示截距

$$p/a, \quad q/a, \quad r/a.$$

(3) 找出它们的倒数的最小整数比

$$h : k : l = \frac{1}{p/a} : \frac{1}{q/a} : \frac{1}{r/a}.$$

h、k、l 就是这个晶面的晶面指数, 按惯例写在圆括号内.

下面用一简单的实例来说明. 从选作坐标原点的格点 O 出发, 令沿 x 轴、y 轴、z 轴最近的格点为 A、B、C, 如图 5.21 所示. 现在求通过格点 A、B、C 的晶面的指数:

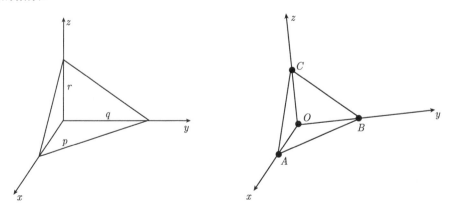

图 5.20   图 5.21

这个晶面截 x 轴、y 轴、z 轴于 A、B、C; 它们距原点都是 a. 所以截距为

$$p = q = r = a.$$

用 a 除得到

$$\frac{p}{a} = 1, \quad \frac{q}{a} = 1, \quad \frac{r}{a} = 1.$$

它们的倒数都是 1, 所以可直接给出最小的整数比为

$$h : k : l = 1 : 1 : 1,$$

晶面指数就写成 (111).

可以证明, 在立方晶体中, 一个晶面的晶面指数是和晶面法线 (即与晶面垂直的直线) 的晶向指数完全相同的. 这给确定晶面指数提供了一个简便途径. 例如, 与立方边 [100]、面对角线 [110] 和体对角线 [111] 垂直的晶面就是实践中最常用的几个晶面. 这几个典型晶面画在图 5.22 上, 它们的晶面指数和垂直晶向的指数是完全一样的.

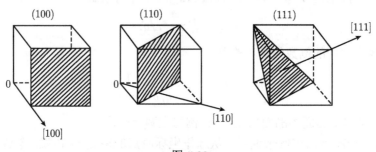

图 5.22

与其他的立方边, 面对角线和体对角线相垂直的晶面, 显然是和以上晶面等效的. 统称一类等效晶面时, 用弯括号代替圆括号, 写成 {100}, {110}, {111} 等. 这几组常用的等效晶面, 可以用正立方体、正八面体、正十二面体表示出来, 如图 5.23 所示.

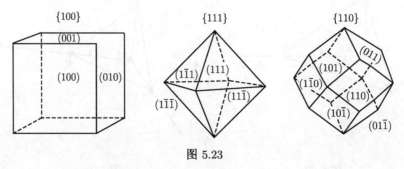

图 5.23

对于符号相反的晶面指数需要作一些说明. 我们以上图中的晶面为例. 图上各多面体相对的两个面都是相互平行的, 它们的晶面指数是正好相反的. 在图上这样一对晶面只注出前面的晶面指数, 改变符号就得到背面的晶面指数, 如正方前面的晶面是 (100), 背后的晶面就是 ($\bar{1}$00). 八面体一个前面的晶面是 (111), 与它相对的背面就是 ($\bar{1}\bar{1}\bar{1}$).

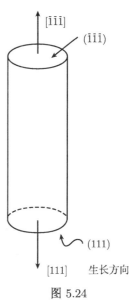

图 5.24

因为符号相反的晶面指数所标志的晶面是相互平行的, 所以对标志晶格里面的晶面来讲, 是没有什么区别的, 以 {111} 等效晶面为例, 从图 5.23 上看, {111} 共包含八个晶面, 指数为 (111)、($\bar{1}$11)、(1$\bar{1}$1)、(11$\bar{1}$)、(1$\bar{1}\bar{1}$)、($\bar{1}$1$\bar{1}$)、($\bar{1}\bar{1}$1)、($\bar{1}\bar{1}\bar{1}$). 但是, 从标志晶格内的晶面来讲, (111) 和 ($\bar{1}\bar{1}\bar{1}$) 描述的是同一组平行晶面, ($\bar{1}$11) 和 (1$\bar{1}\bar{1}$) 描述的是同一组平行晶面, (1$\bar{1}$1) 和 ($\bar{1}$1$\bar{1}$) 描述的是同一组平行晶面, (11$\bar{1}$) 和 ($\bar{1}\bar{1}$1) 描述的是同一组平行晶面. 这就是说, 晶格内只有四个面不是八个方向不同的 {111} 晶面.

符号相反的晶面指数只是在区别晶体的外表面时才是有意义的. 例如, 前面指出, 沿 [111] 生长的单晶的横截面需要区分上下的切割面. 从图 5.24 可以看到, 这样的两个表面就是用符号相反的晶面指数区分的.

5.1.5 面心立方晶格和原子密排面

在晶体的不同晶面上, 原子的疏密程度是不同的. 在实际中, 那些原子特别密集的晶面往往起很重要的作用. 如前面指出的单晶划片方向、腐蚀坑形状、单晶棱线等都是与这类晶面有直接关系的.

如果设想原子是一些硬的球体, 那么它们在一个平面上最密集的排列方式将如图 5.25 那样, 它们的中心构成六角形的格点排列 (图 5.26). 虽然原子并不是什么硬球, 但因为两个原子接近到一定距离时就发生强烈的相互排斥作用, 使它们不能再靠近, 在这一点上和硬球相似, 所以图 5.25 的硬球排列方式, 也代表了原子排列最密集的方式. 按照这样方式排列的晶面就称为原子密排面.

并不是所有晶格都包含有原子密排面. 最简单的一种包含原子密排面的晶格, 是面心立方晶格. 而金刚石晶格又是可以由两个面心立方晶格组成的, 所以, 作为第一步, 我们先来说明面心立方晶格中的原子密排面.

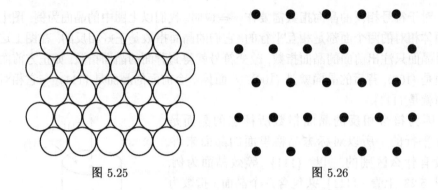

图 5.25 图 5.26

图 5.27 是面心立方晶格的晶胞, 它比简单立方晶格的晶胞, 在每一个四方面中心多一个格点. 面心立方晶格就是成千上万这样的立方晶胞沿三个边的方向重复排列而成的, 其中 {111} 晶面就是像图 5.26 那样的密排晶面. 在图 5.28 中我们画出在晶胞内位于一个密排面上的格点, 注明为 $A, B, C, \cdots$; 在图 5.29 上表示出它们处在整个密排面中的情形. 在图 5.30 上, 我们对比画出晶胞内 (100)、(110) 和 (111) 等几个晶面上的格点, 并且按照硬球模型, 画出在这几个晶面之上原子排列的情况 (图 5.31). 这几个晶面都可以看成是由一行行的密排原子组成的: 在 (100) 面上, 我们看到这些原子的密排行是 45° 倾斜的, 相互的间距是 $\frac{\sqrt{2}}{2}a$; 在 (110)、(111) 面上原子密排行都是水平的, 相互的间距分别为 a 和 $(\sqrt{3}/2\sqrt{2})a$. 显然密排行的间距越大, 面上原子越稀, 即每个面上的原子密度是和密排行的间距成反比的, 所以 (111)、(100) 和 (110) 三个晶面上原子密度之比是

$$\frac{1}{0.61a} : \frac{1}{0.71a} : \frac{1}{a} = 1.64 : 1.42 : 1.$$

显然, 以 (111) 面上原子为最密.

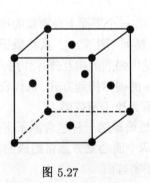

图 5.27

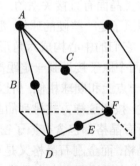

图 5.28

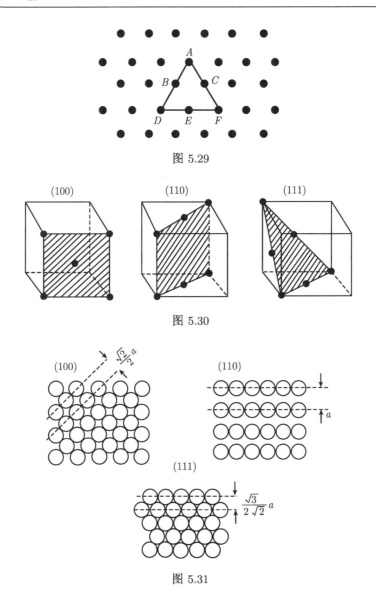

图 5.29

图 5.30

图 5.31

5.1.6　金刚石晶格和双层密排面

一个金刚石晶格可以看做是由两个面心立方晶格套在一起构成的.

首先仔细观察金刚石晶格的立方晶胞可以看到, 在立方晶胞面上的原子是和面心立方晶胞完全一样的, 即除 8 个立方顶角上的原子外, 还在 6 个四方面的中心各有一原子. 它和面心立方的差别只是在晶胞内多出 4 个原子. 为了看清这一点, 在图 5.32 中画出了一个金刚石晶胞的模型, 并把晶胞内的 4 个原子画成阴黑的球.

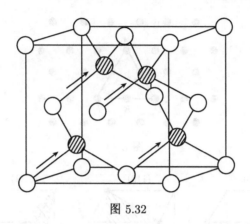

图 5.32

　　为什么说金刚石晶格可以由两个面心立方晶格套起来构成呢? 为了说明这个问题, 我们在图 5.32 中用箭头表明, 晶胞内的四个原子可以从面心晶格上的原子 (白球), 经过一个平移而得到; 平移的方向是沿一个体对角线, 平移的距离是体对角线的 1/4. 这实际上就是说, 各晶胞内的原子 (黑球) 也构成一个面心立方晶格, 它和原来的面心立方晶格 (白球) 相比, 只是沿体对角线相对平移了 1/4. 图 5.33 为一个面心立方的晶胞 (白球), 经过沿体对角线平移 1/4, 正好达到各晶胞内原子的位置 (黑球). 换句话说, 金刚石晶格可以看成是两个完全相同的面心立方晶格套在一起, 相互之间沿晶胞体对角线方向平移 1/4 而构成的.

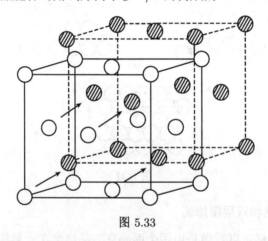

图 5.33

　　既然金刚石晶格可以由面心立方晶格构成, 所以它的 {111} 晶面也是原子密排面. 因为它包含两个套在一起的面心立方晶格, 所以, 它的密排面都是双重的, 包含很靠近的两个密排面, 相互由共价键紧紧地结合在一起, 如图 5.34 所示. 图 5.34 中画出了 [111] 单晶的金刚石晶格模型. 在这个模型中, 垂直的共价键就是 [111] 晶向, 所以水平的平面是 (111) 晶面. 图中已经注明这些 (111) 晶面是一些双层原子面,并把一层画成黑球, 一层画成白球, 以便于辨认 (当然在硅锗等金刚石结构的晶体中, 两层上的原子是完全相同的). 不难看出, 它们都是按密排方式排列的. 图 5.35 为一个立方晶胞, 表示出由两个面心晶格套在一起的情形. 垂直方向是面心立方的体对角线, 黑球属于一个面心立方晶格, 白球属于另一个面心立方晶格.

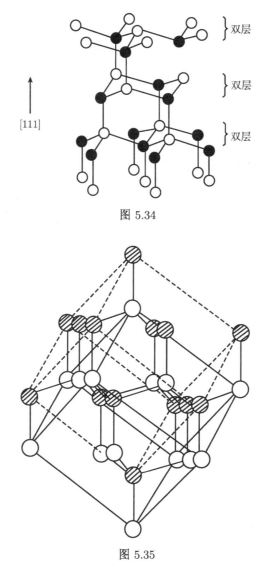

图 5.34

图 5.35

原子密排面的一个重要特点是: 在晶面内原子密集、结合力强, 在晶面之间距离较大, 结合薄弱. 原子密排面的这种特点在金刚石晶格的双层密排面上表现的格外突出. 从图 5.34 可以看到, 在双层密排面内, 每层原子都有三个共价键与另一层相结合, 所以双层密排面内结合很强, 而在两个双层面之间, 间距较大, 而且共价键稀少, 平均两个原子才有一个共价键, 致使双层密排面之间结合脆弱. 金刚石晶格的 {111}晶面, 由于这种特点而具有以下性质:

(1) 由于 {111}双层密排面本身结合牢固, 而相互间结合脆弱, 在外力作用下, 晶体很容易沿着 {111}晶面劈裂. 晶体中这种易劈裂的晶面称为晶体的解理面.

(2) 由于 {111}双层密排面结合牢固, 化学腐蚀就比较困难和缓慢, 所以腐蚀后容易暴露在表面上.

(3) 由于 {111}双层密排面之间距离大, 结合弱, 晶格缺陷容易在这里形成和扩展.

(4) {111}双层密排面结合牢固, 同时也就表明这样的晶面能量低. 由于这个原因, 在晶体生长中有一种使晶体表面为 {111}晶面的趋势.

前面指出硅、锗等单晶的显著几何特征, 都是与 {111}面的以上性质有关的. 如单晶片的划片方向就是根据金刚石晶格的 {111}解理面而来的. 这是一个特别有意义的实例, 所以, 下面着重分析一下这个问题.

图 5.36 形象地说明了利用解理面划片的道理. $ABCD$ 表示一个与表面倾斜的解理里, AB 是解理面与表面的交线, 如果我们沿交线 AB 的方向去划片, 那么片子就可以顺利地沿着解理面脆弱. 所以, 硅、锗单晶片上的划片方向, 就是倾斜的 {111}晶面和片子表面的相交线的方向. 我们知道, 两个晶面的相交线总是对应于一个确定的晶向. 所以, 如单晶片表面是一个晶面, 它和倾斜的 {111}晶面相交的晶向也就是划片的方向. 下面我们根据这个道理具体分析 [111] 和 [100] 单晶片的划片方向.

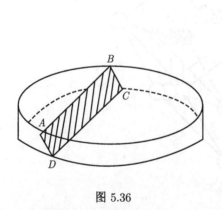

图 5.36

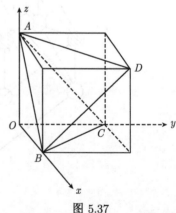

图 5.37

[111]单晶片的表面就是一个 {111}晶面, 它和其他倾斜的 {111}晶面的相交线方向就是划片方向. 这些划片方向是什么晶向呢? 参看图 5.37 的 {111}面就不难解答这个问题. 前面曾经指出过, 在立方的晶格内只有四个不同方向的 {111}晶面.

图 5.37 中实际上把四个不同方向的 {111} 面都表示了出来, 它们就是图中正四面体 $ABCD$ 的四个面. 很明显, 这些 {111} 面的相交线就是图中四面体的棱线; 实际上每一个 {111} 面都和其他三个 {111} 面相交在三条棱线上. 从图上看到, 所有这些棱线都是四方面的对角线, 因此都属 ⟨110⟩ 晶向. 通过这样分析就知道, [111] 单晶片的 (111) 晶面上的划片方向, 就是它和其他三个倾斜的 {111} 晶面的相交线方向, 它们都属于 ⟨110⟩ 晶向.

[100] 单晶片的表面是 (100) 晶面, 它和 {111} 晶面的相交线的晶向也都可以在图 5.37 找到. 在图上我们看到前面的 (100) 面和两个 {111} 面相交于 BD 线, 背后的 (100) 面和另两个 {111} 面相交于 AC 线. AC 和 BD 就是在 (100) 晶面上相互垂直的两个面的对角线. 这就说明, [100] 单晶片的划片方向就是在它的 (100) 表面上的两个互相垂直的 ⟨110⟩ 晶向.

[111] 和 [100] 单晶片上的这些划片方向, 已经都表示在图 5.3 上.

[111] 和 [100] 单晶片上的腐蚀坑形状和方向也是由 {111} 密排面的性质所决定的. 如上所述, 由于 {111} 密排面有不易腐蚀的特点, 腐蚀坑的倾斜的坑壁是由 {111} 面构成的. 而腐蚀坑的边缘就是倾斜的坑壁和表面的相交线, 所以在单晶片上, 腐蚀坑的边是倾斜的 {111} 晶面和表面的相交线. 这就意味着, 腐蚀坑的边应当和以上分析的划片方向平行, 也是沿 ⟨110⟩ 晶向. 在图 5.3 中, 我们看到实际情况正是这样. 在 [111] 单晶片的 (111) 表面上, 有三个互成 60° 角的 ⟨110⟩ 晶向 (参见图 5.37), 它们形成等边三角形的腐蚀图形. 在 [100] 单晶的 (100) 表面上有两个相互垂直的 ⟨110⟩ 晶向, 它们形成四方形腐蚀图形.

5.1.7 III-V 族化合物的闪锌矿晶格

由 III 族元素铝、镓、铟和 V 族元素磷、砷、锑组成的 III-V 族化合物半导体的晶格和金刚石晶格很相似, 称为闪锌矿晶格. 闪锌矿晶格和金刚石晶格的唯一差别是两个面心晶格上的原子是不相同的. 在 III-V 族化合物的情形, 就是由 III 族元素占据一个面心立方晶格, 由 V 族元素占据另一个面心立方晶格. 例如, 在图 5.32 中, 如果白球代表 V 族原子, 那么黑球就代表 III 族原子. 可以明显看到, 在这样一个结构中每个 III 族原子正好被 4 个 V 族原子所包围, 并与它们形成 4 个共价键. 因为两个面心晶格是完全对称的, 所以, 每个 V 族原子也同样是被 4 个 III 族原子包围, 与它们形成 4 个共价键.

附 录

在单晶 (硅) 中确定晶格方向

一个晶格的各晶向和晶面都是相对晶格的坐标系规定的. 例如, [100] 代表平行于坐标系

x 轴的晶向, (100) 代表平行于 yz 坐标平面的晶面 ······. 但是, 在一块单晶材料上, 这个晶格坐标系在哪里呢? 如果这个问题没有解决, 那么晶向和晶面的问题在实际上就没有解决. 举个例子来说, 在一块 [111] 单晶上如何找到 (100) 面, 切出一个 [100] 籽晶呢? 像这样从实际中提出的晶面问题就是没有得到解答的.

除去用 X 射线的实验方法可以精确地确定单晶的晶格外, 在硅、锗等单晶锭上则可以根据前面指出的几项典型几何特征, 找出晶格的方向, 确定其坐标系. 这里我们集中讨论硅单晶的情形.

先讨论硅 [111] 单晶. 为这样一个单晶锭确定坐标系, 首先有以下两条依据:

(1) 单晶锭的生长方向本身就标志着晶格的 [111] 方向, 所以, 坐标系的 x 轴、y 轴、z 轴都必须和这个方向成等角;

(2) 在单晶锭的横截面上, 三个棱的联线是划片方向, 它们是沿 ⟨110⟩ 晶向的. 所以, 三个棱的联线必须是 xy, yz, zx 坐标面中的面对角线.

我们根据截面 [为 $(\bar{1}\bar{1}\bar{1})$ 面] 上的棱的位置 A、B、C, 画出一个符合以上两条的坐标系 (图 5.38 左图). 这个坐标系的 x 轴、y 轴、z 轴和 [111] 晶向是成等角的; 而且三个轴分别通过 A、B、C, 它们间的联线显然是三个坐标平面上的面对角线. 但是, 这并不是唯一能满足以上两条的坐标系. 如果我们把这个坐标系绕 [111] 方向转 180°, 结果得到图 5.38 右边的坐标系, 它的三个轴不是通过棱的位置 A、B、C, 而是通过和它们相对的点 A'、B'、C'. 在这个坐标系中, $A'B'$、$B'C'$、$C'A'$ 明显是三个坐标平面的面对角线, 但从图上看到

$$A'B'//AB, \quad B'C'//BC, \quad C'A'//CA,$$

所以, 划片方向在这个坐标系中同样是坐标平面上的面对角线方向. 所以, 这个坐标系同样满足上面的两条要求.

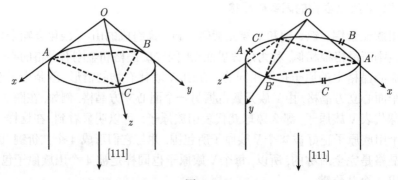

图 5.38

那么是不是两个坐标系都是对的呢? 并不是这样. 图 5.39 为 [111] 单晶上截面上的腐蚀坑示意图, 图右边表示比较理想的、坑壁完全是 {111}晶面的四面体腐蚀坑. 和这种腐蚀坑的方向对比, 就可以证明, 只有图 5.38 中右边的坐标系才是正确的. 为了弄清这一点, 请参看图 5.40. 在这张图上, 我们在两个坐标系中都做出了以三个轴为立方边、以 [111] 为对角线的立方体. O' 就是和原点 O 相对的体对角. 从 O' 出发, 到三个坐标平面 xOy、yOz、zOx 的面对

角线 (在两图上, 分别为 AB、BC、CA 和 $A'B'$、$B'C'$、$C'A'$), 所画出的阴黑的三角形面积, 就是三个倾斜的 {111} 面. 因此, 它们所包围的四面体, 应当和腐蚀坑的四面体完全相对应. 把图 5.40 和图 5.39 中的腐蚀坑相对比, 很明显, 只有图 5.40 中右边的四面体是和腐蚀坑图形相对应的. 这就是说, 通过棱线位置 A、B、C 所作的坐标系, 其 {111} 晶面是与实际不符的, 通过与 A、B、C 相对的位置 A'、B'、C' 所作的坐标系 (即图 5.38 和 5.40 右边的坐标系), 才代表正确的晶格坐标系. 坐标系解决了, 单晶中任何晶向和晶面的方向就都可以根据坐标系予以确定.

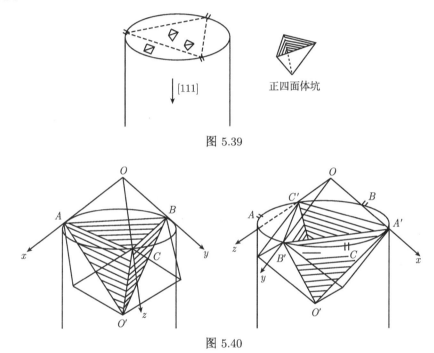

图 5.39

图 5.40

让我们来讨论一个实例, 即如何在一个 [111] 单晶上切出一个 {100} 晶面. 在图 5.41 中, A、B、C 代表在 [111] 单晶的 $(\bar{1}\bar{1}\bar{1})$ 截面上棱线的位置, A'、B'、C' 是与它们相对的点. 按照面的原则, 通过 A', B', C' 可以得出晶格的坐标系 $Oxyz$. $B'OC'$ 显然是一个 {100} 平面, 它和单晶截面 $(\bar{1}\bar{1}\bar{1})$ 之间的夹角在图中用 γ 表示, 从图上可以看到,

$$\sin \gamma = \frac{OO'}{OD'},$$

而我们知道 OO' 与三个轴成等角, 等于 $\arccos 1/\sqrt{3}$, 所以

$$OO' = OB'/\sqrt{3}.$$

从图 5.41 可以看到 OD' 等于 $OB' \cos 45° = OB'/\sqrt{2}$, 由此得到

$$\gamma = \arcsin \frac{\sqrt{2}}{\sqrt{3}} = 54°44'.$$

如果通过稜 B 和 C 的联线做与 $B'OC'$ 平行的平面, 它当然也是一个 {100}面, 并与单晶截面 $(\bar{1}\bar{1}\bar{1})$ 成 $54°44'$ 角, 如图 5.41 所示. 根据这样的分析知道, 以单晶上截面 $(\bar{1}\bar{1}\bar{1})$ 上两个稜的联线 BC 为轴, 把单晶按图示 γ 角的方向转动 $54°44'$, 结果, 通过 BC 的 {100}晶面就将转到原来截面 $(\bar{1}\bar{1}\bar{1})$ 的位置, 如果原来 $(\bar{1}\bar{1}\bar{1})$ 是切割的平面, 经过单晶的上述转动后, 一个 {100} 晶面将处在切割面的位置; 这样就可以直接切出一个 {100}晶面.

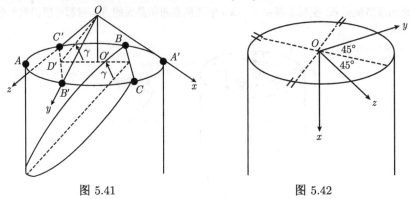

图 5.41   图 5.42

在 [100] 硅单晶上很容易确定晶格的坐标系. 因为 x 轴是 [100] 方向, 所以坐标系的 x 轴应沿晶体的生长方向, 而单晶的横截面则在 yz 平面内. 前面已经指出, 单晶截面上对稜的联线就是划片方向, 因此应当是面对角线 $\langle 110 \rangle$ 的方向, 这样就完全确定了 y 轴和 z 轴的方向, 如图 5.42 所示.

5.2 空位和间隙原子

在晶格中原子作规则的排列, 但并不是静止不动的. 相反, 它们是不停地在格点的附近做热振动. 但是, 晶格中原子的热运动并不限于这种热振动. 假若原子都限制在固定的格点左右振动, 那么原子在晶体中就不可能扩散了. 实际上正是晶体中发生的原子扩散现象使人们逐渐认识到, 在高温度下晶体中会产生出 "空位" 和 "间隙原子", 晶体中的原子可以借助于它们而运动.

在高温度下, 原子的热振动普遍加剧, 不断地会有很少数的原子热振动特别激烈, 致使它们脱离格点, 跑进了晶格的间隙. 这样就在晶格中产生出 "空位" 和 "间隙原子", 如图 5.43 所示. A 是格点上失去了原子而形成的 "空位", B 就是挤进了晶格间隙的 "间隙原子".

在高温度下空位和间隙原子不仅能够产生出来, 而且能够在晶格中运动. 依靠 "偶然" 发生的特别强烈的振动, 间隙原子可以从一个间隙跳进相邻的间隙, 空位则可以通过相邻原子跳过来填补它, 从而由一个格点转移到另一个格点 (虚线箭头表示空位移动), 如图 5.44 所示. 这种逐步的跳跃就是空位和间隙原子在晶格中运动的基本形式.

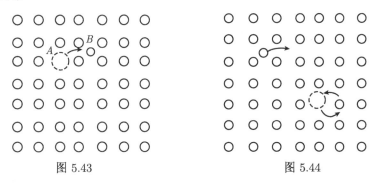

图 5.43   图 5.44

按照上面讲的产生方式, 每产生一个间隙原子, 同时就要产生一个空位. 所以, 它们的数目总是相等的. 但是, 在实际的晶体中, 空位和间隙原子的数目并不相同, 这是因为还有其他的产生方式. 另一种基本的产生方式是在表面. 在表面空位和间隙原子都可以单独地产生, 然后经过扩散而到体内, 如图 5.45 所示. 图中 (a) 表示表面里的一个格点上的原子跳到表面上去, 就在表面里形成一个空位 A, 它可以再通过箭头表示的跳跃, 进到体内. 图中 (b) 表示, 原来在表面上的原子跳进表面内的间隙, 就形成一个间隙原子 B, 它可以再通过箭头所表示的跳跃而进入体内. 通常这种表面的产生方式, 空位和间隙原子是相互独立产生的, 所以, 它们的数目也是可以独立变化的.

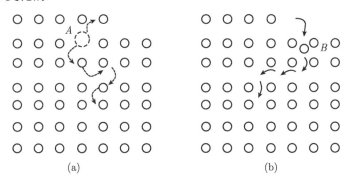

(a)   (b)

图 5.45

既然有产生的过程, 就有消失的过程, 产生和消失是一对矛盾的对立统一. 上面描述的空位和间隙原子的产生过程都可以倒过来进行, 成为它们的消失过程. 一方面, 在体内间隙原子与空位相遇, 可以填补空位而消失; 另一方面, 空位和间隙原子都可以扩散到表面而消失在那里 (使表面上减少或增加一个原子). 在温度保持一定的条件下, 产生和消失这一对矛盾可以达到相对的平衡, 这时空位和间隙原子的浓度将保持相对稳定. 空位和间隙原子的这种平衡浓度可以近似地用下列理论

公式表示:

$$空位浓度 = N_1 \mathrm{e}^{-E_1/kT},$$
$$间隙原子浓度 = N_2 \mathrm{e}^{-E_2/kT}.$$

N_1 和 N_2 分别表示单位体积中格点和间隙的数目. 因为原子规则排列在格点上时, 能量是最低的, 所以, 要在晶体里改变这种状况造成空位或间隙原子, 都必须给予一定能量. E_1 和 E_2 是在晶体里形成一个空位和形成一个间隙原子所必需的能量. 从上式可见, 能量 E_1 和 E_2 越大, 空位和间隙原子的浓度就越小. 在硅、锗等晶体中, 由于形成间隙原子的能量比空位大很多, 所以主要的是空位. 在硅、锗中形成空位的能量只有近似的估算值, 约 2.0eV.

空位和间隙原子每跳跃一步的距离是一定的, 所以它们在晶格中运动的快慢, 主要取决于它们每秒钟能跳跃多少步. 如果用 ν 表示原子每秒振动的次数, 即振动频率, 它们每秒钟跳跃的次数可以写成下式:

$$\nu \mathrm{e}^{-\Delta E/kT}. \tag{5.1}$$

这是因为, 原子每一次振动, 就是向相邻的位置冲击一次, 也就等于试图跳跃一次, 所以, ν 就是每秒内原子 "试跳" 的次数. "试跳" 的意思就意味着原子在热振动中向邻位冲击, 一般并不能成功地跳过去. 原子必须具有足够的能量才能成功地从一个格点跳进相邻的空格点 (即空位跳跃), 或从一个间隙位置成功地跳进相邻的间隙 (即间隙原子跳跃). 上式中的 ΔE 就是成功跳跃所必需的能量, 指数函数 $\mathrm{e}^{-\Delta E/kT}$, 代表在一定温度 T, 原子具有 $> \Delta E$ 的热运动能量的概率. 在硅、锗中 ΔE 的粗略估算值在十分之几到一个电子伏的范围.

以上空位和间隙原子浓度及运动速度的理论公式, 都具有相同的指数函数的形式, 指数上面是一个分数, 分母是 kT, 分子是一个能量, 常称为激活能. 从上面的分析可以看到, 激活能代表使有关的微观过程能够发生所必需的能量, 如形成空位和间隙原子必需的能量, 使它们能够跳跃一步所需要的能量等. 以上理论公式最重要的意义, 是说明空位、间隙原子的浓度和运动都密切地倚赖于温度, 随着温度上升, 指数函数迅速上升, 这就说明了为什么只有在高温度下, 空位和间隙原子才是重要的. 为了对这种温度变化规律有一定的数量概念, 在下表中针对两个典型的激活能值, 列出了指数函数在几个温度下的值. 对比两个激活能值可以看出, 激活能越大, 函数随温度变化越快. 从表 5.1 列出的数值看, 对 1eV 的激活能, 在 800~1400°C 的温度范围内, 每升高 200°C, 函数增加 2.5~5 倍; 而对 2eV 的激活能, 在同样温度范围内, 每升高 200°C, 函数增加 7~25 倍.

半导体中的点缺陷, 特别是空位涉及的问题很广泛. 在以后的几节中, 我们将看到空位和其他类型的缺陷的产生和运动都有密切的关系. 在这一节我们着重讨论扩散, 和单晶中的微缺陷两个问题.

表 5.1

函数	激活能/eV	800°C (1073K)	1000°C (1273K)	1200°C (1473K)	1400°C (1673K)
$e^{-E/kT}$	2.0	4.1×10^{-10}	1.2×10^{-8}	1.4×10^{-7}	9.5×10^{-7}
$e^{-\Delta E/kT}$	1.0	2.0×10^{-5}	1.1×10^{-4}	3.8×10^{-4}	9.7×10^{-4}

5.2.1 扩散

杂质原子掺进晶体后, 可以取代一些原来晶格上的原子, 而占据格点的位置 (图 5.46), 也可以是挤在晶格的间隙中 (图 5.47). 前者称为代位式, 后者称为间隙式.

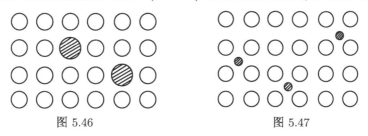

图 5.46 图 5.47

代位式杂质是靠空位而扩散. 这是因为代位杂质的原子占据格点的位置, 当四周格点上都有原子时, 它就不可能跳动, 只有当它附近的格点上出现了空位时, 它才能借着跳进空位而走出一步. 所以, 代位式原子扩散系数的特点是: 一方面和跳跃的频率 $\nu e^{-\Delta E/kT}$ 成比例; 另一方面还和格点出现空位的概率 $e^{-E_1/kT}$ 成比例 (这一公式直接来自空位浓度的公式, 因为, 空位浓度和格点 N_1 之比, 就是格点为空位占据的概率). 因此, 扩散系数与温度应当有下列的函数关系:

$$D = Ce^{-(E_1+\Delta E)/kT}, \tag{5.2}$$

C 代表一个常数.

我们看到, 扩散系数和温度也具有以上讨论的指数函数关系. 为了方便地表达和分析这样的函数关系, 往往采取在半对数坐标纸上作图的方法, 其原理如下: 对 (5.2) 式两边都取对数, 得到

$$\lg D = \lg Ce^{-(E_1+\Delta E)/kT}, \tag{5.3}$$

化简后

$$\lg D = \left[-\frac{E_1 + \Delta E}{k} \lg e \right] \frac{1}{T} + \lg C. \tag{5.4}$$

在半对数坐标纸上作图, 就是以 $\lg D$ 作为纵坐标, 以 $1/T$ 为横坐标作曲线. 所以, 按上式曲线应符合下列方程:

$$y = \left\{ -\left[\frac{E_1 + \Delta E}{k} \right] \lg e \right\} x + \lg C \tag{5.5}$$

我们知道, 这是一个

$$斜率 = -\left[\frac{E_1 + \Delta E}{k}\right] \lg e \tag{5.6}$$

的直线方程. 这就是说, 如果把各不同温度测得的扩散系数按上述方法表示在半对数坐标纸上, 得到一条直线, 即证实了理论上所指出的指数函数的关系. 而且从这样一条曲线的斜率, 还可以根据斜率公式 (5.6) 求出激活能来.

掺到硅、锗中去的III族和V族杂质元素都是代位式的. 图 5.48 和图 5.49 是根据III族和V族元素, 在硅和锗单晶中的扩散系数的实验结果作出的半对数曲线. 我们看到, 它们都是一些直线, 而且斜率相差不多, 这表明它们扩散的激活能相近. 因为, 这里横坐标是采用 $x = 1000/T$, 所以, 计算激活能的斜率公式 (5.6) 式应当改为

$$斜率 = \frac{E}{1000k} \lg e. \tag{5.7}$$

从两图线斜率求得的激活能 $E_1 + \Delta E$ 在 2.5~3.eV, 在锗中的扩散激活能较低一些.

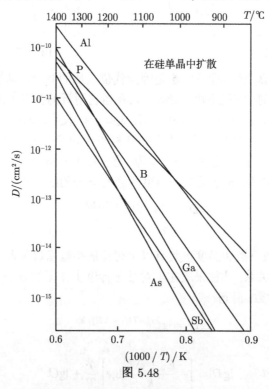

图 5.48

间隙式的杂质, 不像代位杂质那样, 须要等待旁边出现空位时才能跳跃, 所以, 扩散快得多. 从扩散系数来看, 激活能显然就只有 ΔE 一项, 即跳跃所需要的激活能, 所以激活能要比代位杂质扩散小很多. 因此, 间隙式杂质的扩散系数, 往往比代位式杂质大很多个数量级. 氢和锂原子很小, 在硅、锗中是典型的间隙式杂质. 它们扩散都很快, 激活能很低. 另外, 还有一些扩散很快的重金属元素, 如在硅中的

铜、金、镍、铁、锰等元素, 它们在实际工作中很重要, 它们之中的金、铜、镍等的快速扩散, 经过仔细的分析, 证明主要是依靠间隙式扩散, 但是, 它们的原子可以部分是代位式的, 部分是间隙式的. 在图 5.50 中给出了几种快扩散元素的实验结果.

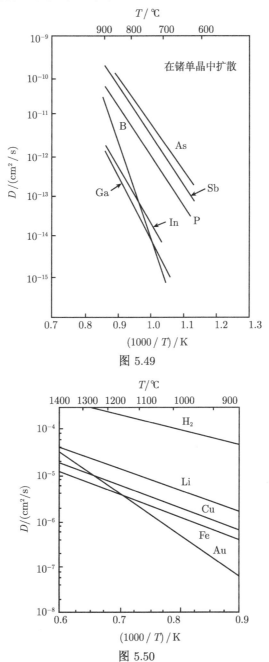

图 5.49

图 5.50

我们看到, 在相同的温度, 这里的扩散系数, 比前面III、V族代位式杂质的扩散系数要大五六个数量级. 从斜率估算的激活能也小得多.

按照前面代位式扩散机理, 如果能够改变空位的浓度, 就应当可以控制扩散进行的快慢. 实际上已有实验证明, 用离子束轰击硅产生空位, 可以增强硼在硅中的扩散. 另外, 在高频三极管的工艺中 (薄的扩散基区), 我们都知道, 在发射区扩磷过程中, 发生把基区硼推向前进的效应, 有一种看法认为, 这是由于高浓度的磷扩散, 由于某种原因产生出空位, 从而加速了硼的扩散所造成的.

5.2.2　空位凝聚和单晶中的 "微缺陷"

前面讲到, 在一定的温度下, 空位有一定的热平衡浓度, 但是, 这种空位平衡只是相对的, 是随温度变化而变的. 指数公式 $e^{-E_1/kT}$ 表明, 空位的平衡浓度随着温度的降低而迅速下降. 在制备单晶时, 单晶开始凝固的温度是熔点温度, 这时空位基本上是平衡的. 但是, 随着单晶的冷却, 原来的平衡将成为不平衡, 空位将超过平衡浓度, 这时称为过饱和.

在单晶冷却的过程中, 在表面层中的过饱和的空位, 可以扩散到表面而消失. 在晶体内, 空位则来不及扩散到表面, 但是, 如果晶体有较多的位错, 多余空位可以扩散到位错上而消失 (这是因为位错在运动中可以产生或吸收空位, 下节还要具体说明这个问题). 如果单晶中位错十分稀少, 多余的空位不能及时消失, 就会造成过饱和的情况, 在这种情况下, 多余的空位就可能聚集起来形成空位团, 以至发展为空洞.

近年来, 由于生产的发展, 单晶生长技术不断改进, 在硅单晶的生产中, 广泛采用无位错单晶技术. 在这种情况下, 人们发现在硅单晶中, 特别是电阻率较高的区熔、无位错硅单晶中大量出现一种晶体缺陷, 称为微缺陷. 一般认为这种缺陷就是空位过饱和而引起的空位和杂质团. 这种微缺陷有 A- 团和 B- 团两种形式, A- 团比较大, 尺寸是 $0.5\sim10\mu m$, B- 团比较小. 现在一般认为 A- 团就是空位团, 空位团周围伴随着形成位错环. 对 B- 团还没有统一的认识, 有人认为也是空位团, 有人认为 B- 团是高温下形成的硅间隙原子凝聚而成的, 也有人认为二者同时存在.

观察微缺陷最简便和广泛采用的是化学腐蚀法, 常用的腐蚀液是

$$V(CrO_3) \, (33\% \text{ 水溶液}) : V(HF) \, (42\%) = 2:1.$$

抛光的单晶表面, 经过腐蚀后, 用眼睛直接观察, 可以看见微缺陷作旋涡状的分布如同一层薄雾 (图 5.51). 由于这种分布特点, 微缺陷也有时被称为 "旋涡".

在高倍的显微镜下观察, 发现微缺陷的数量和特点都和单晶生长的方向有关. 在 [111] 硅单晶面上, 经腐蚀的微缺陷是一些浅底, 圆角的三角坑, 如图 5.52 所示. 而 [100] 单晶的微缺陷, 大部分经腐蚀后形成凸出表面的小丘, 如图 5.53 的电子显微照相. 微缺陷是大小不一的, 大一些的可以是几个微米以上, 而细小的, 在金相显

微镜下已不能辨认, 只能在电子显微镜下观察.

经过不断的腐蚀可以证明, 微缺陷在单晶中是按层分布的. 微缺陷的层状和旋涡状的分布表明, 它们和生长单晶中, 由于热场不对称造成的杂质分凝分布很相似. 这使人们推测微缺陷是以杂质为核心凝聚的杂质空位团, 最初人们比较多的认为起作用的杂质是氧原子, 最近有些分析工作表明可能是碳, 而在高掺杂的硅材料中可能就是掺入的杂质原子, 如锑.

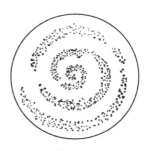

图 5.51

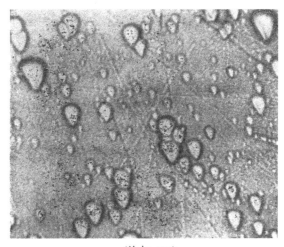

(放大×180)

图 5.52

已证明单晶材料中的微缺陷对浅的 pn 结器件有害, 在微缺陷较多的区域, pn 结漏电流增大, 击穿电压降低. 一般分析表明, 微缺陷的有害作用, 与微缺陷在制造器件的高温工艺中起的作用有关. 一方面, 微缺陷可以成为重金属元素或 SiO_2 沉淀的核心; 另一方面, 在高温氧化中, 可以在微缺陷处形成层错, 然后在后续的工序中, 又在层错上形成沉淀. 在以下两节, 还要进一步说明, 在晶格缺陷处形成的沉淀物, 往往是损害 pn 结器件性能的一个主要原因.

微缺陷能不能克服呢? 怎样克服? 近年来, 从各个不同角度, 对消除微缺陷作了尝试.

(1) 制作含少量位错的单晶, 以抑制空位过饱和. 实践证明有 $10^3 cm^{-3}$ 以上的位错, 单晶中就基本上不出现微缺陷. 而 $10^3 cm^{-3}$ 的位错如果分布均匀, 对器件制作并不发生明显影响. 所以制作均匀分布、少量位错的单晶是一种消除微缺陷可取的途径, 但满足均匀少位错的要求, 在单晶生长技术上是较困难的工作.

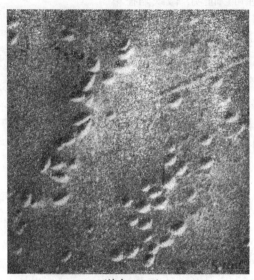

(放大×2000)

图 5.53

(2) 减慢晶体降温. 在单晶四周加石墨保温罩, 可以使单晶降温减慢, 使多余的空位有较充裕的时间扩散消失, 防止过饱和, 从而消除或减少微缺陷.

(3) 在拉制单晶过程中. 可用氩气保护, 并掺进 10% 的氢 (甚至采用氢气保护). 提出这种办法根据是认为, 微缺陷的形成是由于过饱和空位和氧的作用, 掺氢以后可以利用氢和氧的作用来抑制氧和空位的作用. 但是, 氢的使用在单晶中引进了新的缺陷, 使单晶松脆 (这种缺陷据分析是一种氢的沉淀物).

(4) 快速拉晶. 实验还证明, 把拉晶速度提高到 5mm/min 以上, 可以使空位和杂质来不及聚集, 从而克服微缺陷的生长. 但是, 采用这样的拉晶速度, 从其他方面对单晶质量不利.

总之, 单晶中的微缺陷的形成、性质和克服的办法, 目前仍然是一个需进一步研究和解决的问题.

5.3　位　　错

空位和间隙原子是直接伴随原子的热运动而产生的, 而半导体中的其他晶格缺陷, 都是由制备过程中一些具体条件造成的. 特别是位错, 几乎在单晶和器件制备的每一步都可以被引进晶体. 对位错进行的研究, 方面是极为广泛的, 但是, 对半导体工作来说, 最重要的是器件制备工艺中涉及的位错问题. 因此, 这一节在介绍位错的一些基本知识的基础上, 将侧重讨论在材料、器件制备过程中位错如何产生, 以及怎样影响器件工艺的问题.

5.3.1　位错的一般概念

在硅、锗等单晶中发生位错可以有许多原因, 但是, 在大多数情况下, 发生位错的主要原因往往是在高温度下, 材料内的应力引起材料发生范性形变. 实际上, 人们最初就是从范性形变的现象发现位错的. 我们平常最熟悉的是一些软金属材料的范性形变. 例如, 铜、铝、金等材料在外力作用下很容易变形, 以致可以加工成各种形状. 这种变形在外力撤掉后并不复原, 称为范性形变, 以区别于在较低的外力下的弹性形变 (弹性形变在去掉外力后就会复原). 硅和锗本来是所谓脆性材料, 即变形较大就要脆裂, 而不发生范性形变的材料. 但是, 锗在 500°C 以上, 硅在 700°C 以上就由脆性转变为范性, 在应力作用下很容易发生范性形变. 它们中的大量位错主要就是在这种高温范性形变中产生的.

既然应力引起晶体的范性形变, 它对晶格结构发生了什么作用呢? 是不是原子的间距被压缩或拉伸了呢? 仔细的研究表明, 晶体的范性形变并不是简单地依靠原子间距的伸缩. 图 5.54 是阐明范性形变机理的一个示意图, 它表示, 一根单晶棒经过拉伸形变后, 可以看到, 它显然是沿某些斜面发生了错动. 由于晶体是平行晶面堆砌成的, 从图 5.54 的现象可以推断, 晶体中的范性形变实际上是晶面和晶面间发生了相对移动, 称为滑移. 由于不同方向的晶面间距和相互结合力都是不同的, 沿不同晶面滑移难易程度应当有所不同, 对各种材料进行的实验证明, 发生滑移的面一般都平行于原子最密集的一些晶面. 这一事实也是一项有力的证据, 说明虽然一般只看到宏观的滑移现象, 但它反映的是微观的原子晶面间的滑移. 因为, 原子最密集的晶面间距较大, 结合较弱, 最容易发生滑移.

深入分析滑移现象时发现了一个矛盾. 按照理论估算, 需要一个很大的力, 才能使晶体的两部分在一个晶面上发生滑移; 然而, 实际中产生范性形变所需的力, 比这个理论估算值要低好几个数量级. 正是这个矛盾促使人们发现, 晶面间的滑移并不是同时在整个晶面上发生, 而是先在一个局部区域开始, 然后在晶面上逐步扩大的过程. 而位错就是在局部区域发生滑移时形成的. 图 5.55 为说明这种情况的一个简图. 从 5.55(a) 开始, 我们设想沿着部分晶面 $ABCD$ 把上下两部分切开, 然后使上部向右滑移 b, 如果 b 正好是一个晶格间距, 那么, 上半部滑移 b 后, 又恰好和下半部的晶格

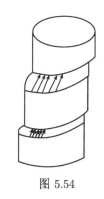

图 5.54

吻合. 这就是图 5.55(b) 所描绘的, 在晶面的局部区域 (图中阴黑的 $ABCD$ 区域) 发生了滑移的情形. 我们看到, 这时已滑移和未滑移区域的原子, 都是按晶格规则

排列的. 但是, 在滑移的晶面上, 已滑移和未滑移区域的边界线 CD 的附近, 上边比下边多出一排原子, 在这里原子不可能严格按晶格排列. 沿 CD 的这样一条原子排列 "错乱" 的区域就被称为位错. 从图上还可以看到, 滑移区域 $ABCD$ 逐步扩大就意味着 CD 向右移动. 所以, 滑移的过程也就是位错在滑移面上运动的过程. 当位错从左到右扫过整个滑移面时, 整个晶体上部就完成了对下部的滑移 b, 图 5.55(c) 就是晶体完成滑移后的一个侧面示意图.

　　上面我们用一个矢量 b 表示滑移的方向和距离, b 称为滑移矢量又称为帕格斯矢量. b 显然不能是一个任意的矢量, 晶格的两部分经过相对的滑移 b 以后, 必须恢复完全吻合. 位错和滑移矢量 b 相互的方向不同, 位错的性质就不同, 图 5.55 所画出的位错 CD 和滑移矢量 b 是相互垂直的. 这种和滑移矢量相垂直的位错叫做 "刃位错"; 与滑移矢量相平行的位错是另一种位错, 叫做 "螺位错". 图 5.55 所描绘的实际上是一个简单立方晶格的 "刃位错". 下面将看到, 硅、锗中最常见的位错, 是和这种简单立方晶格的 "刃位错" 很相似的. 图 5.56 是这种刃位错的一个原子模型图. 我们看到, 这种位错的特点是在滑移面的上方多夹进一片原子. 可以想象, 这一片原子就像一个刀片从上面切了进来, 直到滑移面为止, 位错也就正好在这个刀刃的位置. 刃位错的名称也就是这样来的. 图 5.56 中, 符号 "⊥" 表示刃位错, 其中的一横表示滑移面, 竖杠表示多夹进的一层原子.

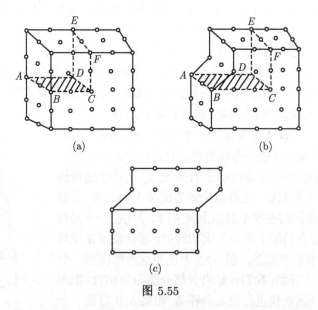

(a)　　　　　　　　　　　(b)

(c)

图 5.55

　　我们看到, 只有沿着位错线, 上下原子数目是失配的, 所以, 这里原子不能按照简单立方晶格的形式排列, 而构成一种 "线缺陷". 除去这一条线的区域之外, 其他的地方则晶格排列并没有任何破坏, 而只是由于位错处晶格的失配, 在四周产生了一定的弹性形变. 由图 5.56 可以看到, 在刃位错的一边, 由于多挤进了一层原子, 晶格被压缩, 而在位错的另一边晶格则处于拉伸的状态. 这是刃位错四周的晶格弹性形变的一个基本特点.

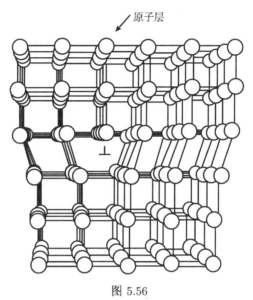

图 5.56

图 5.57 是简单立方晶格中螺位错的一个示意图. 为了了解螺位错的结构, 我们可以设想把晶体沿部分晶面 (图中 $ABCD$) 切开, 然后让两边的晶体沿图中垂直方向滑移一个晶格间距, 如图中 b 所示. 滑移区的边界 CD 就是螺位错所在处. 从图上看到, 滑移矢量和位错线 CD 是相互平行的. 这种位错的特点是垂直于位错的晶面被扭成螺旋面, 例如, 图中晶体上表面本来是平面, 而现在如果沿图中箭头所表示的方向. 围绕位错的迴路走一周, 则晶面就升高了一层. 这正是一个螺旋面的特点, 螺位错的名称就是从这里来的.

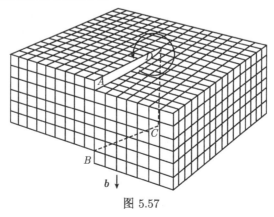

图 5.57

　　滑移矢量和位错成其他角度时, 可以形成各种混合型位错, 这里就不再具体讨论. 从上面的具体分析看到, 位错作为滑移区的边界是不可能在晶体内凭空中止的. 不管什么类型的位错都不例外, 它只能一直延伸到表面, 或在晶体内形成闭合的环, 或与其他位错相交, 而不可能自行中止.

　　位错这样的微观的缺陷怎样才能看到呢? 现在对位错的观察和研究主要是通过以下途径:

　　1. 腐蚀和显微观察

　　这是我们比较熟悉的, 也是生产中广泛采用的方法. 这种方法是根据位错处原子排列 “错乱” 结合较弱, 加上四周的弹性形变使晶格能量较高的特点, 对抛光晶体表面进行化学腐蚀. 实践证明, 采用适当的腐蚀液, 能够把位错在表面露头的地方, 腐蚀成有特定形状的腐蚀坑, 这样也就是把位错在晶体表面显示出来了, 可以直接在显微镜下观察. 通过计数还可以求算平均每单位表面上位错的数目, 称为位错密度. 由于这种方法不需要特殊设备, 比较简单易行, 所以成为生产中广泛采用的方法.

　　2. X 射线形貌照相

　　这是一种在制造器件的工艺过程中研究位错的重要方法.

　　我们知道, X 射线通过晶体时, 可以发生偏离原来方向的 X 射线, 这种现象称为 X 射线的衍射. 这种衍射是当角度正好合适的时候, 入射的 X 射线在一系列平行晶面上反射, 而相互加强的结果, 如示意图 5.58. 形貌照相的原理, 就是利用这种衍射在晶格有畸变的区域大为增强的特点, 来显示出晶体中的缺陷. 图 5.59 是形貌照相方法的一个示意图. 我们看到, 每一个时刻 X 射线所照射的只是晶体的一个微小区域, 其衍射强度反映了晶格畸变, 被记录在胶片上. 在照相过程中, 单晶片和胶片是一起平移的, 使单晶片上各点依次受到照射, 并把衍射强度记录在胶片相对应的位置上. 这样就可以得到一张直接反映单晶片各处晶格畸变的相片. 由于位错在其四周区域引起一定的晶格畸变, 所以可以在这种形貌照相中清楚地显示出来. 图 5.60 是一张典型的形貌照相的放大相片, 在上面可以清楚看到由扩散引起的典型的位错网络, X 射线照相法, 不像腐蚀法那样, 只看到表面, 而是透入晶体, 因此能把位错线显示出来. 这种方法所以特别受到重视, 是因为它不损坏观察的样品. 所以, 使用这种方法可以在生产器件的流程中, 跟踪一个样品, 观察每一步工艺过程中位错的产生和变化情况.

　　3. 铜缀饰和红外显微观察

　　这也是一种可以透入晶体观察位错线的方法. 形貌照相是利用位错产生的晶格畸变来显示位错的, 而所谓 “铜缀饰”, 则是利用铜沉淀在位错上, 从而把位错显示出来. 在硅的情形, 缀饰的方法是在 $1000°C$ 左右的高温把铜扩散到硅中去, 冷却后, 铜就在位错上沉淀出来. 因为硅是不透可见光, 但是可以透过红外光的晶体,

所以可用红外光的显微镜进行观察. 图 5.61 是描绘这种红外显微观察的一个简图,
图中表示红外光穿过样品进入显微镜. 因红外光能透过硅但不能透过沉淀在位错
线周围的铜, 这样就把位错显示了出来. 图中形象地表示出, 位错从一个表面贯穿
样品到另一个表面的情形, 通过这种红外显微观察的方法证实, 表面的腐蚀坑确实
是横穿晶体内部的位错在表面露头的地方.

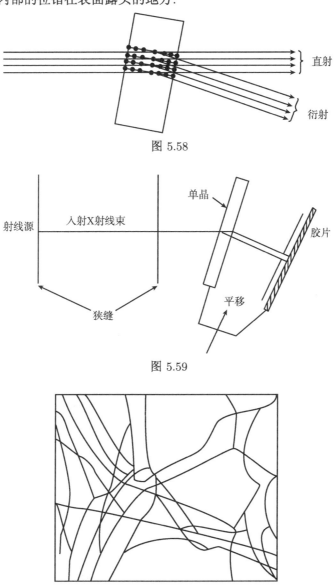

图 5.58

图 5.59

图 5.60

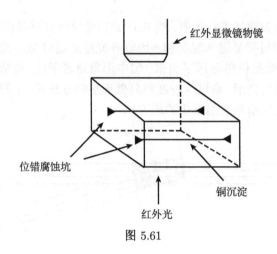

图 5.61

5.3.2 位错和点缺陷及杂质的互作用

我们在前面只讲了刃位错在一个滑移面上的滑移运动. 实际上, 刃位错也能够垂直于滑移面, 从一个滑移面转移到相邻的滑移面上去. 这种位错运动叫做攀移. 图 5.62 是描述刃位错攀移的平面简图. 原来刃位错在滑移面 AB 上, 如果要它攀移到相邻的滑移面 CD 上去, 那么原来在位错上的一整排原子必须逐个移走. 按照代位原子扩散的机理, 这些原子只能靠跳进附近的空位而离开, 如图中箭头所表示. 这表明, 这样的攀移是一个吸收空位的过程. 显然要实现反方向的攀移, 如位错从上图的 CD 面转到 AB 面, 必须沿刃位错增加一排原子. 所以, 在这样的攀移运动中, 要有原子从四周跳到位错线上来, 从而在四周格点上留下空位. 换句话说, 这种相反方向的攀移是一个产生空位的过程.

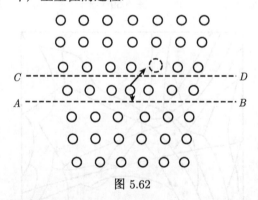

图 5.62

由于位错可以通过攀移吸收或产生空位, 所以单晶中存在位错有助于保证空位的热平衡. 例如, 在控制单晶冷却的过程中, 过饱和的空位不需要扩散到晶体的表面, 而只要扩散到邻近的刃位错上就可以消失. 正是由于这个原因, 在单晶制备中保留适当数目的位错才能有助于防止空位过饱和, 避免产生微缺陷.

刃位错具有把杂质原子吸到自己四周的作用. 这是因为, 刃位错四周的晶格一边受压缩, 另一边被拉伸. 体积小的杂质原子趋向于聚集到晶格被压缩的区域, 体积大的杂质原子趋向于聚集到晶格被拉伸的区域. 在这两种情况下杂质的聚集都有缓和原来的弹性形变的作用, 从而使能量降低. 位错聚集杂质有很多方面的影响, 例如,

(1) 杂质集中于位错使过饱和的杂质常优先在位错附近形成沉淀物. 前面介绍的铜缀饰技术就是应用这种现象一个实例.

(2) 杂质一旦聚集到位错四周, 就和位错一起形成了一个能量较低, 因而比较稳固的体系. 其后果之一就是使位错难于发生运动. 这种比较不活跃的位错有时称为老化位错, 或稳定化的位错.

(3) 半导体中杂质的含量可以对位错腐蚀的快慢有显著的影响.

5.3.3 硅中的位错

硅晶体中的滑移面主要是 {111}晶面, 滑移发生在两个双层密排面之间. 主要的滑移方向是 ⟨110⟩ 晶向. 在硅晶体中最常见的就是在 {111}晶面上, 滑移矢量沿一个 ⟨110⟩ 晶向的刃位错. 我们知道在 {111}密排面上的 ⟨110⟩ 晶向, 也就是由密排原子形成的等边三角形网格的边的方向. 刃位错线就是与之垂直的三角形中线的方向, 属于 ⟨112⟩ 晶向. 图 5.63 是表示这种刃位错结构的简图, 画出的是两个双层密排面, b 箭头表示滑移矢量, 和它垂直的虚线 AB 是位错线. 在前边我们看到, 在简单立方晶格的刃位错中, 滑移面的一边多挤进了一层原子. 在这里的刃位错中也有类似的情形. 如图 5.63 的刃位错, 由于位错线的后半边发生了滑移, 而前边未动, 所以在滑移面之下沿位错线多挤进了两行原子, 在图中画成阴黑的圆点. 原来, 滑移面上下两个原子密排面的原子都是由垂直共价键相连的, 但在刃位错中, 滑移面一边多挤进的两行原子, 则不再有相对应的原子和它们形成共价键, 所以这些原子都各有一个未成键的电子, 常称为悬挂键.

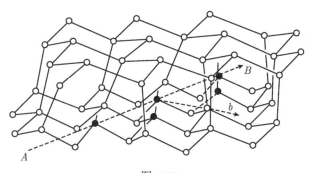

图 5.63

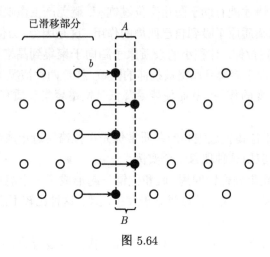

图 5.64

　　由于图 5.63 的立体图不容易看清滑移和位错线的方向, 在图 5.64 中又另画的滑移面之下的密排原子面的平面图. 上面的三角网络的三个边都是可以发生滑移的 ⟨110⟩ 晶向. 在这张图中, 左半边沿着水平边的方向滑移了 b, 已滑移和未滑移区的边界 AB 与滑移矢量 b 垂直, 是一个 ⟨112⟩ 方向. 由于 AB 的一边发生了滑移, 另一边未滑移, 沿着 AB 有两行原子 (图中画成黑圆点) 被挤出原来的位置, 成为滑移面下边多出的两行原子.

　　对位错的结构有了以上了解, 我们就可以进一步说明硅晶体中有关位错的一些实际情况.

1. 硅单晶中的位错

　　我们都知道, 单晶都是从一个称为籽晶的小的单晶体开始生长的. 由于位错不能终止在晶体内部, 所以, 籽晶中如果存在位错, 就会延伸生长到单晶中去. 为了消除这种影响, 一般要选择质量好的, 表面没有机械损伤的晶体做籽晶.

　　但是, 最好的籽晶也不能保证消除位错, 因为, 当籽晶伸进炽热的熔硅时, 还要产生许多位错, 一般在 $10^3 \mathrm{cm}^{-2}$ 的数量级. 所以为了防止位错长入单晶, 普遍采用缩颈的方法, 即在开始生长时, 先把晶体长得很细, 缩成一个细颈, 如图 5.65 所示. 这种方法是利用位错的方向和单晶生长方向不同, 使晶体沿细颈长一个适当长度 l, 就可以使位错延伸到表面而终止. 图 5.65 右方的插图表示, 如果位错与晶体生长方向的夹角用 θ 表示, d 是细颈的直径, 细颈的长度 l 如果满足下列关系

$$l \tan \theta = d \tag{5.8}$$

就可以使位错延伸到表面而被排除. 显然, θ 越小, l 就越大, 即位错的方向越接近晶体生长方向, 细颈必须长得更长才能把它排除.

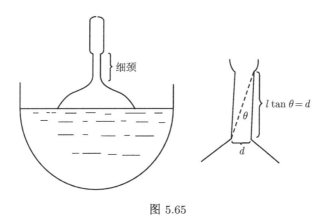

图 5.65

　　我们具体分析一下生长 [111] 晶体时排除刃位错的问题. 图 5.66 表示出由四个不同方向的 {111} 围成的正四面体 $ABCD$, 它的棱都是 $\langle 110 \rangle$ 方向, 三角形的 {111} 面上与各棱垂直的三角形中线就是刃位错可以取的晶向 $\langle 112 \rangle$. 四个 {111} 面, 每个有三条中线, 所以刃位错共有 $4 \times 3 = 12$ 个不同的 $\langle 112 \rangle$ 方向. 通过具体分析运算可以求出这十二个方向与 [111] 晶体生长方向之间的角度 θ 见表 5.2.

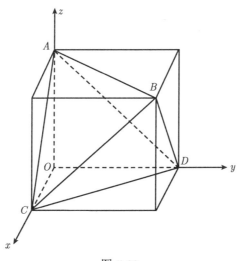

图 5.66

表 5.2

θ	90°	61.9°	19.5°
不同的 $\langle 112 \rangle$ 数	3	6	3

　　十二个 $\langle 112 \rangle$ 方向中, 三个与 [111] 生长方向垂直. 沿这些方向的位错根本不会

长入晶体, 六个与 [111] 生长方向成 61.9° 角, 因角度很大, 随晶体生长位错很快就会斜伸至表面而终止. 为了防止与 [111] 成 19.5° 的刃位错长入单晶, 按照 (4.141) 式可以算出细颈的长度必须大于

$$l = \frac{d}{\tan 19.5°} = 2.8d,$$

即长度应在直径的 3 倍以上. 因为在实际拉制单晶时, 生长方向往往和 [111] 晶向有一定的偏离, 致使生长方向和有的 ⟨112⟩ 方向的夹角小于 19.5°, 所以, 细颈必须适当加长. 一般细颈的直径约为 2.0mm, 细颈长度取为 10mm.

单晶中如果长进了位错, 则由于各种原因引起的应力都可以很容易地使位错的数目大量增长, 称为位错的增殖. 但即使通过缩颈开始生长时完全排除了位错, 应力较大时仍旧会引入位错, 并发生增殖. 已拉出的单晶从内到外温度不均匀, 造成不一致的热胀冷缩, 是产生应力、引入位错的一个最重要的原因. 此外, 其他的机械力的作用, 如机械振动的影响等也可以使位错大量产生和增殖.

2. 高温工艺中产生的 "位错排"

制造器件用的单晶中一般都有一些位错, 但是, 器件制备工艺中往往引进了更多的位错. 用 X 射线形貌照相法跟踪观察硅片, 经过平面工艺各道工序后位错的情况, 发现经过外延、氧化、扩散等高温工序, 往往在硅片中出现相当数量的 "位错排", 特别是在片子的边沿区域. 图 5.67 是一个 [111] 硅单晶片经高温热处理后, 边缘出现位错排的形貌照相. 在形貌照相中, 位错排的典型特征是形成沿 ⟨110⟩ 晶向的 "带". 在图 5.67 上可以明显看出, 沿三个 ⟨110⟩ 方向的 "带" 互成 60° 角. 当整个单晶片上位错排比较严重时, 就出现图 5.68 所表示的所谓 "星形结构".

图 5.67

通过腐蚀可以看到, 沿 ⟨110⟩ 方向的 "带" 是由一系列密集的位错腐蚀坑组成的, 如图 5.69 示意图所表示. 腐蚀坑这样沿 ⟨110⟩ 方向排列, 表明位错排是由一系列在倾斜的 {111} 面上的位错构成的. 因为倾斜的 {111} 面和 (111) 表面相交于 ⟨110⟩ 直线, 所以在倾斜 {111} 面上的位错势必造成沿着 ⟨110⟩ 直线排列的腐蚀坑. 图 5.70 用示意图表明了这种情况, 各虚线表示在倾斜的滑移面上的一系列刃位错 (即位错排), 小三角表示它们在 (111) 表面的腐蚀坑沿 ⟨110⟩ 直线的排列. 从位错排的大量位错集中在一些 {111} 滑移面上, 就很容易想到, 它们是由于在高温下在这些面上发生滑移使位错大量增殖的结果.

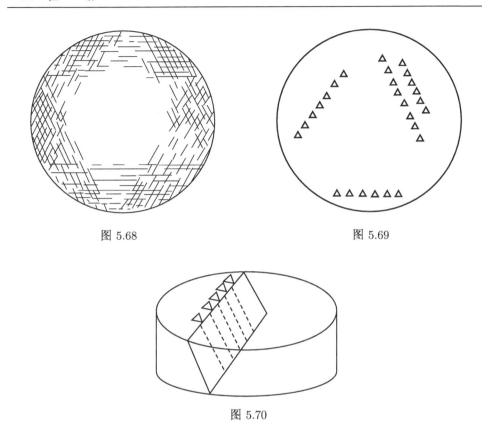

图 5.68　　　　　　　　　　图 5.69

图 5.70

具体引起高温滑移的原因一般认为有下列几方面.

(1) 硅片上有机械损伤, 特别是硅片边缘由于清洗中刻碰, 镊子夹伤, 或是曾经切割而未去掉机械损伤.

(2) 在范性形变温度以上, 硅片各部分温度不均匀产生热应力, 引起范性形变. 例如, 立放在石英舟中的硅片, 在范性形变温度以上从高温炉取出, 片子上下部分温度可以相差几百度.

(3) 在高温炉中, 由于片子支撑不恰当, 或其他原因, 使片子承受应力, 从而引起范性形变.

3. 掺杂引入位错

掺杂原子的大小不同可以引起晶格的收缩或膨胀. 原子的大小近似可以用 "原子半径" 来描述. 表 5.3 列出了几种元素的原子半径值.

表 5.3

元素	硼	磷	硅	砷	锗	锑	锡
原子半径/Å	0.88	1.10	1.17	1.18	1.22	1.36	1.40

　　硼和磷的原子都比硅小, 所以, 在硅中掺磷或掺硼都会引起晶格收缩. 如果在晶体中均匀掺杂, 这种晶格收缩并不引起应力或缺陷, 但是, 在扩散掺杂中, 杂质浓度从表面向内是迅速变化的, 造成不均匀的收缩作用, 从而产生应力. 由于这个原因, 扩磷和扩硼浓度足够高时 (如表面浓度达 $10^{20} \mathrm{cm}^{-3}$ 以上), 都会产生大量位错. 图 5.71 是扩磷造成的位错的透射电子显微照相的示意图. 这种扩散引起的位错形成典型的空间网络结构. 仔细分析表明, 大部分位错是沿 ⟨112⟩ 晶向的刃位错. 图 5.71 所示的位错网络有明显的六角形式, 这是由于这里的位错主要是在 (111) 面内的三个 ⟨112⟩ 晶向. 由于刃位错的特点是在它的一边多挤进了一层原子, 扩磷、硼中发生的刃位错, 其作用正是以其一边多挤进的原子层去补偿掺杂的收缩作用, 从而部分地消除扩散掺杂造成的应力. 在一般磷扩散条件下, 位错网络主要集中在表面半微米以内, 位错密度可达 $10^9 \mathrm{cm}^{-2}$, 相当于位错网孔尺寸约为 $1 \mu \mathrm{m}$.

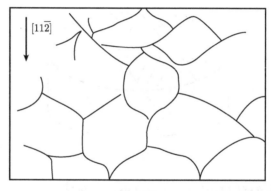

图 5.71

　　由于掺杂原子和硅原子大小不同, 也会在外延层中造成大量位错. 例如, 制造双极性集成电路时, 往往在生长外延层前进行锑扩散 (埋层扩散), 其表面浓度接近 $10^{20} \mathrm{cm}^{-3}$. 从上表看到, 锑原子比硅大很多. X 射线形貌照相表明, 扩锑后生长外延层有大量位错, 用扩砷 (原子大小与硅几乎相同) 代替扩锑, 外延层中的位错基本上可以得到克服.

　　4. 二氧化硅掩膜引进的位错

　　在高温下, 在硅片表面生长二氧化硅掩膜, 也会在硅中引起应力. 这是因为二氧化硅的热膨胀比硅小很多倍, 高温氧化后降温使硅表面被二氧化硅牵制而处于拉伸状态. X 射线形貌照相的研究表明, 特别是在掩膜的光刻窗口边缘将集中发生滑移, 使位错大量增殖. 这种现象在磷扩散以后, 扩磷的窗口边缘有时尤为突出.

5.3.4　位错对硅器件的影响

　　对硅、锗中位错的电子能级, 以及位错对电学性质的影响, 都进行过很多理论探讨和实验, 结果表明, 除非是有意地造成范性形变, 引入特别多的位错, 一般情况下位错对迁移率、载流子浓度、电阻率并没有显著的影响. 一个简单的原因, 是在一般位错密度下, 位错线上 "错乱" 原子的总数是比较小的. 我们可以作一简单估算. 位错密度的严格定义是单位体积内位错线的总长度; 这个总长度上的原子数当然也就是 "错乱" 原子的浓度了. 所以只要用位错线上原子间距去除位错密度, 就可以估算出 "错乱" 原子浓度. 参考图 5.64 不难看到, 硅 {111} 面上沿刃位错每隔 $\sqrt{6}a/4$ 有一个 "错乱" 原子 (即失配的原子), a 为晶格常数 (立方晶胞边长). 这样, 由

$$a = 5.4\text{Å} = 5.4 \times 10^{-8}\text{cm}$$

求出

$$\sqrt{6}a/4 = 3.3 \times 10^{-8}\text{cm}.$$

如果位错密度取 $10^4/\text{cm}^{-2}$, 相除即可得到 "错乱" 原子的浓度:

$$\frac{10^4}{3.3 \times 10^{-8}} = 3.0 \times 10^{11}\text{cm}^{-3}.$$

这和一般掺杂原子浓度相比是十分微小的.

实验表明, 位错对载流子的产生–复合, 以及非平衡载流子寿命的影响有时是不能忽视的. 例如, 对寿命要求较高的材料 (如上百微秒), 位错密度较大时可以致使寿命下降. 也有证据表明, 位错有增大器件噪声的作用, 这是由于位错增强了载流子的产生–复合. 位错对电阻率等导电性影响很小, 然而对产生–复合可以发生显著的作用, 这并不难理解, 因为, 决定产生 - 复合的复合中心杂质浓度一般远比掺杂浓度为低, 往往是在 $10^{11} \sim 10^{12}\text{cm}^{-3}$ 以下. 所以, 位错上错乱原子只要达到这样的浓度, 就有可能影响产生–复合. 位错具体怎样影响载流子的产生–复合, 在实际中是一个很复杂的问题, 因为往往很难分辨究竟是位错本身的电子能级 (如悬挂键), 还是聚集到位错周围的复合中心杂质 (如金、铜等) 起着主要的作用.

位错对器件的影响最主要的还是通过具体的制造工艺损害了器件的 pn 结, 集中表现有以下两个方面:

1. 杂质沿位错加速扩散

前面指出, 经过高温工艺, 硅片特别在边缘区域往往容易发生范性形变, 造成比较集中的位错排. 在这样的片子上制造晶体管, 处于位错排集中区域的晶体管成品率大大降低. 电学测量表明, 在这些区域做双扩散 npn 晶体管, 出现废品的一个主要原因, 是发射区–集电区短路 (或有电阻通道). 这种现象一般认为是由于在磷扩散中, 沿位错线磷加速扩散以致穿通基区, 形成一条连通发射区和集电区的 n+ 通道. 图 5.72 是一个示意图, 表示一个很有说服力的实验结果. 实验的作法是把以

上这种废品管芯, 沿一个 ⟨110⟩ 方向磨出一个小角度的斜面, 然后用化学镀铜法, 对

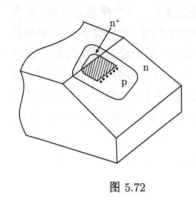

图 5.72

斜剖面上的 pn 结进行染色, 使 n+ 区域镀铜呈金黄色. 图 5.72 的实验结果表明, 在斜剖面上有一排镀铜点, 它们处在 n+ 发射区刚被磨去的位置, 这说明它们的位置是在发射区下面的. 因为位错排应当沿 ⟨110⟩ 方向排列, 所以斜面的边有意选择沿 ⟨110⟩ 方向. 从图上看到, 镀铜点正好平行于这个边排列, 这就有力地表明, 这些镀铜点显示的, 就是磷原子沿位错排加速扩散, 深入基区所形成的 n+ 管道.

　　现在对杂质在位错附近加速扩散的机理, 还没有完全肯定的结论. 显然, 杂质沿位错加速扩散是有条件的. 有许多实验表明, 晶体管中可以有许多位错而仍有很好的性能. 有一种意见认为: 由于高温扩散时产生的应力推动了位错攀移, 因而在位错附近放出许多空位, 加速了扩散. 按照这样的看法, 已经稳定化的位错基本上不能运动, 就不会引起加速扩散.

　　2. 沿位错的杂质沉淀破坏 pn 结的反向特性

　　大量实践表明, 位错可以严重影响 pn 结的反向特性. 硅片上位错比较集中的区域, 往往发现有很大比例的 pn 结二极管反向特性很软, 或反向击穿电压大大降低. 但是, 也有很多实验说明, 有位错穿过 pn 结, 并不一定破坏 pn 结的电学性能, 甚至可以有很多位错穿过 pn 结, 而反向电流仍旧很低, 反向特性基本上正常. 一般认为, 严重损害 pn 结反向特性, 造成软特性, 低击穿电压的主要原因, 是杂质在 pn 结空间电荷区中聚集而形成的沉淀物. 大量实验表明, 位错和层错等晶体缺陷, 都是杂质容易优先沉淀出来的地方. 图 5.73 是一张经过长时间高温处理的硅片的 X 射线形貌照相, 在上面可以清晰看到, 沿位错线斑点状的杂质沉淀物. 位错损害 pn 结的电学性能, 主要就是由于沿位错形成了杂质沉淀物. 检测低压击穿的 pn 结, 有时可以在显微镜下观察到沿位错有一些发光斑点. 这种现象是一个生动的证据, 它表明低压击穿显然不是均匀地沿整个位错发生, 而是集中发生在沿位错的某些沉淀物周围. 理论分析表明, 处在 pn 结空间电荷区中的沉淀物, 在它的周围引起局部的强电场, 因而在较低的反向偏压下, 就可以发生局部的雪崩倍增, 使反向电流加大. 低压击穿中看到发光斑点就是表明, 在这些局部区域发生了大量的电子和空穴, 它们复合时, 有一部分发出光子. 由于沉淀的杂质是极为微量的, 所以在实际中往往不能直接测定沉淀物的性质. 一般认为, 最主要的是铜、金、铁、镍、锰等快扩散和容易发生沉淀的重金属元素.

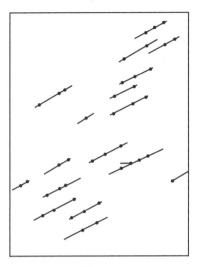

图 5.73

最后我们讨论一下如何克服位错的问题.

在单晶生产中, 可以认为克服位错的问题已基本上解决. 严格的实验证明, 确实可以做出完全没有位错的单晶. 虽然一般生产的所谓 "无位错单晶" 仍旧包含少量的位错 ($< 10^2 \mathrm{cm}^{-2}$), 但对一般的器件生产来说, 已经没有明显的影响. 最近一个时期重点研究探讨的却是一个相反的问题, 即在单晶中是否应当有意保留一定数目、均匀分布的位错 (如 $10^3 \mathrm{cm}^{-2}$). 因为, 这样有助于消除微缺陷, 而且有一定证据表明, 适当数目的位错, 对器件制造的工艺也是有利的.

在制造器件的工艺中, 怎样防止位错是一个比较复杂的问题. 目前, 针对产生位错的各方面原因, 提出一些防止位错的措施和新的工艺方法, 概括起来大体有以下几方面:

(1) 硅片中的机械损伤是大量产生位错的源, 所以应当努力消除一切机械损伤. 例如防止碰伤, 或用镊子夹伤边缘; 正、反两面均抛光等.

(2) 在高温工艺中, 尽量防止由于温度不均匀、热膨胀不一致, 以及支撑方式不当产生应力.

(3) 为了克服由于掺杂原子大小不匹配而产生的应力, 改用原子大小匹配的杂质 (如用砷代替磷或锑), 或用两种大小不同的原子按一定比例掺杂, 以达到克服应力的目的 (如以磷和锡按 3:1 比例掺杂, 锡不影响导电, 而只起补偿体积的作用).

(4) 用化学淀积的, 掺杂的氧化膜进行所谓 "固–固扩散", 以取代高温氧化和扩散. 这种方法是在较低的温度, 通过化学淀积的方法, 把掺有杂质的二氧化硅膜长在硅片表面. 然后用光刻法反刻, 把不要进行扩散的区域上的膜除去, 利用掺杂膜为源进行 "固–固扩散". 这种工艺减少了高温工艺的时间, 而且还可以减少氧化层–硅交界面以及扩散的应力.

此外, 由于杂质沉淀是使位错危害器件的一项重要原因, 所以提高材料纯度, 防止工艺中沾污也是十分重要的. 而且还可以采取一些能把有害杂质吸取出来的工艺措施.

5.4 层   错

前面已经指出, 空位、间隙原子是 "点缺陷", 位错是 "线缺陷", 而层错则是一种 "面缺陷". 简单地说, 层错是在密排晶面上缺少或多余一层原子而构成的缺陷, 层错也是硅晶体中最常见的一种基本缺陷, 对器件制备工艺以及成品性能, 都可以发生较大的影响.

5.4.1 外延片中的层错

生产中最熟悉的是硅外延片中的层错. 最初发展外延生长技术时发现, 如果不采取特殊的措施, 生长出的外延层中将含有大量的层错, 以致严重地破坏了晶体的完整性. 这个矛盾促使人们进行研究, 弄清了层错主要起源于生长外延层的衬底晶体的表面. 根据这个线索, 不仅找到了克服层错大量产生的途径, 而且发现了利用层错测量外延层厚度的方法.

观察层错一般是采用化学腐蚀和显微观察的方法. 常用的腐蚀液是铬酸溶液:

$$m(CrO_3) : m(H_2O) = 1 : 2,$$

根据具体情况按适当的比例 (从 $2 : 1$ 到 $1 : 2$) 与浓氢氟酸混合配成. (111) 晶面上生长的外延层, 经过腐蚀后, 看到的层错往往是一些大小和方向都相同的、清晰的等边三角形, 如图 5.74 所示. 腐蚀液把三角形的三个边显示出来, 就表明这三个边是缺陷所在的地方. 为什么说它们是 "面缺陷" 呢? 实际上缺陷是在硅片的体内, 腐蚀只能显示出缺陷在表面露头的地方. 腐蚀显示的三角形反映了在三个倾斜的 {111}面上的层错, 如图 5.75 上三个阴黑的三角形面积所示. 前面已经讨论过, 晶体内三个倾斜的 {111}晶面和 (111) 硅片的表面相交于三个 ⟨110⟩ 晶向. 所以, 三个倾斜 {111}面上的层错在表面形成三个沿 ⟨110⟩ 晶向的边所构成的等边三角形.

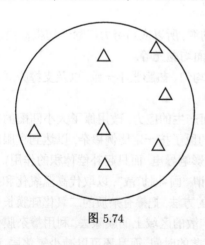

图 5.74

从上图可见, 三个 {111}晶面上的层错正好围成一个尖顶朝下的正四面体. 图中虚线勾画的平面表示衬底的表面, 我们看到, 四面体朝下的尖顶正好在这个面上. 这是一个已被大量实践证明了的重要结论. 根据腐蚀三角形的边长为 a, 可以根据公式

$$h = \sqrt{\frac{2}{3}}a \tag{5.9}$$

算出正四面体的垂直高度 h, 这个高度显然就等于外延层厚度. 所以, 根据这个道理, 只要在显微镜下测出外延层表面腐蚀层错三角形的边长, 就可以按上式推算出外延层的厚度. 实际上, 这早已成为生产中测外延层厚度所广泛采用的方法.

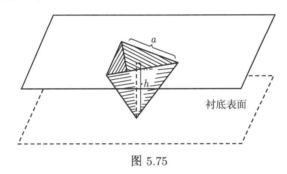

图 5.75

层错四面体朝下的顶点就在衬底表面, 这说明从衬底生长外延层时层错是在衬底表面就开始形成的, 然后在外延生长中沿着三个 {111}面延伸发展. 因为外延层是衬底晶格的延续, 如果衬底是完整的晶格, 延续生长的晶格也应是完整的. 既然层错起源于衬底的表面, 容易想到它是由于衬底表面晶格不完善所造成的. 实际上, 大量实践都说明, 衬底的表面如果未把机械抛光的损伤去除干净, 或是有沾污, 都会引起大量的层错. 在生产中采用了在外延炉内进行气相腐蚀等有效措施, 以保证衬底表面的完整性, 基本上克服了层错的大量产生.

(111) 晶面上外延层的层错腐蚀图形一般是等边三角形, 但是, 有时三角形是残缺不全的, 只有两边, 或一边. 这种残缺的边仍旧沿 ⟨110⟩ 晶向, 并且保持和完整三角形的边同样的长度, 这说明它们同样是从衬底起源, 延伸在 {111}晶面上的层错. 在 (100) 晶面上生长的外延层, 完整的层错腐蚀图形, 是由沿 ⟨110⟩ 晶向的边构成的正四方形. 显然这里的正方腐蚀图形反映的, 是与 (100) 表面倾斜的四个 {111}面上的层错, 它们和表面相交于正方形的四条边.

5.4.2　高温氧化层错

硅片经过高温氧化也往往容易形成层错. 经过高温氧化后的硅片, 用氢氟酸泡掉氧化层, 再进行腐蚀和显微观察, 就可以看到一些火柴棒式的腐蚀图形. 它们在不同晶面上取不同的方向; 在同一个样品上, 一般具有相同的长度, 如图 5.76 和

5.77 所示. 在 (110) 晶面上, 它们分别沿着两个相互垂直的 ⟨110⟩ 晶向, 在 (111) 晶面上, 它们分别沿着三个互成 60° 角的 ⟨110⟩ 晶向. 我们知道, 这些 ⟨110⟩ 晶向正好就是倾斜的 {111}面和表面相交线的方向. 所以, 这些腐蚀图形的方向正好反映了在倾斜的 {111}晶面上的层错. 进行长时间的深入腐蚀, 就可以比较直观地看到, 它们是延伸在倾斜面上的 "面缺陷". 经过长时间腐蚀, 原来直线形的腐蚀图形扩展成为弧状区域如图 5.78 所示, 呈弧状的一侧就是沿着倾斜的 {111}面的层错深入腐蚀出来的.

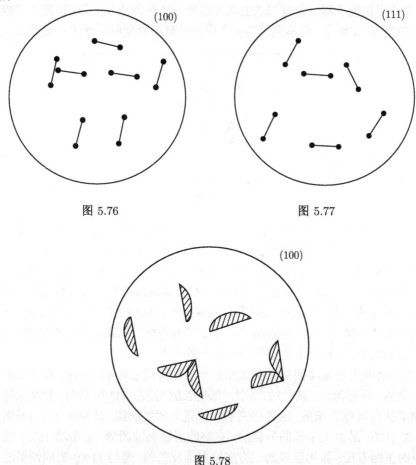

图 5.76　　　　　　　　　　　　　图 5.77

图 5.78

外延层错的尺寸很自然地由外延层的厚度所决定. 那么高温氧化层错的长度是什么决定的呢? 仔细的实验表明, 层错腐蚀图形的长度是随着氧化层的生长不断增长的. 层错在 {111}面上延伸的深度则比外延层错浅的多, 往往形成一个狭窄的弧形区域, 深度只有长度的 1/10~1/5. 所以高温氧化层错是一种集中在表面的缺陷.

高温氧化层错也并不是凭空出现的, 而是由于原来晶体表面存在缺陷引起的; 实际中引起层错的缺陷主要有以下两方面:

(1) 表面机械损伤. 在这方面, 即使是采用不同的表面抛光技术, 也可以有很显著的差别, 表 5.4 是对比氧化镁抛光和铜离子抛光的硅片, 经高温氧化后生成层错的数目的几批典型实验结果.

表 5.4

	层错密度/cm^{-2}		
批号	1	2	3
MgO 抛光	63000	48000	43000
铜离子抛光	7100	7000	9000

(2) 单晶中如果存在 "微缺陷", 它们在高温氧化中可以转变成为氧化层错.

为了减少高温氧化层错, 就应当尽量消除单晶材料中的微缺陷, 选用适当的抛光技术, 并且可以进行适当的表面腐蚀, 以去除表面损伤层. 此外, 实践证明, 适当的热处理也可以减少高温氧化层错. 硅片在高温氧化之前, 先在氮气中进行高温热处理, 可以使生成的层错大大减少. 表 5.5 是两组典型实验结果的对比.

表 5.5

	层错密度/cm^{-2}	
批号	未处理	1050°C N$_2$ 气处理 40min
1	7.0×10^5	6.5×10^4
2	3×10^6	2.1×10^5

不仅高温氧化之前进行热处理可以减少层错的生成, 而且, 在已经高温氧化生成层错之后, 还可以通过在氮气中高温退火使层错数目显著降低. 含氯氧化对于减少氧化层错也特别有效.

5.4.3 层错的具体结构

下面具体分析一下硅、锗等金刚石型晶格中的层错到底是怎样的一种缺陷.

金刚石结构可以看成是由双层密排面有规律地堆叠而成的. 图 5.79 画出了金刚石结构中三个双层密排面堆叠起来的情形, 再往上第四个双层密排面将回到第一个双层密排面的头顶之上. 所以, 再向上堆叠, 第四、五、六层将是第一、二、三层的周期性重复. 这就是说, 金刚石晶格就是像图 5.79 那样, 由双层密排面顺序堆叠起来的, 每叠这样三层是一个周期, 然后重复. 层错就是在其中缺少或多余一个双层密排面, 从而局部破坏了这种堆叠顺序的一种缺陷.

为了便于看清双层密排面的堆叠情况, 可以采用像图 5.80 所示的投影图, 在图 5.79 的立体模型中标出 [1$\bar{1}$0] 晶向, 图 5.80 的投影图就是沿这样一个晶向投射到垂直的平面上的投影. 这样的投影图, 简单说, 也就是沿着 [1$\bar{1}$0] 的方向透视晶格所看到的情形. 在投影图上, 每一个双层密排面都用两虚线标明, 并且在图左注以字母. 从图上看到, 从一个双层密排面到上面一个双层密排面, 如从 A 到 B, 从 B 到 C ···, 整个双层都向右移 $\dfrac{S}{3}$, S 是在图上标明的, 两个垂直键 (投影) 的距离. 这样, 显然每叠三个双层密排面, 就向右移动 S, 从而回到原来位置, 因为双层密排面在投影图上重复的周期就是 S, 这在上图中极为明显. 我们用字母 A, B, C, A, B, C ··· 标志各双层密排面, 以表明它们在堆叠中每过三层恢复到原来位置. 在图上可以清楚看到, 上下两个 "A" 层是完全对正的, 上下两个 "B" 层也是完全对正的 ·······.

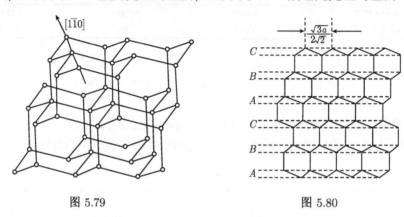

图 5.79   图 5.80

下面利用投影图来说明有层错时的情形. 层错分为本征层错和非本征层错两种. 图 5.81 就是包含一个本征层错时的晶格的投影图. 从双层密排面的堆叠来看, 本征层错的特点是缺少一层. 例如, 在图 5.81 中, 从下面的 B 层只向上两层, 而不是三层就又回到 B 层的位置, 所以, 和正常的 ABC, ABC ··· 比较, 缺掉一层. 从图 5.81 可以看到, 所以造成这种情况, 是因为这里有一个反常的双层密排面, 在图中注明为 x. 图 5.82 对比了在投影图上正常和反常的情形, 下面又用四面体共价键的图形表示反常的情形, 是由于双层密排面内的共价键方向都转了 60°. 正是由于这个反常的双密排面, 使投影图上它与上下密排面间的蜂窝式结构, 由图 5.83 中 (a) 的正常形式变为 (b) 和 (c) 的反常形式. 这种变化实际是反映由垂直共价键连

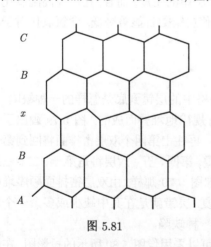

图 5.81

结的两个原子的其他共价键改变了它们的相对位置. 图 5.84 对比了正常和反常情况下共价键的立体结构: 在正常结构中, 由垂直共价键相连的两个原子, 其他三个共价键是相对转动了 60° 的. 这种结构有减小上下两组共价键之间的相互排斥的作用. 而在层错引进的反常结构中, 上下两组共价键被转到相互最接近的方向, 因而增大了相互间的排斥, 这说明层错的结构有较高的能量, 因此, 相对正常结构来说是比较不稳定的. 这正是一切缺陷共同的基本特点.

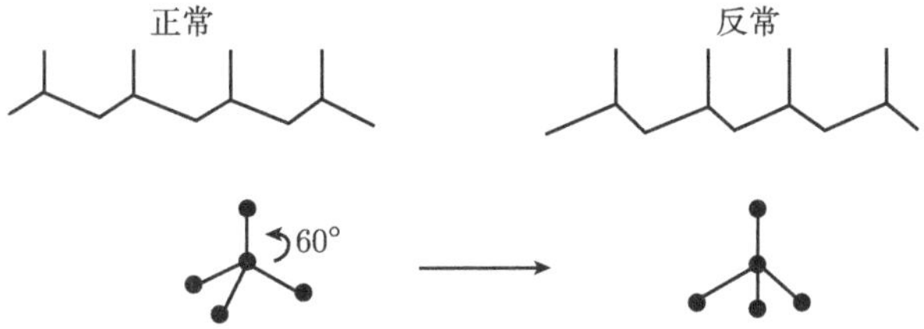

图 5.82

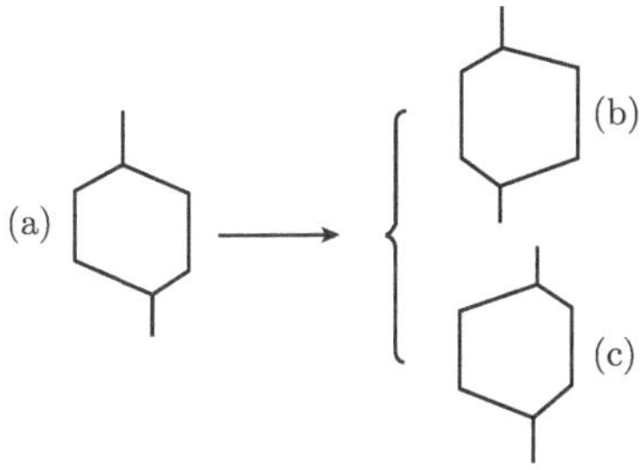

图 5.83

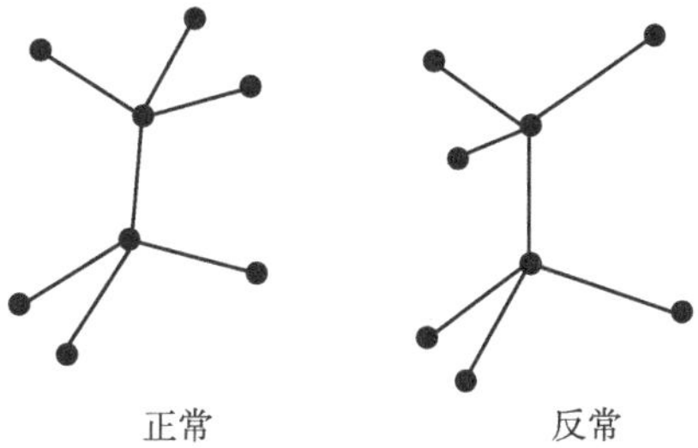

图 5.84

图 5.85 是包含一个非本征层错的晶格投影图. 我们看到这里有两个双层密排面是反常的, 在图上注明为 x_1 和 x_2. 由于这样的反常结构, 可以看到, 从下面的 A 层向上堆叠到第四层才恢复到 A 层, 所以, 从双层密排面的堆叠来说, 这里是多塞进了一层. 这是非本征层错的基本特征.

实际的层错都是局限于晶面上某一个小区域的, 而不是无限延伸至整个晶面. 例如, 前面我们看到, 在硅高温氧化中形成的层错, 往往是 {111} 面上接近表面的微小弧形区域. 这里着重要指出的是, 这种层错区域的边缘具有和刃位错相似的特点. 为了说明这个问题, 我们将采用垂直于层错的截面图. 垂直截面的含义表示在图 5.86 上; 其中阴影面积表示一个圆形层错, $ABCD$ 就是通过它的垂直截面. 在截面上层错是一直线 EF, 其端点 E 和 F 对应于层错的边缘. 图 5.87(a) 和 (b) 就是表示本征和非本征层错的垂直截面图. 在两图中 E 和 F 都代表层错边缘, 它们之间为层错所在处. 为了简单易懂, 在图上每一条横线实际代表一个双层密排面. 我们看到, 在层错的边缘 E 和 F, 晶面是不连续的, 一边比另一边多出一层晶面 (指双层面), 这是和刃位错的情形相似的. 这就是说. 环绕层错的边缘, 实际上是类似于刃位错的一种线缺陷, 这种线缺陷称为分位错. 分位错和标准的位错是有本质区别的. 标准位错除去位错线上的原子 "错乱" 外, 四周晶格保持正常晶格排列; 而分位错则是和它一边的面缺陷联系在一起.

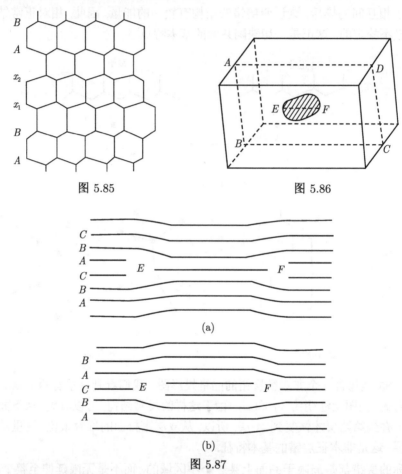

图 5.85   图 5.86

(a)

(b)

图 5.87

层错的形成和变化和点缺陷的互作用有关. 本征层错可以由多余空位在晶面上凝聚形成. 图 5.88 表明, 一片凝聚在晶面上的空位, 经过塌陷就成为比四周缺一层原子的区域. 如果是一简单晶格, 缺一层原子仍可以吻合成为正常晶格排列, 那么这种空位凝聚的结果, 只是在凝聚区周界处形成一个刃位错环. 但如果这是发生在金刚石结构的 {111} 晶面上, 这里叠三层晶面才是一个周期, 缺一层晶面将形成一个本征层错, 其边缘则是一个分位错环.

非本征层错是多一层晶面的地方. 不是空位多余, 而是空位缺少时, 容易引起这类缺陷. 因为空位比热平衡浓度低的时候, 就有一种使原子凝聚的趋势, 以便使晶格上产生出空位来. 有人利用透射电子显微镜的干涉效应, 观察高温氧化硅片生成的层错, 证明它们是非本征层错. 有一种意见认为, 正是由于在高温氧化中, 氧不断进入硅占据空位, 才引起空位欠缺, 从而造成这种非本征层错. 按照这个见解, 晶格损伤和微缺陷等, 并不是发生层错的原因, 它们只是提供了便于形成层错的地点 (这种作用就是为层错开始形成提供了一个核心). 换句话说, 晶格损伤等是发生转化的有利条件, 而氧化不断夺去空位才是发生转化的动力和原因.

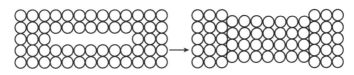

图 5.88

5.4.4　对器件工艺的影响

　　层错对器件制造工艺的影响和位错是相似的, 可以造成三极管发射区-集电区穿通, 也可以不同程度地破坏 pn 结的反向特性. 高温氧化层错集中在表面, 所以特别对浅结器件有影响.

　　层错的影响和位错相似, 这是因为主要起危害作用的是层错的边缘 —— 分位错. 举例来说, 用剖面镀铜方法检查穿通三极管基区的 n$^+$ 管道, 就可发现, 在层错多的外延层上做的三极管, 往往看到成对的镀铜点, 它们正好位于层错三角形两个顶点的位置. 这就说明, 穿通显然是沿着层错相交的棱线 (图 5.89), 即所谓 "梯杆位错" 发生的. 又如, 研究被高温氧化层错损害的 pn 结, 发现反向测量时, 在显微镜下看到成对的发光点, 它们的联线沿 ⟨110⟩ 晶向. 具体分析表明, 它们正好在层错边缘的地方, 如示意图 5.90 中的 A 和 B 点. 和位错一样, 层错破坏 pn 结反向特性也主要是由于杂质的沉淀. 一般观察到的主要是层错边缘起作用, 杂质主要在层错边缘的分位错上沉淀出来. 但是, 层错面上也可以发生沉淀. 有人专门进行高温沉淀铜的实验, 发现铜较少时主要在层错边缘沉淀, 铜较多时在层错面上也形成片状沉淀.

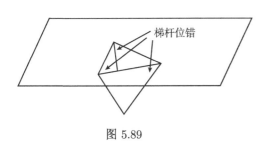

图 5.89　　　　　　　　　　　　　　　　图 5.90

5.5　相变和相图

在半导体工作中经常要遇到相变的问题: 如从高温的熔硅中生长单晶是相变, 在高温工艺中杂质在硅片中发生沉淀也是相变 …… 简单地说, 相变指物体状态所发生的质变. 固体熔化为液体, 液体凝固为固体, 固体和液体蒸发为气体, 气体凝结为液体、固体等都是我们日常所熟悉的相变的实例.

实际发生相变都是从量变发展到质变. 引起变化有各种原因, 可以是由于温度的变化、压力的变化, 也可以是由于化学成分的变化. 这些变化在一定范围内只引起物体性质发生量变. 但是, 量变发展到一定的限度, 物体的状态就将发生质的变化; 变化前后具有质的区别的两个状态各称为一个 "相". 因此, 这种质变就称为相变. 以固体材料随温度变化为例, 随温度的逐步提高, 它的各种物理性质都会不同程度地发生逐渐的变化, 这是同一相内的量变. 但是, 当温度达到材料熔点时, 材料将熔化, 即发生从固体到液体的质变, 这就是从一个相 (指固体状态) 转变到另一相 (液体状态) 的相变.

上面列举的一些日常最熟悉的相变例子, 都是发生在固、液、气这三种不同的 "物态" 间的相变. 但是, 我们不能把相变和物态的变化等同起来. 凡是物态发生变化都是相变; 但是, 很多相变并不涉及物态的变化. 例如, 很多晶体材料都在高压下发生从一种晶格到另一种晶格的转变. 这就是一种典型的完全是固态的相变. 在半导体工作中常遇到的固态沉淀也是物态并不变化, 完全是固态的相变. 前面讲过的, 含过量铜的硅晶体, 经高温处理沉淀出铜的过程就是一个典型的实例. 这里含铜的硅是一个固相, 经过固态相变, 形成新的固相 —— 沉淀的铜.

由两种元素按照各种不同比例组合成的材料体系称为二元系. 在讨论这种二元系时, 其中每种元素称为一个 "组元", 它们的比例称为材料的 "成分". 我们将着重讨论二元系材料由于成分和温度的变化而发生的相变. 掺有某种杂质的硅就构成一个二元系, 因为硅本身是一个组元, 杂质代表第二个组元. 我们着重讨论二元系的问题, 正是因为我们要研究的主要是掺杂半导体的相变.

5.5.1　相图

对于一个材料体系的相变进行系统的实验测量分析后, 可以把所得的资料整理绘制成这个材料体系的 "相图". 相图是分析相变问题的重要依据. 图 5.91 为一类很典型的二元系的相图. A 和 B 代表组成二元系的两个组元. 横轴表示成分, 横坐标具体给出 B 所占的百分比 (根据具体情况, 有时指原子的比例, 称为原子百分比, 有时则指重量的比例, 称为重量百分比), 纵坐标表示温度. 所以, 相图上每一点代表材料具有某一成分和某一温度. 图 5.91 的相图上, 用 Ⅰ、Ⅱ、Ⅲ标出三个区域, 它

们各代表一个相, 也就是说, 成分和温度在每一区域以内变化, 材料的性质只有量
的变化, 而不发生质变. 这三个相有什么特点和区别呢? 从图上看到, I 是横坐标很
小, 即 B 含量很少的一个区域, 它代表含有很少量 B 的固相 (即固体状态的相)A.
举例来说, 如果是硅–金的二元系, 以 A 代表硅, B 代表金, I 就是含有少量金原子
的硅, 换句话说, 就是掺金的硅. II 是横坐标接近百分之百的 B 的区域, 即接近纯
B, 含 A 很少, 如以硅–金二元系为例, 就是金中含有少量硅原子的固相. 从图上看
到, III 是只存在于高温的一个相, 它代表在高温下固体已经熔融形成液相, 包含 A
和 B 以各种成分熔在一起. 当温度、成分变化到每一区域的边界时, 量变就发展到
质变, 引起从这一相到另一相的相变. 所以, 在相图上各相的边界线对讨论相变是
特别重要的. 液相区的边界线一般称为液相线, 与它们相对的固相区的边界线称为
固相线. 下面就会看到它们在分析液相和固相间的相变问题时起什么作用.

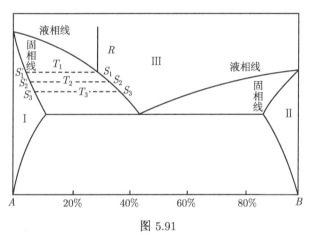

图 5.91

我们下面先结合一个液态凝固的过程, 说明怎样借助相图来分析相变的过程,
然后重点讨论相图的几个要点.

设想原来高温的液相是在图 5.91 相图上的 R 点, 即 R 的横坐标代表其成分, R
的纵坐标代表其温度. 液态降温的过程反映在相图上就是从 R 向下的垂直线 RS_1,
其横坐标不变表示液态的成分不变, 从 R 到 S_1 纵坐标下降表示降温. 在 S_1 点到
达液相线, 这时就将开始发生相变 —— 液态凝固. 所以 S_1 点的温度 (纵坐标) 就
是液态的凝固温度. 从相图不仅可以确定液态的凝固温度, 还可以确定凝固出的将
是怎样的固相. 为此, 只要通过 S_1 点作水平线, 它与固相线相交的 S_1' 点 (图 5.91),
就代表从液相 S_1 凝出的固相. 从图看到, S_1' 和 S_1 温度相同, 但成分明显不同. 固
相 S_1' 含组元 B 比原来液相 S_1 少很多. B 到哪里去了呢? 实际上液态凝固是一个
过程, 在 S_1 开始有一小部分液体凝固成固相 S_1', 这时多余出的 B 就留在液态中.
这势必使剩下的液态含 B 比例增加, 即横坐标向右移. 从图上看到, 从 S_1 向右移

将使液态跑到液相线之上, 这说明要使剩下的液态继续凝固, 必须随其含 B 比例的增加, 而不断降低温度, 使它保持在液相线上. 图上的 $S_1, S_2 \cdots$ 就代表液态成分和温度这种不断变化的过程, $T_1, T_2, T_3 \cdots$ 表示不断下降的凝固温度, $S_1', S_2', S_3' \cdots$ 则代表在这个过程中先后相继凝结出来的固相.

下面说明相图中的几个要点.

1. 液相线和凝固温度

从以上的分析看到, 液态的凝固温度是和其成分有关系的, 正因为成分变化了, 所以必须再降温才能继续凝固. 从这个观点看, 液相线上每一个点, 都代表着某一个成分 (横坐标) 在某一固定温度 (纵坐标) 凝固. 换句话说, 液相线代表一条曲线, 它给出各种成分的液态的凝固温度.

2. 两相的相互转化和相对平衡

以上 S_1 和 S_1' (或 S_2 和 S_2'、S_3 和 $S_3' \cdots$) 在同一条水平线上, 纵坐标相同, 所以, 它们分别代表在液相线和固相线上同一温度的两点. 这样的两个点实际上代表可以相互转化的两相. 在上面只讲到了转化的一个方面, 即液相 S_1 可以凝固成固相 S_1', 而且发生这种凝固是有条件的. 一般发生相变时都有一个吸热或放热的问题, 液态放热而凝固, 固态吸热而熔化. 所以只有我们冷却液相, 使热量流出来, 液相 S_1 才会因放热而凝固为固相 S_1'. 相反, 如果我们是加热, 使热量流进去, 则会发生相反的变化, 已凝固的固相 S_1' 将因吸热而熔化为液相 S_1. 如果既没有热量流进, 又没有热量流出, 则固相 S_1' 和液相 S_1 将处于平衡. 当然, 这种平衡只能是相对的, 在实际中绝对没有热量出入是不可能实现的. 这种两相相互转化和相对平衡的关系, 在浮有冰块的水中是可以看到的. 冰块和水是处于同一温度 $0°C$ 的两相, 加热可以使冰化为水, 冷却可以使水冻结为冰 (注意, 温度并不变, 始终是 $0°C$, 这里热量的出入不是使温度变化, 而是和冰–水的相变相联系的), 如没有热量的出入, 冰水混合的状态就处于相对的平衡.

从以上分析可以看到, 固相线和液相线是相互对应的. 一个固相在到达固相线时, 再吸收热量就将熔化, 转变为同一温度在液相线上对应的液相. 固相线也是代表一条曲线, 它给出各种成分的固相的熔点 (熔化温度).

上面只讲了液相Ⅲ和固相Ⅰ之间的相互转化和相对平衡. 在液相Ⅲ和固相Ⅱ之间, 以及固相Ⅰ和Ⅱ之间, 同样也有这种相互转化和相对平衡的关系, 存在于相区边界上相同温度的两相间, 如图 5.92 上的 P 和 Q (Ⅲ和Ⅱ相), 或 R 和 S (固相Ⅰ和Ⅱ).

3. 相图中的两相并存区

在图 5.92 中, 除去Ⅰ、Ⅱ、Ⅲ三个区域以外, 又用 (Ⅰ+Ⅱ)、(Ⅱ+Ⅲ)、(Ⅲ+Ⅰ) 标明了其他三块区域. 这些区域是两相并存的区域, 材料的成分 (横坐标) 和温度如果落在这些区域内, 则将分解成图上所标明的两个相的混合. 拿前面讨论的液相凝固为例, 原高温的液相由图中 R 代表, 冷却到 S_1 以下, 例如到图中注明的 T_3 温度, 那么就应由图中 S 点代表, 也就是说 I 和 III 两相并存的区域. 这时材料的实际状况是怎样的呢? 从前面的讨论我们知道, 这时既有一部分已凝成为固相 (由固相线的点子表示), 还有一部分尚为液态 (由液相线上的 S_3 表示). 这就是说, 在两相区内材料实际上是两相的混合, 这两相就是由两边相区边界上的点子所代表的相.

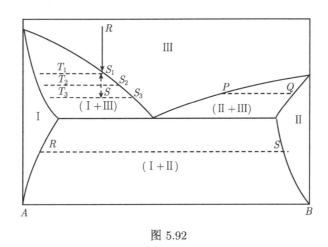

图 5.92

下面我们结合相图, 逐一讨论几个半导体工作中的典型相变问题.

5.5.2 杂质的分凝现象和分配系数

从前面对液态凝固过程的分析已经看到, 由于液态凝出的固相的化学成分和液相不同, 所以随着凝固的进行, 液相成分不断变化, 因而先后凝出的固相成分也不同. 这种现象称为分凝现象, 例如, 从掺杂的硅熔体生长单晶, 因为凝出的单晶含杂质较熔体中为少, 所以随着单晶生长, 熔体中杂质浓度不断增加. 由于这种原因, 拉制出的单晶头部杂质较少、尾部较多. 这就是典型的杂质分凝现象.

显然, 固相中杂质浓度和液相比较, 相差越大, 分凝就越显著. 为了定量地分析分凝现象, 引入了下列的比例系数:

$$k = C_S/C_L$$

C_S、C_L 分别代表在固相和液相中的杂质浓度. 对每一种杂质这个系数都是不同的, 称为这种杂质在这个半导体 (如硅) 中的分配系数.

杂质的分配系数可以从相图上读出来. 例如, 我们考虑的是硅 (A) 中的某种杂质 (B), 图 5.93 表示它们的二元系相图的一角. 从液态 S_1 凝出的固态为 S_1'. 这两点的横坐标之比就是杂质的分配系数. 因为, 如图上已注明, 相图横坐标就是 B

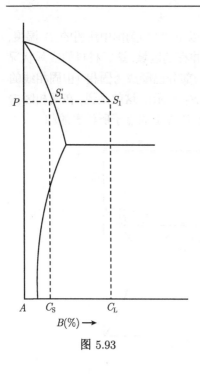

图 5.93

的百分比浓度. 一般说来, 如果液相线和固相线是弯曲的, S_1' 和 S_1 的横坐标之比 $\dfrac{PS_1'}{PS_1}$ 将随 S_1 位置不同而有所不同. 换句话说, 分配系数与原来液相中的杂质浓度有关. 但是, 因为半导体中掺杂是极为微量的, 相当于在相图中十分接近纯 A (半导体) 的狭窄区域, 在这样极窄的区域内, 液相线和固相线可以看作是直线, 分配系数基本上是常数. 图 5.94 表示固相杂质浓度较液相为低的情形, 即 $k < 1$, 硅和锗中杂质绝大部分属于这种情形. 图 5.95 表示固相杂质浓度高于液相的情形, 对这种情形 $k > 1$.

表 5.6 给出了一些杂质元素在硅和锗中的分配系数. 我们看到, 除去硼在锗材料中分配系数 $k > 1$ 外, 所有其他杂质的分配系数都小于一. 值得注意的是, 由于一般杂质 $k \ll 1$, 固相一面凝结, 一面就要把多余的杂质排走, 所以, 从熔体中生长晶体时, 杂质在熔体中必须不断地从生长晶体面扩散出去. 由于这个原因, 在单晶凝固面附近, 杂质总要有一定程度的堆积, 其浓度将大于杂质在整个熔体中的浓度. 分析分凝现象时必须考虑到这一情况.

表 5.6

杂质成分	分配系数		杂质成分	分配系数	
	在硅中	在锗中		在硅中	在锗中
B	0.8	17	Sb	0.02	0.003
Al	0.002	0.07	Bi	7×10^{-4}	5×10^{-5}
Ga	0.008	0.09	Cu	0.0045	1.5×10^{-5}
In	4×10^{-4}	7×10^{-4}	Au	3×10^{-5}	1.3×10^{-5}
P	0.35	0.08	Fe	8×10^{-6}	3×10^{-5}
As	0.3	0.02			

5.5.3　合金工艺

合金工艺是制作 pn 结或半导体与金属欧姆接触常用的一种工艺, 这种工艺的原理是和应用相图密切联系的. 下面具体结合硅和铝的合金工艺, 应用硅–铝二元系的相图说明合金工艺的原理.

先扼要介绍一下合金工艺的基本过程, 然后再应用相图作进一步的分析. 为了进行合金, 可以在硅片上覆盖铝箔片, 用模具压紧, 也可以是在硅片上真空蒸发铝, 然后加热以进行合金. 合金的过程是加热到铝熔化, 这时就有部分硅被熔到铝中间去, 这种硅铝相熔称为合金化. 在实际工艺中往往需要确定在某一个温度进行合金, 并保持一定时间, 以获得稳定可靠的合金化条件, 经过合金化以后, 随着降温熔进铝的硅将重新凝固出来, 形成图 5.96 所标明的再结晶层. 这种重新凝固的硅并不是简单的原来状态的恢复, 而是含有少量的铝, 所以通过合金化和再结晶, 实际上完成了一个对硅掺杂的过程, 形成的再结晶层是以铝为受主的 p^+ 层. 最后剩下的铝和硅全部凝固为图中的共晶体, 它是一种以铝为主的导体. 从上述可以知道, 如果原来是 n 型硅片, 经过和铝进行合金, 就可以制成一个 p^+n 结. 下面应用相图对合金过程作进一步的分析. 图 5.97 是硅–铝二元系相图, 这个相图本来在纯硅的一边也应当有一个固相区域. 但是, 因为按百分比计算, 这个固相硅中含铝量十分微小, 所以, 在这样一张图上不能表示出来.

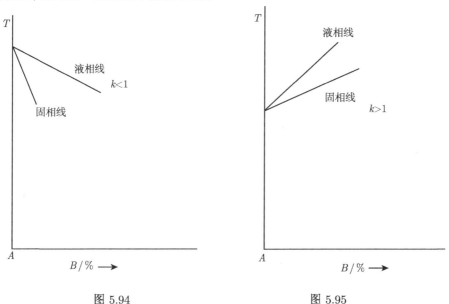

图 5.94   图 5.95

从相图上看到, 纯铝的熔点是 660°C. 那么进行合金工艺时是不是到 660°C 以上铝才能熔化, 开始合金化呢? 并不是这样. 从相图上看到, 硅–铝二元系液态最低温度在图中 C 点, 是 577°C. 实际上只要达到这个温度以上, 铝硅就可以相互作用, 熔成液态进行合金化. 当铝层全都熔入液态后, 只剩下固相硅, 如停留足够的时间, 液态将和固相达到相对平衡, 这时液态将处在与固相相对的液相线上 (即图上左边的液相线). 举例来说, 如果合金选定在 700°C 进行, 那么液态将达到相图上注明的 b 点, 即液相线上 700°C 的一点. 所以, 从相图可以确切地确定液态将达到什么成分, 因为图中 b 点的横坐标直接表示出这个成分. 它代表在合金化中两种组元相熔时究竟达到怎样的比例, 因此是合金化的一个基本参数. 这个合金化成分对合金工艺是很重要的, 例如在硅–铝合金化中, 它决定了合金工艺吃进硅的深度. 在图上看到, 在 700°C 合金, 液态达到 b 点时, 铝的原子百分比占 80%, 所以硅原子占 20%. 有了这样具体的百分比, 就可以根据铝片的厚度估计熔掉的硅的数量, 从而折算出吃进硅片的深度. 从这里也可以看到, 合金工艺吃进硅的深度, 一方面是和铝层厚度成比例的, 另一方面也是随合金温度增加的, 因为从图 5.97 的液相线看到, 随温度上升, 液态中硅的百分比是增加的.

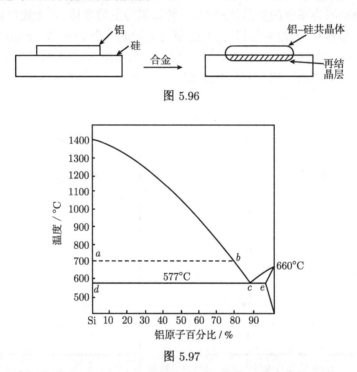

图 5.96

图 5.97

在合金化以后的降温过程中, 固相应当沿着固相线凝固出来. 但是, 上面已经指出, 因为固相硅含铝按百分比计算数量很微小, 画不出来, 所以, 固相线便成为和左边的纵轴 (纯硅) 完全重合了. 实际上凝出的固相含铝大致为 $10^{19} \mathrm{cm}^{-3}$. 这样的浓度虽然折算成原子百分比只有 0.02%, 但作为掺进硅的受主浓度就已经是很高了. 所以, 这样形成的再结晶层, 是一个高掺杂的 p$^+$ 层.

在降温过程中液相的成分和温度沿液相线而变化, 温度降到 577°C 时, 液相达到相图中的 C 点, 这是液相的最低温度, 也就是说, 液相必须全部在这个温度凝固. 从图上看到 C 同时处在两条液相线上: 一条是左边对着固相硅的液相线, 在这条线上液相应凝固出固相硅 (含少量铝), 另一条是右边对着固相铝的液相线, 在这条线上液相应凝固出固相铝 (含少量硅). 因此, 在液相达到 C 点时, 就同时凝出固相硅 (图中 d) 和固相铝 (图中 e)、像 C 这样两条液相线的交点称为共晶点, 液相到达这点凝固出的两种固相的混合物称为共晶体. 从铝–硅相图看到 C 点含铝约 90%, 这表明铝–硅共晶体中绝大部分是固相铝, 所以, 它是良好的导体.

5.5.4 杂质溶解度和固相沉淀

在图 5.98 中, 重新画出前面的典型二元系相图, 来说明半导体中杂质的溶解度问题, 其中 A 代表半导体, B 代表某种杂质元素, 固相 I 就是含有杂质的半导体. 这个典型相图表明, 半导体中杂质含量是有限度的, 因为, 杂质含量在图上是由横坐标表示的, 它不能超过 I 区的边界 LMN. 举例来说, 在图中标明的温度 T_1, 固相 I 中的杂质含量不能超过边界线上的 P 点. 显然在每一个温度杂质含量都有这样一个最大限度, 称为杂质的溶解度. 相图上固相区的边界, 实际上也是一个溶解度的图线. 从这个图线可以读出各个温度的杂质溶解度.

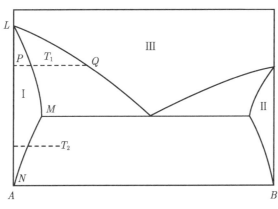

图 5.98

对于半导体掺杂, 杂质的溶解度是一项重要的依据. 例如, 为了得到高浓度的扩散层, 就必须选用溶解度高的杂质, 并且选择适宜的温度, 以保证溶解度. 一个更具体的例子是应用溶解度去控制硅中掺金的浓度. 为了控制少子寿命常采用向硅片扩金的工艺. 因为金扩散很快, 敷在硅表面的金, 在扩散的高温下很快就可以使硅中金浓度达到溶解度, 也就是说, 扩金的浓度完全由溶解度所决定. 所以, 在实际中, 扩金的浓度就可以根据溶解度, 通过适当选定扩散温度来控制.

根据相图的原理, 如果出现了杂质浓度超过了溶解度的情形, 就会发生相变. 如果是在一个高的温度, 如注明在图 5.98 上的温度 T_1, 就将出现液相 Q. 这种现象是实际扩散工艺中有时遇到的. 这就是当用源量过多时, 半导体表面会出现熔化点, 即发生了向液相的转变, 冷却后成为半导体表面上的一些斑点, 一般称为合金斑点. 如果是在较低的温度, 如图中标明的 T_2 出现杂质超过溶解度的情形, 则将发生固态的相变, 在原来的晶体内出现固相 II 的沉淀物.

因为在半导体中杂质的溶解度按百分比计算往往十分微小, 在一般相图上表示不出来. 为了要把溶解度表示出来就要把横坐标大大地放大. 图 5.99 就是为了把铜在硅中溶解度表示出来, 而把横坐标放大的铜–硅相图. 但是这样做只画出紧靠纯硅的一个边, 除去溶解度外, 相图包含的其他丰富内容也都失去了. 所以在只考虑溶解度的问题时, 信往直接采用像图 5.100 的杂质在硅中的溶解度–温度曲线. 值得注意, 这里的溶解度是用单位体积原子数表示的, 这对半导体掺杂工作更便于使用. 曲线采用半对数坐标, 为的是相差很多数量级的溶解度都能在同一个曲线上表示出来.

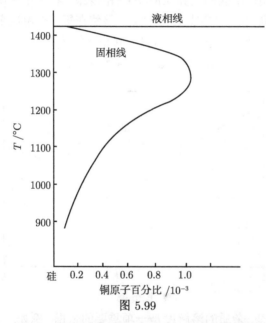

图 5.99

杂质浓度超过溶解度的情形称为过饱和. 由于杂质过饱和而发生的固态相变, 就是前几节中简单称做多余杂质的沉淀问题. 这是一个在材料和器件工作中十分重要的问题.

出现杂质过饱和的一个主要原因是在硅、锗等半导体中, 很多杂质的溶解度, 除去靠近硅熔点的极高温度外, 随着温度降低十分显著地下降. 这一点在溶解度曲线图 5.100 上极为明显, Cu、Au、Fe、Ag 等重金属元素以及 C、O 等轻元素都属于这种情形. 只要有这样的元素在拉单晶中, 或者是在以后的高温工艺中溶解到硅晶体内, 在降温过程中就很容易出现过饱和的情形, 从而导致固相的沉淀.

杂质的过饱和是发生固相沉淀的内因, 没有这个内因是不会出现固相沉淀的. 但是, 有了这个内因是不是就会发生沉淀, 以及沉淀发生在哪里, 沉淀取什么形式

等具体相变问题, 则是由许多具体条件决定的. 经常起作用的主要是以下两方面的
条件:

(1) 杂质和缺陷间的互作用和某些杂质间的互作用有促成固相沉淀的作用.

一方面是有些缺陷和元素有把杂质聚集起来的作用, 从而创造了发生沉淀的条
件. 前面我们已经看到, 刃位错有把杂质聚集到自己周围的作用. 另外, 也有证据
表明氧在硅中也有把一些其他元素, 如铜等聚集起来的作用. 另一方面是缺陷为固
相沉淀提供了成长的核心. 固相沉淀开始必须形成一个核心, 称为成核, 然后再在
这个核心上继续沉淀形成沉淀, 往往成核是固相沉淀最困难和最关键的一步, 而位
错、层错为固相沉淀提供了现成的核心; 前面看到固相沉淀优先发生在这些缺陷上
就是一个证明.

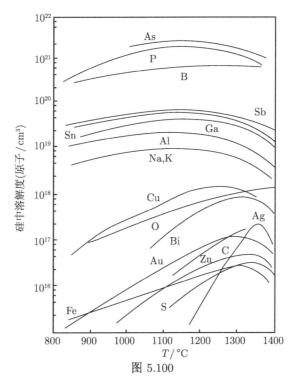

图 5.100

(2) 温度是影响固相沉淀的重要条件.

温度条件对能不能形成固相沉淀, 沉淀物采取什么形式, 都有重要的影响. 最
明显的实例是通过快速冷却可以把过饱和杂质 "冻结" 在晶格里. 这就是说, 使杂
质原子还来不及聚集, 就已把温度降低到原子基本不能扩散的地步, 从而阻止了固
相沉淀. 相反, 在杂质过饱和情况下, 为了促成固相沉淀, 往往需要在一定的高温保
持一段时间. 许多实验表明, 这个热处理温度对固相沉淀取什么形式, 可以有重要

的影响. 例如, 有实验表明, 在硅中过饱和的铜, 在 900°C 以下形成细微分散的沉淀物, 而在更高的温度则集中沉淀在位错等缺陷上, 硅中的氧沉淀也是温度影响沉淀物形式的一个实例.

有哪些杂质会形成固相沉淀呢? 在硅单晶中, 一般认为, 氧和碳是特别应予重视的. 从石英坩埚拉制的硅单晶中, 氧含量往往接近 10^{18}cm^{-3}. 实践证明, 这种过饱和的氧, 在各种温度可以引起复杂的变化. 在 450°C 长时间热处理 (几小时以上), 发现过饱和氧产生施主, 使 n 型材料电阻率下降, 使 p 型材料电阻率上升, 以至转变为 n 型. 一般认为, 这是由于过饱和氧在硅中形成 SiO_4^+, 起施主的作用. 在 500° 以上热处理, 这种施主迅速消失. 在 1000°C 以上热处理, 过饱和的氧以 SiO_2 的形式形成固相沉淀. 这种固相沉淀是比较稳固的, 不加热到 1300°C 以上不再分解; 因此有时有意对单晶硅进行这样的热处理, 用形成 SiO_2 固相沉淀的办法清除硅中过饱和的氧. 硅中的氧还参与许多其他方面的固相沉淀过程. 例如, 一种比较普遍的看法认为, 单晶中的微缺陷是氧和空位聚集造成的. 又如, 有实验表明, 氧还有吸引其他金属元素形成沉淀物的作用.

目前对硅中的含碳问题比对含氧问题了解的少得多. 图 5.101 是硅–碳相图的一角. 碳浓度采用对数坐标. 相图主要只表示出低碳浓度和靠近共晶点的区域. 纵坐标用 $10^3/T(\text{K})$ 来表示温度变化的. 我们看到, 液态与一边的固相硅和另一边的碳化硅之间的共晶点, 处在很低的碳原子浓度 ($\sim 10^{19}\text{cm}^{-3}$). 如果熔硅中含碳超过这个浓度, 冷却时就将达到右边的液相线, 并首先凝固出 β-SiC 来. 实际上只要熔硅含碳超过固相硅中碳的最大溶解度 ($\sim 10^{18}\text{cm}^{-3}$), 在长出一部分单晶后液相也要达到共晶点, 从这时开始, 在长出硅晶体的同时也要形成 SiC. 这就是说, 在这种情况下, 在长成晶体中已经包含了 β-SiC 的固相沉淀. 在直拉单晶中, 石墨坩埚, 石

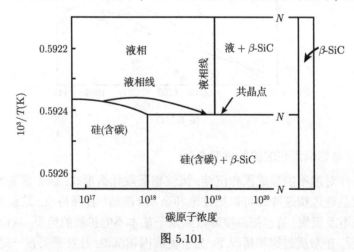

图 5.101

墨保温罩等容易造成严重的沾污, 不注意就有可能在单晶中引入 SiC 沉淀. 目前的硅直拉单晶含碳量在 $10^{16} \sim 10^{17}$ 的范围.

除去氧、碳外, 铜、金、镍、铁等重金属元素由于溶解度低、随温度下降快, 而且扩散系数很大, 所以, 容易造成沾污而进入硅晶体内, 发生过饱和并形成固相沉淀. 前几节已经指出, 它们形成的沉淀物对器件有严重危害.